Johann Caspar Schiller

Die Baumzucht im Großen

Johann Caspar Schiller. Ölgemälde von Ludovike Simanowiz. 1793

Johann Caspar Schiller

DIE BAUMZUCHT IM GROSSEN

aus Zwanzigjährigen Erfahrungen
im Kleinen
in Rücksicht auf ihre
Behandlung, Kosten, Nutzen
und Ertrag beurtheilt

Herausgegeben von
Gottfried Stolle

Württembergische Bibliotheksgesellschaft
Stuttgart

Redaktion
Rudi Kienzle · Friedrich Pfäfflin

Der zweite Teil der
›Baumzucht im Grossen‹
wurde aus der Handschrift transkribiert
von Norbert Oellers
unter Mitwirkung von Renate Dock
und Jutta Schöning

Ausgabe für die
Württembergische Bibliotheksgesellschaft, Stuttgart

Mit dem ›Topographischen Plan der Solitude
bey Stuttgardt‹, 1777/1784, als Beilage
(Städt. Museum Ludwigsburg, Inv. Nr. 1246)

Die Buchhandelsausgabe erscheint bei
Eugen Ulmer, Stuttgart
ISBN 3-8001-6514-7

Gesamtherstellung
Gulde-Druck GmbH, Tübingen

TEIL I

DIE BAUMZUCHT IM GROSSEN
AUS ZWANZIGJÄHRIGEN ERFAHRUNGEN
IM KLEINEN
BEURTHEILT

Die

Baumzucht im Großen

aus

Zwanzigjährigen Erfahrungen im Kleinen

in Rücksicht

auf ihre

Behandlung, Kosten, Nutzen und Ertrag

beurtheilt

von

J. C. Schiller

Herzoglich Wirtembergischen Major und Inspektor verschiedener Baumschulen im Wirtembergischen.

Mit zwey Plans.

Neustreliz, 1795.

in der neu-privilegirten Hofbuchhandlung.

»Dem Durchlauchtigsten Fürsten
Ludwig Eugen
regierenden Herzog zu Wirtemberg
und Teck,
gefürsteten Grafen zu Mömpelgart, Grafen
und Herrn zu Limpurg-Gaildorf und Sont-
heim-Schmiedefeld, auch Obersontheim,
Herrn zu Heidenheim und Justingen etc. Rit-
ter des goldnen Vließes und des löblichen
Schwäbischen Kreises General-Feldmar-
schall etc.etc.
Seinem gnädigsten Landesherrn
widmet diese Schrift
in tiefster Devotion
und Unterthänigkeit
der Verfasser.«

Widmung der Erstausgabe. – Auf der gegenüberliegenden Seite das Titelblatt der Erstausgabe in Originalgröße. Das ursprünglich der Königlichen Handbibliothek Stuttgart gehörende Exemplar befindet sich heute im Schiller-Nationalmuseum / Deutsches Literaturarchiv, Marbach am Neckar

VORREDE

Bloße Liebhaberey führte den Verfasser vor ein und zwanzig Jahren zu einem kleinen Versuch in der Baumzucht. Aus einer Ansaat von Obstkernen auf einem Flecke von etwa zweyhundert Quadratfuß erhielt er über vier tausend Pflanzen. Diese okulirte er selbst, ohne eine mündliche Anleitung dazu bekommen zu haben, und zwar mit so gutem Erfolg, daß er nach Verfluß von fünf Jahren, unter Mitwirkung eines günstigen Zufalls, eine Summe von beynahe hundert Louisdors nach Abzug aller aufgewandten Kosten, dabey gewann.

Bald darauf wurde ihm von seinem Landesherrn eine große Gärtnerey zur Oberaufsicht übergeben, mit dem Auftrag, daselbst eine große Baumschule anzulegen. Den Erfolg dieses zweyten Versuchs findet der Leser in den vorläufigen Gedanken über die Baumzucht im Großen zu Besetzung der Haupt- und Landstraßen, welche schon vor einigen Jahren einzeln abgedruckt und mit Beyfall aufgenommen worden sind.*

Die gegenwärtige Anleitung zur Baumzucht geht zwar sehr ins Große, und es wird sowohl zur Anlegung als Fortsetzung der hier beschriebenen Baumschule ein starkes Kapital erfodert; aber eben so groß ist auch der Gewinn, wenn die Auferziehung der Bäume recht behandelt und so geführt wird, daß man einem jeden für die verlangten Sorten gut stehen kann; denn hierauf beruht der gute Absatz, und man darf versichert seyn, daß es an diesem nicht fehlen werde.

* Gedanken über die Baumzucht im Grossen, zur Besetzung der Haupt- und Landstrassen mit Bäumen. Den Höchsten Landes-Regenten und Obrigkeiten gemeiner Wesen zur Beherzigung. Leipzig: G. J. Göschen 1793. Vgl. die überarbeitete spätere Fassung auf den Seiten 11–25.

Wollte aber ein Partikulier, oder eine Gesellschaft sich entschließen, eine solche Unternehmung gleich einem andern Gewerbe, zu Stande zu bringen, so kann sie auch im Kleinern mit geringeren Kosten angefangen werden, und obschon der Gewinn alsdenn nicht so groß ist, so wird er doch immer so beträchtlich seyn, daß man sich den gemachten Aufwand nicht wird gereuen lassen. Unglücksfälle, wie etwan Frost und Gewitterschaden, sind zwar nicht zu verhüten, Schwierigkeiten aber kann man vermeiden, wenn Lage und Erdboden gut gewählt werden, wenn der Direktor alle Geschäfte selbst versucht hat, und alles nach seiner eigenen Erfahrung anordnen kann; wenn die ihm untergebenen Aufseher und Arbeiter fleißige, gehorsame und redliche Leute sind, und auch der Unternehmer eine hinlängliche Einsicht hat.

Warum ich in dieser Anleitung auch viele Waldbäume und wild wachsende Gesträuche mitgenommen, darauf muß ich antworten, daß jenes, wegen Besetzung der Landstraßen an Orten, wo die Obstbäume nicht wohl fortkommen, oder nicht anzurathen sind, nicht hat unterbleiben können; und was dieses betrifft, so sind die Gesträuche sämmtlich von solcher Art, daß sie einer Baumschule zur Zierde dienen. In jeder andern Gegend wird man noch mehrere andere Baumgewächse finden, und sie eben sowohl als diese, in die Baumschule aufnehmen.

Gelehrte und Kunstverständige werden finden, daß ich mir viele Mühe gegeben habe, durch eigene Erfahrung meiner Sache gewiß zu werden, auch habe ich nichts angenommen, nichts hier bekannt gemacht, was ich nicht selbst als richtig, thunlich und nützlich gefunden.

Solitude, den letzten May 1794.

J. C. Schiller

VORLÄUFIGE GEDANKEN ÜBER DIE BAUMZUCHT IM GROSSEN ZUR BESETZUNG DER HAUPT- UND LANDSTRASSEN MIT BÄUMEN

VORREDE

Daß über diesen Gegenstand schon vieles geschrieben, vieles unternommen, und hie und da zur Ausführung gebracht worden, und daß viele würdige Männer sich große Mühe gegeben haben, durch gute Vorschläge sowohl, als mittelst selbst angewandten Fleißes, das Publikum zur Erweiterung der Baumzucht aufzumuntern, das alles ist eine bekannte Sache, die beynahe einen jeden abschrecken sollte, noch etwas weiters hierzu beytragen zu wollen.

Inzwischen, so groß auch die Anzahl der dahin einschlagenden Schriften immer seyn mag, so dünkt es mich doch, es sey noch nicht alles gesagt, es müsse noch etwas zurück seyn: es habe noch Niemand den offenbaren großen Nutzen von Anlegung großer Baumschulen vornehmlich zur Besetzung der Haupt- und Landstraßen, überzeugend genug auseinander gesetzt; noch Niemand die Schwierigkeiten der Ausführung gründlich zu heben gezeigt; noch Niemand durch selbst gemachte Erfahrungen in Versuchen, die Möglichkeit und Thunlichkeit einer solchen Unternehmung hinlänglich erwiesen, und die Erwartungen sattsam gerechtfertigt: weil die Baumzucht im Großen noch immer nicht so vorgenommen wird, daß man in einem kurzen Zeitraum mit wenig Kosten junge Bäume zu Tausenden, ja zu Millionen anziehen – und damit alle Haupt- und Landstraßen in ganz Deutschland besetzen könnte.

Die Baumzucht ist freylich etwas, das mehr unsern Nachkommen, als uns selbst zu gute kömmt, aber wir sind auch unserer Nachkommenschaft eben die Aufmerksamkeit und Fürsorge schuldig, die wir unsern Voreltern zu verdanken haben; auch scheint es mir Pflicht gegen uns selbst zu seyn, unsere Nachkömmlinge in dem Anschauen und Genuß dessen, was wir für sie gethan haben, alsdenn noch zum Dank und zum Andenken an uns zu verbinden und zu erhalten, wenn wir selbst schon lange nicht mehr vorhanden sind. Jemehr wir des Guten und Löblichen hinterlassen, desto überzeugender ist es, daß wir unser Daseyn auf der Welt wohl angewandt haben.

Zwar ist nicht zu läugnen, daß seit etwa 40 Jahren in vielen Gegenden Deutschlands die Baumzucht so ziemlich in Aufnahme gebracht worden. Es haben hohe Landesregenten auf ihre Kosten auch schon beträchtliche Baumschulen anlegen – und ihren Unterthanen unentgeltlich viele Bäume daraus abgeben lassen. Nicht nur die Gärten in und um viele Städte und Dörfer, sondern auch Allgemein-Plätze und Landstraßen sind an vielen Orten mit Bäumen besetzt, und zeugen von dem preiswürdigen Anstalten der Landesregenten, und von dem Fleiße der Inwohner solcher Länder.

Allein bey der Übersicht des Ganzen können gar wohl noch Millionen Bäume und besonders an den Haupt- und Landstraßen füglich Platz finden, und Deutschland zu den angenehmsten Garten bilden.

Bey der Baumzucht im Großen ist zwar der Obst-Ertrag, als zu sehr dem Zufall unterworfen, am wenigsten in Anschlag zu bringen, ob schon solcher, wie sich hernach zeigen wird, sehr beträchtlich werden kann. Der Anwuchs mehrern Holzes ist noch weit beträchtlicher und sicherer, und hiernächst kömmt die Verschönerung eines Landes, und die Reinigung der Luft, die durch Besetzung der Landstraßen bewirkt werden, in billige Betrachtung.

In dem sehr bevölkerten und gut angebauten Deutschland kann auf jede Quadrat-Meile auch füglich eine Meile auf Haupt- und Landstraßen gerechnet werden.

Eine Hauptstraße, Heerstraße, nenne ich diejenige, welche von benachbarten Ländern herein, und dahin wieder hinausgeht; eine Landstraße aber, die nur im Lande selbst von einem Ort zum andern führt. Wenn also ein gewisser Distrikt Landes nur 500 Quadrat-Meilen beträgt, und die darinn befindlichen Haupt- und Landstraßen zu beiden Seiten nur einfach, also mit zwey Reihen Bäumen besetzt werden wollten, so würde man auf jede Meile 5000, und also auf 500 Meilen dritthalb Millionen Bäume nöthig haben.

Hievon denke man sich den Holzanwuchs in einer Zeit von 50–60 Jahren; man denke sich die ganze Größe Deutschlands von mehr als 10 tausend Quadrat-Meilen, und man wird erkennen, daß die Besetzung der Landstraßen mit Bäumen, eine große und wohlthätige Unternehmung für die Nachkommenschaft sey.

Die Verschönerung eines Landes welche hiedurch noch einen starken Zuwachs bekömmt, wenn auch schon ohnedies die herrlichsten Lustschlösser, Gärten und Städte ein Land sehenswürdig machen, gereicht nicht nur zum Vergnügen und Ruhm der Einwohner, sondern sie ist auch nicht ganz ohne Nutzen. Wäre irgendwo in Deutschland eine beträchtliche Strecke durchgehends mit Baum-Alleen beflanzt, es sollten gewißlich viele reisende Ausländer Lust bekommen, ein Land zu sehen, und sich darinn aufzuhalten, wo man Meilenlang unter dem angenehmsten Schatten wandeln und an herrlichen Baumfrüchten sich ergötzen und sich damit erquicken kann.

Die Luft kann sich nur da ihrer fremden Theilchen entledigen, wo etwas vorhanden ist, welches diese an sich ziehen und einsaugen kann. Gegenden also, wo nur wenige Holz- und Baumgewächse anzutreffen sind, werden niemal so gesund seyn, als solche, wo sich die Luft an Gebürgen, Wäldern und andern Bäumen anstossen und sich reinigen kann. Giebt es in jenen Gegenden noch Sümpfe und Moräste, aus welchen beständig schädliche Dünste in die Luft aufsteigen, so sind sie noch ungesünder. Ein großer Theil des Königreichs Ungarn mag hievon einen Beweiß abgeben. Würden in dergleichen Gegenden nun erst ordentliche Straßen angelegt, wozu man auf beyden Seiten so viel Erde heraus nehmen müßte, als zu einer zwey Fuß hohen Erhöhung über die andere Erdfläche nöthig ist, und sodenn diese erhöhte Strassen mit Bäumen besetzt: so müßte sich in kurzer Zeit ein sehr guter Erfolg zeigen, und nicht nur eine solche Gegend gesünder gemacht, sondern auch dadurch der Holz-Anwuchs vermehrt werden.

Haben die ersten Belgier in ihren Niederlassungen Anfangs nichts als ein Chaos von Schilf, Sand und Wasser angetroffen, und durch unermüdeten Fleiß und Arbeit in der Folgezeit endlich ihr Land gleichsam zu einem Paradieß umgeschaffen; warum sollte es anderwärts nicht auch möglich seyn, dem Land eine andere Gestalt zu geben, und selbst physischen Übeln abzuhelfen?

Beharrlichkeit kann endlich noch die pontinischen Sümpfe austroknen.

Ich gebe zu, wie schon oben erwähnt worden, daß dieser Gegenstand schon von mehrern Andern, und vielleicht noch besser als von mir durchdacht worden sey; aber ich mache mir hierauf selbst die Frage, warum doch bey allen Ermunterungen, gleichwohl eine Sache nicht so in Bewegung gesetzt, vor die Hand genommen, und zur Ausführung gebracht worden, wie es ihre Wichtigkeit, und so zu sagen ihre Natur erfodert. Man hat doch weit größere Dinge unternommen, und zu Stande gebracht; man hat Berge abgehoben, und Thäler damit ausgefüllt; man hat ganze Berge durchgraben, schiffbare Flüsse und Seen durch Canäle miteinander vereiniget, und dies alles, der Handlung, der Verbreitung des Luxus wegen, oder – die Landesherrlichen Einkünfte zu vermehren.

Die Baumzucht im Großen, muß entweder in den Augen derjenigen, welche zur Ausführung hinlängliche Macht und Vermögen besitzen, nicht wichtig genug scheinen, sie zum Gegenstand ihrer Sorge und Thätigkeit zu machen, oder man denkt sich Schwierigkeiten dabey, die nicht zu heben zu seyn scheinen. Sie ist freylich in allem Betracht eine Unternehmung, welche nur große Herren, Landesregenten und Obrigkeiten mit dem gehörigen Nachdruck ausführen können. Sie erfordert nach Verhältniß mit dem Nutzen, zwar einen geringen, aber ins Große genommen, doch einen beträchtlichen Aufwand, und zur Beharrlichkeit, Machtsprüche.

Es ist schon oben ein Maasstab angenommen worden, daß auf ein Land von 500 Quadrat-Meilen Flächen Inhalt, zu Besetzung von 500 Meilen Straßen zwey und eine halbe Million Bäume erfordert werden. Ein Land von dieser Größe ist schon beträchtlich, und dessen Regent, oder wer an Regentenstelle da ist, hat schon viel Vermögen. Wenn freylich eine so große Anzahl Bäume erkauft werden müßte, die aber schwerlich auf einmal zu bekommen seyn würde, dann könnten die großen Kosten von der Unternehmung abschrecken. Wenn ich aber aus einer mehr als 20 jährigen Erfahrung bezeugen, und durch sichere Rechnung erweisen kann, daß man durch Anlegung großer Baumschulen, einen versetzbaren Baum um die Hälfte des gewöhnlichen Preises, um höchstens drey gute Groschen erhält: so sollte man doch von dieser Seite keinen so großen Einwurf machen.

Unternehmungen die ins Größere gehen, in so ferne sie Handlung, Gewerbe, Erzeugnisse und dergleichen betreffen, erfordern zwar immer größern Aufwand, aber desto größer ist auch der Gewinnst im Großen.

Die Leitung einer Unternehmung, schon die Zurüstung derselben, sie sey groß oder klein, erfodert doch allemal einen guten Kopf, der für sein Talent, für seinen Fleiß gut bezahlt seyn will. Ob zehen tausend oder nur ein tausend Abdrücke von einer Schrift gemacht werden, das verursacht nur wenigen Unterschied in den Kosten, in dem Verkaufspreiß aber sehr viel. Fast eben so ist es mit der Baumzucht beschaffen. Wo auf einem Platz in einer gut angeordneten Baumschule eine Million Bäume zugleich angezogen wird, da wird nach Abzug aller Kosten, der versetzbare Baum kaum auf zwey gute Groschen kommen.

Es scheint demnach, daß die Besorgniß der allzu großen Kosten so ziemlich gehoben sey, und: es dürfte auch die Baumzucht im Großen weit minder Schwierigkeit finden, als die Besetzung der Landstraßen.

Ehe man nur hieran denken darf, müssen vorerst diese Straßen so zugerichtet werden, daß man einen guten Erfolg von dem Wachsthum der Bäume hoffen kann. An der nöthigen Zeit hierzu wird es nicht fehlen, bis die Bäume aus einer anzulegenden Baumschule zum Versetzen fertig werden. Steinstraßen machen einem Land Ansehen und befördern die Gewerbe, sie verschaffen viele Gemächlichkeit zum Gehen, Reuten und Fahren, aber zum Baumwuchs tragen sie nichts bey.

Inzwischen sollten gleichwohl diejenigen Strassen, deren Seiten man mit Bäumen besetzen will, so viel möglich gerade laufen, und auf beyden Seiten mit Gräben versehen seyn. Die Erde aus den beyden Gräben wird auf die Strasse geworfen, um selbige dadurch etwas zu erhöhen.

Gegen die Besetzung der Strassen dürfte vielleicht noch eingewendet werden, daß in Ländern, wo vieler Feldbau und Weinwachs ist, der Schatten so vieler Obstbäume nicht allein dem Getraidebau nachtheilig, sondern auch der Wirkung der Sonnenstrahlen hinderlich seyn – und einigen Abgang an Wärme auf der Erdfläche verursachen könnte.

Andere möchten sagen, daß der Baumschatten das Austroknen der Straßen aufhalte, die dadurch schlimmer werden müßten. Da nun aber die Schatten von dritthalb Millionen Bäumen, jeden auf eine Quadrat-Ruthe angenommen, auf einer Erdfläche von 500 Quadrat-Meilen nicht einmal den tausendsten Theil bedecken, und zugleich wandelbar sind: so können sie auch keinen Abgang an Wärme verursachen. Nur alsdenn, wenn die Bäume groß gewachsen sind, können sie durch ihren Schatten dem Getreidebau etwas schaden, aber dann ersetzt auch der Obst-Ertrag wieder, was am Getreidebau abgehen sollte. Bey dem Regenwetter wird es unter Bäumen nicht so bald naß als anderwärts, weil solche den Regen aufhalten und einsaugen, und also bleibt das Verhältniß beym Austrocknen mit andern Orten sich gleich.

Noch ist zu befürchten, daß die so sehr verschiedenen Landesverfassungen; die vielerley Stände, Herrschaften und Besitzungen; Territorial-Gerechtigkeiten, die man durch jede Neuerung, sie sey auch noch so nüzlich als sie wolle, zu verletzen glaubt; Vorurtheile, Eigensinn, nicht selten auch ein würkliches Unvermögen minderer Stände, dieser so nützlichen Anstalt Hindernisse in den Weg legen werden, die nicht anders als durch Lenkung des Willens zu heben sind.

Ihr Mächtigen in der Welt, hohe Landes-Regenten und Obrigkeiten! – Niemand ausgeschlossen, welcher Macht und Vermögen hat, den Wohlstand seiner Zeitgenossen und Nachkommen zu befördern –

lasset euch zur Stiftung eines Denkmals bewegen, das dereinst noch von der Größe eurer wohlthätigen Unternehmungen und von eurem rühmlichen Daseyn auf der Welt, zeugen wird. Die Erde ist gleichsam ein Stoff, den euch die Vorsehung ausgetheilt, und unter eure Hände gegeben hat: sie soll nicht nur auf die würdigste Art zum Nutzen der Menschen gebraucht, sie soll auch verschönert werden. Dem niedern Landmann sind eure Lusthäuser, eure Gärten verschlossen; entschädigt ihn mit dem Anschauen und Genuß von tausend Baum-Alleen, und seine Enkel werden euch noch dafür segnen. Die Ehrfurcht für den Rang des Großen in der Welt, und die Bewunderung ihrer persönlichen Vorzüge kann sich nicht besser rechtfertigen, als wenn ihnen jedermann Dank schuldig ist.

Ausser den vorberührten Schwierigkeiten und Einwürfen, welche gegen die Besetzung der Landstraßen gemacht werden können, giebt es freylich auch offenbare Hindernisse. Nicht alles Erdreich ist zum Baumwuchs bequem, besonders zu Obstbäumen, als von denen hier eigentlich die Rede ist. Es sind Gegenden, wo der Grund allzusteinigt, felsigt oder lettig, oder aus ganz magerm Sand bestehet. Auf der Ebene kann es allzu naß und auf den Bergen allzutroken seyn. An vielen Orten können nur wilde Waldbäume oder die vom Weidengeschlechte, fortkommen.

Möglich wäre es zwar, mit Anwendung großer Kosten, allen diesen Hindernissen abzuhelfen; allein es ist nicht rathsam, etwas erzwingen zu wollen, wogegen die Natur zu streiten scheint. Wenigstens muß man auf Obstbäume Verzicht thun, wo sie durchaus nicht gedeihen wollen, Es giebt ja so viele andere schöne und dauerhafte Bäume, daß gleichwohl die Straßen besetzt werden können. Man hat Linden, Ahorn, Ulmen, Akazien, etliche *Sorbus*-Arten, Eschen, Birken, Buchen, Eichen, Ellern, Pappeln und Weiden. Roßkastanien, welche nach selbst gemachter Erfahrung dem Rindvieh mit sicherm Nutzen gegeben werden können; süße Kastanien und Wallnüsse, gehören schon zu den fruchtbaren Bäumen, auch geben Buchen und Eichen zu ihrer Zeit ihren Ertrag, und Niemand fürchte, daß die beyden letztern nicht wohl versetzt werden können. Vom Saamen in der Baumschule erzogen, und noch jung etlichemal versetzt, sind sie allenthalben hin versetzbar. Es geben auch die Nadelhölzer, Tannen, Fichten, Forchen, und Lerchenbäume die schönsten Baum-Alleen zur Besetzung der Landstraßen, und was bei den Waldbäumen am Obst-Ertrag zurück bleibt das wird durch den schnellen Wuchs des Holzes wiederum ersetzt.

Die Möglichkeit und Thunlichkeit der Straßenbesetzung mit Bäumen glaube ich nunmehro genugsam beleuchtet zu haben; ich muß aber die derselben entgegenstehende große Schwierigkeit, das Nichtwollen noch untersuchen.

Der Wille des Menschen läßt sich durch keine Macht erzwingen. Er entstehet aus einem gänzlichen Überzeugtseyn bey sich selbst, daß eine Sache an sich gut, nüzlich und rühmlich sey, öfters aber auch andern zu gefallen, oder andern nachzuahmen. Nachahmungssucht und Ruhmbegierde, haben von jeher die Menschen zu Thaten entflammt, die nicht selten ohne besondern oder erheblichen Nutzen geblieben sind. Würden also nur vorerst die Großen und Mächtigen einen Anfang machen, in ihren Ländern, wo sie volle Macht haben, etwas durchzusetzen, und diese Bepflanzung der Straßen mit Bäumen einmal in Bewegung bringen, bald würden die minder mächtigen Stände von selbst nachfolgen, indem das Neue bald Liebhaber findet und leicht zur Mode wird.

Bey großen Unternehmungen die das Wohl ganzer Nationen betreffen, werden die Bewegungsgründe gemeiniglich aus einer deutlichen Erkenntniß und Darstellung eines großen Nutzens oder eines großen Ruhms hergenommen. Wie viel hier die Beredsamkeit beytrage, den Willen der Menschen zu lenken, das lehrt uns die Geschichte. Eine Anrede des großen Alexanders an seine Mazedonier konnte sie in Feuer und Flammen setzen, und zu den größesten Thaten hinreissen.

Weit entfernt, die Baumzucht im Großen oder die Straßenbesetzung mit Bäumen, damit vergleichen, – oder glauben zu wollen, daß in unsern Zeiten sich viel von einem solchen Enthusiasmus erwarten lasse, bin ich vielmehr überzeugt, daß der Eigennutz und die begreiflichen Vortheile von einer Unternehmung, die mächtigsten Beweggründe zum Wollen und Handeln abgeben, und daher will ich anjetzt versuchen, meine Überredungsgründe aus einer andern Quelle herzuleiten.

Es ist zwar oben eingeräumt worden, daß der Obst-Ertrag, als dem Zufall unterworfen, am wenigsten in Anschlag zu bringen sey. Gesetzt aber, daß man nicht alljährlich auf einen Obstherbst sicher zählen könne: so wird doch im Durchschnitt alle drei Jahre ein Ertrag zu erwarten seyn.

Die Landleute machen hierauf ihre ziemlich sichere Rechnung.

Von Herrschafts wegen hatte ich vor einiger Zeit den Obst-Ertrag von einer Straßenallee, etwa siebentausend Schritte lang zu verpachten, nachdem der damalige Obstherbst schon eingethan gewesen. Diese Allee ist vor etwa 28 Jahren angelegt worden, und enthält auf beyden Seiten 2600 Stücke, zur Hälfte Kernobst- und zur Hälfte Steinobstbäume. In dem kalten Winter 1789. hatten die Bäume so viel gelitten, daß jetzt nur 1500. Stücke als tragbar gerechnet werden konnten, auch müssen noch wegen dem damaligen Frostschaden, alljährlich viele Bäume nachgebessert werden. Um diese Kosten dem Pacht einzuverleiben, wurde den Liebhabern anbedungen, daß sie zwar auf die nächsten zehen Jahre, allen Obst-Ertrag zu benutzen hätten, zugleich aber verbunden seyen, diese Baum-Allee in dem besten Stand zu unterhalten, die abgehenden Bäume zu ersetzen, und am Ende des Pachts, eben so wiederum zu übergeben, als sie solche jetzt angetreten hätten. Nach dem bisherigen Befinden, ist dieß ist eine Bedingung, deren Erfüllung jährlich wenigstens 30. Thaler kosten kann. Dessen ungeachtet haben sich zwey Männer gefunden, die miteinander alljährlich 130. Rthlr. Pacht bezahlen, und also für die 160. Rthlr. Obst-Ertrag erwarten. Dies ist eine Thatsache; ich will sie aber bey folgender Berechnung nicht zum Maasstaab nehmen, sondern noch weit unter diesem Ertrag stehen bleiben.

Siebentausend Schritte betragen noch keine Meile, und um eine Meile Weges mit Bäumen zu besetzen, dazu können 5000 Stücke gebraucht werden. Wenn ich nun die 7000 Schritte einer Meile gleich, und nur 2600 anstatt 5000 ansetze: so wird mich doch niemand beschuldigen können, daß ich mich überrechnet hätte.

Meine Baum-Allee erträgt also vom 29ten Jahr ihres Alters an gerechnet, jährlich:

ohne Kostenaufwand 130 Rthlr.

Nun setze ich, sie habe und könne ertragen

Vom 1sten bis 10ten Jahr Nichts.		
Vom 10ten bis 20st. jährl.	30 —	300 Thl.
Vom 21ten bis 30st. —	90 —	900 Thl.
Vom 31ten bis 40st. —	130 —	1300 Thl.
Vom 40ten bis 50st. —	200 —	2000 Thl.
	Zusammen	4500 Rthlr.

Mithin auf 56 Jahre lang im Durchschnitt jährlich 90 Thaler.

Die ersten Anlage- und bisherigen Unterhaltungskosten ersetzt der nunmehrige Werth der Bäume, indem solche höher als um 1000 Thaler verkauft werden könnten. Eine Straßen-Allee von 500 Meilen lang, müßte ja nach dieser mäßigen Berechnung jährlich einen reinen Gewinn von 45 000 Thalern einbringen.

Ich habe einen einzigen Kopf, der mir aber so lieb ist, als dem Chinesischen Kaiser der seinige. Diesen meinen Kopf setze ich daran, mit einem Aufwand, von jährlichen 8000 Thalern, in einer Zeit von längstens 10 Jahren zwey und eine halbe Million versetzbarer Obstbäume zu erziehen, vorausgesetzt, daß der Ankauf und die Befriedigung des benöthigten Platzes zu einer großen Baumschule, als etwas, das seinen Werth für sich behält, nicht darunter begriffen sey, und daß solche Hindernisse eintreten, die menschliche Kräfte und Einsichten übersteigen, als worunter Erdbeben, Feindes-Einfall und Verheerung, ausserordentliche Kälte oder Gewitterschaden, Überschwemmung und dergleichen zu rechnen sind.

Alles, was menschliche Kräfte verstatten, was die besten Einsichten erfordern, und so viel Fleiß und Thätigkeit nur immer erwartet werden kann, das getraue ich mir zu leisten, wenn mir Gott das Leben fristet. Aber auch alsdenn, wenn der Tod mich von einer solchen Pflanzung abrufen sollte, wird doch die Unternehmung nicht vergeblich gemacht seyn, denn ich würde die beste Art der Behandlung andern lehren oder schriftlich hinterlassen.

Daß es mehrere Männer gebe, die vielleicht eben das leisten können, daran will ich nicht zweifeln. Ob aber viele sind, welche nicht aus Beruf oder Zwang, sondern aus Neigung, mehr als 20 Jahre lang den Vortheilen bey der Baumzucht mit eben dem Eifer nachgespürt haben; die mit der grössesten Gedult und zugleich mit einer Art von Leidenschaft sich selbst vieler eigenhändigen Bemühungen nicht entschlagen, nicht geschämt haben, wenn auch Rang und äussere Verhältnisse solches nicht allemal erlauben wollten: das ist eine andere Frage, die sich nur aus dem Erfolg beurtheilen läßt, und es sey mir erlaubt, hievon etwas anzuführen, was dem ganzen Publikum, unter dem ich lebe, sattsam bekannt ist.

Ein Platz von beynahe 20 Morgen groß, wurde im Jahr 1776 zu einer Waldbaumschule planirt, eingezäunt, mit vielen großen und kleinen Alleen, die zusammengenommen gegen 7 Morgen betragen, durchschnitten, und die dadurch entstandene Abtheilungen, mit allen Gattungen und Sorten der in diesem Lande wild wachsenden Bäume und Strauchhölzer, besetzt. Da aber dieser Platz nur eben gemacht, und nicht vorher rejolt, auch nicht gehörig untersucht worden, wohin man jede Art von Holzgewächsen nach Erforderniß des ihr angemessenen Erdreichs, pflanzen könne: so wollte auch fast gar nichts gerathen. Nun waren einmal die Planirungs- und Befriedigungs-Kosten, welche gleich Anfangs über 4000 Thaler mögen erfordert haben, aufgewandt, und da der Platz, gegen Südwest ein wenig abhängend, sehr bequem schien, eine Obstbaumschule darauf anzulegen, so wurde solcher 10 Jahre hernach, in dieser Absicht meiner Anordnung übergeben, und zu Bestreitung der Kosten jährlich nicht ganz 200 Rthlr. bestimmt.

Das erste, was ich thun konnte, war, daß ich diejenigen Abtheilungen, die mir die besten zur Baumzucht schienen, rejolen ließ. Unter 104 Abtheilungen fanden sich etwa zehen, wohin ich nur bloß mit Zusatz von Besserung, junge Bäume setzen lassen konnte. Bey den übrigen traf man auf große Schwierigkeiten. In einigen Orten fanden sich im Grund Steine und Felsen, an andern Orten ein bloßer Lettengrund, eine Erdart, auf der weder Gras noch Holz wächset; wiederum an andern Orten ein sogenannter Lebernkieß, anderswo der lautere Sand, und also fast durchgehends ein sehr undankbares Erdreich zur Baumzucht.

Bey diesen großen Hindernissen und dem kleinen Unterhaltungsfond, war es mir schlechterdings unmöglich, seither, als in einer Zeit von 16 Jahren, auf diesem Platz mehr als etwa 8 Morgen angreifen und zurichten zu lassen. Mehr als einmal mußten aus einer einzigen Abtheilung 2 bis 300 Pferdkarren Steine ausgenommen, und dagegen Erde von auswärts beygeführt werden, und so hat manche Abtheilung höchstens ¼ Morgen groß, mehr als 60 Thaler zu rejolen gekostet, auch mußte ich an vielen Orten das magere Erdreich bedüngen, wozu mehr als 600 Pferdkarren Dünger erfordert wurden.

Aller dieser Hindernisse, und des geringen Fonds ungeachtet, sind doch in einer Zeit von 16 Jahren, schon über 33000 versetzbare Obstbäume in dieser Baumschule erzogen worden; und wenn das Erdreich besser und der Unterhaltungsfond grösser gewesen wäre: so würden in einer solchen Zeit über 100 tausend Stück haben erzogen werden können.

Nun ist der Verkaufspreiß in hiesigen Gegenden das Stück zu 6–8 Groschen, wiewohl ich sie wegen guter Qualität meist um 10 Groschen habe verkaufen können, und also ist leicht zu berechnen, daß mit Inbegriff meines Gehalts, diese Baumschule, so lange sie unter meiner Aufsicht steht, nicht allein gar nichts gekostet, sondern noch Gewinn getragen hat.

Dies sind Thatsachen, die ich nöthigen Falls mit Documenten erweisen kann, und denen ich nur noch beyfüge, daß mir erst kürzlich noch eine andere Baumschule von beynahe 40 tausend, theils halb erwachsenen Bäumen, und theils noch ganz jungen Pflanzen, zur Aufsicht und Behandlung übergeben worden, welche ein gelernter Gärtner seit 15 Jahren zu besorgen hatte. Dieß mag doch wohl ein Vertrauen auf meine Einsichten und auf meinen Fleiß beweisen.

Unter allen land- und feldwirthschaftlichen Gewerben, ist die Baumzucht das Einträglichste. Dieser Schluß ist beynahe so gewiß, als irgends bey einem andern; denn wenn auch keine neue Baumanlagen vorgenommen werden, so gehen doch alle Jahr gar viele Bäume aller Orten zu Grund, die ein jeder wieder ersetzen will. Inzwischen hat diese meine Aufmunterung zur Baumzucht im Großen, vornehmlich die Besetzung der Haupt- und Landstraßen zur Absicht, und daher wird solche den bisherigen Baumerziehern und Baumgärtnern wenig Abbruch thun.

Sollte sich hierauf jemand entschließen, eine große Baumschule anlegen zu wollen, dem dient zur Nachricht, daß an der Zeit zum Versetzbarwerden der Bäume, ein ganzes Jahr gewonnen wird, wenn die Ansaat heuer noch geschiehet. Wollte man hiebey sich meines Raths bedienen: so können die Zuschriften durch meinen Herrn Verleger an mich gelangen.*

* Im Erstdruck von 1793 unterzeichnet »Geschrieben auf die Ostermesse, 1793«.

ANLEITUNG

ZUR BAUMZUCHT IM GROSSEN

ERSTER ABSCHNITT

Von den Erfordernissen zur Anlegung einer großen Baumschule

§.1 Von der dienlichsten Lage Wenn man die Wahl hat, irgendwo einen Platz zu einer großen Baumschule zu bestimmen, so ist eine hohe Ebene hierzu die beste Lage, vorausgesetzt, daß gleichwohl zum Begießen der jungen Pflanzen, das nöthige Wasser ohne allzu große Kosten dahin gebracht werden kann. Ein in der Tiefe, in einem Thal liegender Platz ist nicht räthlich zu wählen. Wenn strenge Kälte einfällt, so leidet das Holzgewächs in der Tiefe weit mehr als in der Höhe. In dem letzten kalten Winter 1789. sind mir unter 20 M. jungen Bäumen, die ich in einer hochliegenden Baumschule hatte, kaum 100 Stücke; in andern in der Tiefe liegenden Baumschulen hingegen, beinahe ein Drittheil durch den Frost zu Grunde gegangen. Eben so sind bergigte Lagen gegen Mittag bey weitem nicht so schicklich, als jede andere Gegend, weil die jungen, aus den Saamenländern frisch gesezten Bäume allzusehr von der Sonnenhitze leiden.

Überhaupt ist eine bergigte Lage zu vermeiden, wo man einen ebenen Platz erwählen kann. Sollte jedoch dieses nicht zu bewerkstelligen seyn, so lassen sich auch abhängende Lagen durch anzulegende Terassen in lauter Horizontal-Flächen verwandeln, wie ich denn selbst vor jetzo 1½ Jahren eine bergigte Gegend gegen Norden also zurichten lassen, daß gegenwärtig die jungen Bäume so schön und gut daselbst fortwachsen, als irgend anderswo. Man fürchte nicht, daß kalte Nord und Ostwinde ihnen schaden, vielmehr werden sie dadurch abgehärtet, daß sie in Zukunft alle Witterung besser ertragen können. Da der freye Zugang der Luft und Sonnenstralen, allen Gewächsen und also auch zur Baumzucht unentbehrlich ist, so darf in der Nähe einer

Baumschule nichts befindlich seyn, was solches verhindert. Besonders sind nah' anliegende Wälder schädlich, weil daselbst die Sonnenstralen durchfallen, und die Wärme auf der Oberfläche des Erdbodens in solchen Gegenden verhindern.

Übrigens ist bey der Bestimmung des Platzes zu einer großen Baumschule vornemlich darauf zu sehen, daß entweder Wasser von einer Quelle oder einem Bach dahin geleitet, oder Behältnisse angelegt werden können, worin sich das Regenwasser sammlen kann; desgleichen, daß der Zugang mit allerhand Fuhrwerk nicht zu beschwerlich sey.

§.2 Von dem Erdboden Alles Erdreich, auf welchem wilde Bäume und Gesträuche gut fortwachsen, ist zur Baumzucht bequem, denn dieß ist schon ein Zeichen, daß die zum Holzgewächs dienliche Nahrung darin enthalten sey. Das Mehr oder Weniger wird sich zeigen, wenn man eine kleine Portion solcher Erde ins Wasser bringt. Löset sie sich bald auf, und macht im Umrühren einen Schaum, so ist eine solche Erde fast zu allen Gewächsen gut. Inzwischen findet sich freilich ein sehr großer Unterschied, unter dem Erdboden. Ein so genannter starker Boden, dergleichen hier zu Land in den besten Weinbergen angetroffen wird; eine zähe, braunröthlichte fest und schwere Erde, deren Bestandtheile nur durch Frost und Sonnenhitze von einander getrennt werden, sich aber nach dem Regen wieder zusammenhängen, dieß ist nach meiner Erfahrung eine der besten Erden zur Baumzucht. In derselben wachsen die Bäume stark, und bleiben gesund. Aber es ist auch dabey das Unbequeme, daß alle Arbeiten in derselben beschwerlicher werden, und besonders ist das Ausgraben der Bäume, wenn sie versetzbar geworden sind, sehr mühsam.

Besser ist ein schon vorher bearbeiteter und durch Bedüngen verbesserter Leimen-Boden, wie etwa die guten Ackerfelder oder Schorländer beschaffen sind.

Endlich ist auch ein sandigter Boden, dafern solcher mit Erde gemischt, oder nur nicht allzu mager ist, noch wohl anzunehmen. Kleine Steinchen, die sich in einer dieser Erdarten befinden mögen, schaden nichts, aber ein allzusteinigter, oder wohl gar Felsengrund, desgleichen Letten, Eisen oder Vitriol haltende Erde, und wo man siehet, daß weder Graß noch Sträuche noch Dornen darauf wachsen, oder wo es beständig feucht und naß ist, ein solcher Erdboden ist gänzlich zu vermeiden. Sollte jedoch, auf einem seiner Lage wegen, übrigens vorzüglich schicklichen Plaz, sich nur einige wenige Strecken dergleichen schlimmen Erdreich anzutreffen seyn, und man wollte die nöthigen Kosten anwenden: so können solche durch Vermischung mit besserer Erde, und durch Bedüngung tauglich gemacht werden.

§.3 Grösse des Platzes Wenn die – in einer Baumschule nöthigen Haupt- und ZwischenGänge nicht in Betrachtung gezogen werden: so kann man füglich annehmen, daß jeder Baum 4 Quadrat-Fuß Platz erfordere. So denn ist noch ein Platz nöthig, um auf solchem eine Wohnung für den Aufseher zu setzen, und die erforderlichen Erden- und Dung-Magazine anzulegen.

Sollte demnach eine Baumschule angelegt werden, in welcher man in 10. Jahren 2½ Millionen Bäume erziehen könnte, so würde hierzu ein sehr grosser Platz erforderlich seyn. Das Länder-Maas ist sehr verschieden, inzwischen aber das sogenannte Dezimal-Maas allenthalben anwendbar und begreiflich. Nach diesem wird hier angenommen, daß 10 Fuß eine Ruthe und 100 Ruthen einen Morgen halten soll. Eine Quadrat-Ruthe enthält also 100 Quadrat-Fuß, einen Platz zu 25 Bäumen. Diesem nach muß der Platz zu einer Million Bäume 40,000 Quadrat-Ruthen oder 400 Morgen betragen, welches nach dem hiesigen Länder-Maas die Ruthe zu 16 Fuß, und den Morgen zu 150 Quadrat-Ruthen, 104⅙ Morgen betreffen würde. Nach dem Dezimal-Maas kann 1 Morgen Platz nur 2500, nach dem hiesigen Länder-Maas aber 9600 Bäume fassen, und hiernach ist die Reduction auf jeden Fall leicht zu machen, wie viel Platz man zu einer bestimmten Anzahl Bäume nöthig habe.

§.4 Befriedigung oder Verwahrung des Platzes Hat man einmal den Platz zu einer Baumschule bestimmt, so ist das erste, solchen mit einer Umzäunung oder Mauer, einzufassen, damit weder das Wild, besonders die Hasen, die jungen Bäume beschädigen, noch auch die Baumdiebe leicht dahin kommen können. Hiebey ist zuvörderst nöthig, um den ganzen Umfang einen Graben, 5 Fuß breit, und $1^1/_2$ bis 2 Fuß tief, also auswerfen zu lassen, daß die Erde aus solchem einwärts geworfen wird. Lässet man eine Mauer machen, so ist dieser Graben zum Grunde derselben; wird aber nur ein Bretter-Zaun gemacht, so können die Pallisaden oder Zaunstecken an den äussern Rand des Grabens gesetzt, mit Erde befestigt, und hernach der Graben wieder eingeworfen werden, welcher dazu gedient hat, daß die – in der Folge innerhalb des Zauns zu stehen kommende Zwergbäume, eine gearbeitete Erde antreffen. Die Mauer, oder der Zaun, muß wenigstens 7 Fuß hoch, und mit Haupt-Thoren und Nebenthüren versehen seyn.

§.5 Zurichtung des Platzes Ehe man beginnt, den Platz der Baumschule mit Bearbeitung des Erdbodens angreiffen zu lassen, müssen die Hauptgänge bemerkt und mit Linien in die Erde bezeichnet werden, weil es überflüssig wäre, solche auch umarbeiten zu lassen. Die erste Arbeit ist, den ganzen Platz zu rejolen. Ich will versuchen, hievon eine Beschreibung zu geben, damit diejenigen, welche diese Arbeit noch nicht gesehen haben, einen Begrif davon bekommen mögen. Vorerst auf einem ziemlich ebenen Platz. Erstlich wird das, was rejolt werden soll, in lauter 4 Fuß breite Streifen abgetheilt, indem man nach einer Schnur, auf dem Boden mit der Haue, einen zwar nicht tiefen, aber doch kenntlichen Riß macht. Zweytens wird die Erde zwischen den beyden ersten Linien 2 Fuß tief ausgegraben, und vorwärts in den liegen bleibenden Gang geworfen. Finden sich hiebey Steine, Wurzeln von Holz, oder andere Dinge, welche hinderlich sind, so werden solche ausgelesen, und ganz für den Platz hinausgeschaft.

Wäre etwa das Erdreich zu mager, so müßte schon vorher der Platz mit Dung versehen worden seyn. Schon bey dem ersten Graben wird man sehen, daß dreimal angesetzt werden muß, die Erde 2 Fuß tief auszunehmen. Das erstemal kömmt die Oberfläche, das zweytemal der Mittelgrund, und zuletzt der Urboden als eine Erde zum Vorschein, die weder durch Bedüngung noch durch den Einfluß der Luft, gebessert worden. Hierauf wird der zweyte Streif vorgenommen, und in den ersten Graben geworfen. Soll der Platz durch Dung verbessert werden, so kommt solcher auf den Mittelgrund, und wird mit dem Urboden zugedeckt. Jede dieser drey Erdarten muß besonders ausgenommen werden, und da die ganze Tiefe zwey Fuß ist, so darf man nur jedesmal 8 Zoll ausnehmen, und den zweyten Saz nicht eher angreifen, bis der erste ausgearbeitet ist. Auf diese Weise wird fortgefahren, bis der vorgenommene ganze Platz rejolt ist, und der letzte Graben wird sodann mit dem Auswurf des ersten angefüllt. Hat man Dung einzuarbeiten, so muß solcher, wenn das Erdreich gleich mager ist, auch ganz gleich vertheilt, ist es aber ungleich, nur dahin gethan werden, wo es am nöthigsten ist. Kleine Unebenheiten können während dem Rejolen nach den Augenmaaß verbessert werden, und wenn sich über Winter die Erde ungleich niedersetzen sollte, so ist solches vor der Baum Anlage eben zu machen.

§.6 Wenn der Platz uneben ist Bey einem solchen Platze kommt alles auf die Urtheilskraft dessen an, der die Arbeit veranstaltet, indem die Rejol-Linien bald überzwerch, bald der Länge nach, bald schräge, öfters näher zusammen, und bald weiter von einander gemacht werden müssen. Die einzige Haupt-Regel bey allem Rejolen ist diese, daß der unterste Boden, die Sohle eines Grabens mit der Sohle des andern eine zusammenhängende Ebene ausmache, und die gearbeitete Erde allenthalben gleich hoch darüber liege. Es kann also geschehen, daß da, wo es eine Vertiefung, Niederung hat, entweder gar nichts, oder nur wenig; hingegen wo es Erhöhungen, kleine Hügel gibt, statt

2 Fuß, drey und mehr Fuß tief, der Boden umgearbeitet, – und diese Erhöhungen in die Vertieffungen geschafft werden müssen. In diesem Fall muß der Dung schicklich angebracht werden, weil zuviel unfruchtbarer Urboden herfürkömmt. Dieß alles aber versteht sich nur von einem Platz, der zwar im Ganzen genommen, einer Ebene gleich zu achten ist, aber hie und da Gruben und Hügel hat.

Wenn aber die Baumschule an einem bergigten, hie und da abhängenden Platz soll angelegt werden, da muß man suchen, durch Mauren oder Terassen so viel Horizontal-Flächen zu bekommen, als die Lage des Platzes erlaubt oder erfordert. Es erfordert zwar etwas mehrere Kosten, aber man darf nicht so viel rejolen lassen, und eine solche Baumschule bekömmt ein weit besseres Ansehen, als eine Ebene.

Übrigens ist es nicht nothwendig die ganze Baumschule auf einmal anzugreifen, weil man sie unmöglich auf einmal besetzen kann. Es können daher die Rejol-Kosten großer Baumschulen füglich auf 4 Jahre vertheilt werden.

§.7 Haupt-Eintheilung des Platzes Schon vor dem Rejolen müssen die Hauptgänge bemerkt seyn. Diese sind, je nachdem der Platz groß ist, mehrere oder wenigere, von größerer oder geringerer Weite. Der erste Hauptgang ist vom großen Thor durchhin, und dessen Länge wird ein oder mehreremale durchschnitten. Mit diesem Hauptgang parallel, können in der Breite noch zwey, und überzwerch vier solche Hauptgänge angebracht werden. Man stelle sich nur vor, oder es bestehe wirklich der Platz der Baumschule aus einem Viereck, welches länger als breit ist, zum Exempel, es habe die Länge 245 und die Breite 163 Ruthen, so würde solcher durch die anzulegenden Hauptgänge in 20 große Abtheilungen zerfallen. Jede derselben wäre wiederum in vier Theile zu theilen, und so bekäme man 80 Mittel-Abtheilungen. Da aber diese immer noch zu groß sind, so muß jede noch einmal in vier Theile zerschnitten werden, wodurch 320 kleine Abtheilungen entstehen.

Mit der Größe des Platzes muß die Weite oder Breite der Gänge in Verhältniß stehen, und so wohl die sieben Hauptgänge, als ein Gang rund um die Baumschule am Zaun 16 Fuß, die Mittelgänge 12 Fuß, und die Gänge der kleinern Abtheilungen 8 Fuß breit seyn. Man besorge nicht, zu viel Platz zu verlieren, denn es kommt an dem bessern Wachsthum der Bäume wieder ein, wenn solche genugsam Luft und Sonne haben, auch wird sich aus dem folgenden zeigen, daß die verlangte Anzahl Bäume hinlänglichen Platz findet.

Bey dieser Haupt-Eintheilung ist noch zu bemerken, daß in einer so grossen Baumschule, auch das gute Ansehen der Anlage, in Betrachtung gezogen werden muß. Dieses nun erfordert, daß, wo sich die Hauptgänge durchschneiden, verhältnißmäßig Ruheplätze, Rundungen angebracht werden. Der Durchschnitts-Punkt ist das Zentrum, und die Weite oder Breite des Gangs, der Radius des Zirkels einer solchen Rundung. An die Seiten, rund um gegen den Zaun kommen dergleichen Halbrundungen und die beygefügten Plane, wovon der eine die ganze Baumschule im Kleinen; der andere aber eine der 80 Mittel-Abtheilungen im Größern darstellt, werden meine Gedanken hierüber anschaulich machen.

§.8 Abtheilung in Beete Nachdem die sämmtlichen Durchgänge von der Größe des Platzes abgezogen worden, so kommt auf jede der 320 Unterabtheilungen noch eine Größe von etwa 100 Quadrat-Ruthen, ungefähr 11 Ruthen lang und 9 Ruthen breit. Nun wird die Länge der Abtheilungen überzwerch in Beete zerschnitten, so, daß die Breite eines Beets 3 Fuß, und ein Zwischen-Gang 2 Fuß beträgt, die Länge aber ist 9 Ruthen oder 90 Fuß, und man erhält in jeder der 320 Unterabtheilungen 21 Beete, die genauere Abtheilung der Beete selbst wird beym Versetzen der Bäume vorkommen. Nun kann man zu 1½ Fuß Abstand in eine jede Reihe 60, in jedes Beet zu 3 Reihen, 180. und also in jede Unterabtheilung 3780. in 320 Abtheilungen aber, 1,209,600 Bäume setzen. Wenn demnach der Erdboden in einer solchen Baumschule nur hinlänglich gut ist, so können schon im fünften Jahr versetzbare Bäume ausgenommen, und durch eine zweyte Anlage derselben in 10 Jahren über zwey Millionen erzogen werden.

§.9 Von Erden- und Dung-Magazinen So gut aber auch die Erde in der Baumschule seyn mag, so wird solche durch den Gebrauch doch endlich ausgesogen; und erfordert Nachbesserung. Es ist daher nothwendig, bey Zeiten, ja gleich Anfangs dafür zu sorgen, daß ein Vorrath von guter Erde und von Dung beygeschafft, und durch fleißiges Bearbeiten so zugerichtet werde, daß man sich dessen, besonders bey dem Versetzen der jungen Pflanzen bedienen kann. Es ist dies ein ungemeiner Vortheil bei der Baumzucht, dem ich sehr viel zu danken habe.

Da der ganze Platz einer großen Baumschule, wegen der ungeheuren Menge Pflanzen, die man nöthig haben würde, unmöglich in einem oder auch nur in zwey Jahren ganz besetzt werden kann: so findet sich immer eine ledige Stelle, auf der man diese Magazine anlegen kann.

Zum Erden-Magazin lasse man allerhand fremde Erdarten, als: Gassen-Erde, Schlamm aus Pferdeschwemmen, aus Teichen, Erde von abgebrochenen Gebäuden, Backöfen, Asche, Ruß, Kehrigt, Sägspäne, Abschabsel von Bein, Horn und Gerberhäuten; sodenn noch eben so viel Acker-Erde, zusammen auf einen Haufen fahren, alles wohl mit einander vermischen, und 2 Fuß hoch gleich dicke, in eine viereckigte Figur legen.

Von dem Säubern der Gänge, desgleichen nach dem Fellgen der Baumstücke lasse man alles Gras und Unkraut etwa 3 Schritt von jenen auf einen Haufen tragen, und solchen ebenfalls 2 Fuß dick anlegen. Endlich lasse man auch allerley Dung von Rind-Vieh Pferden und Schaafen, auch sogar von heimlichen Gemächern, beyführen, und dessen Haufe 3 Fuß hoch also anlegen, daß er etwa 3 Schritte von der Erde der beiden andern Haufen sey, um einst alle zusammen miteinander vermischen zu können.

§.10 Bearbeitung der Erde- und Dung-Magazine Jeder dieser Haufen muß für sich alle 3 Monate auf eine frische Stelle gearbeitet werden, um sowohl die Vermischung, als das Zusammenfaulen zu befördern. Wenn sie auf diese Art 3 bis 4 mal gearbeitet worden, denn wird das nächstemal jeder Haufen durch ein Gitter von Eisendrat geworfen, das durchgefallene von allen Haufen miteinander vermischt, das aber, was zurück bleibt, jedes wieder besonders behalten. Man bekömmt also vier Haufen wovon derjenige, welcher durchs Gitter geworfen, und vermischt worden nach einigen Monaten schon zu gebrauchen ist. Indessen muß man doch denselben so oft umarbeiten lassen, als sich das Unkraut ansetzt, und eben so müssen die übrigen Haufen gearbeitet, und dem Unkraut, das sich immer stark einfindet, nicht Zeit gelassen werden, die beste Kraft auszusaugen.

§.11 Eine nöthige Wohnung für den Aufseher Wenn eine große Baumschule nicht ganz nahe an einer Stadt, Flecken oder Dorf ist, so muß nothwendig für den Aufseher derselben, eine Wohnung dahin gebaut werden, weil dieser beständig in der Baumschule sich aufhalten muß. In dem untern Theil derselben kann das Arbeits-Geschirr, und andere nöthige Materialien, als Pfähle, Weiden, Schubkarren, Gießkannen, Baumschnüre, Bastmatten, Stroh und dergleichen aufbehalten werden, und von der obern Wohnung wäre der ganze Platz zu übersehen.

§.12 Von dem Aufseher Zunächst unter dem Director einer großen Baumschule wird ein Aufseher erfodert, welcher das, was jener anordnet, in Erfüllung bringt, die Arbeiter zum Fleiß in den Geschäften anhält, solche nebst den Fuhren und sonstigen Erfordernissen von Zeit zu Zeit bestellt, aufschreibt und auszahlt. Es ist daher unumgänglich nothwendig, daß dieß ein redlicher Mann sey, der im Schreiben und Rechnen wohl erfahren ist, und auch hinlängliche Kenntnisse von der Baumzucht besitzt. Es kann ein gelernter Gärtner seyn, wenn die Baumzucht von Jugend auf seine Lieblings-Beschäftigung gewesen ist, ausser diesem geschiehet es hier zu Lande nicht selten, daß die gelernten Gärtner sich der Baumzucht zu schämen pflegen.

Ein Mensch, der an seinen Geschäften ein Vergnügen findet, wird immer trachten, seine Kenntnisse zu erweitern, und es in seinem Fach so weit zu bringen suchen, als es immer möglich ist. Bey der Baumzucht werden ihm alle gute Erfolge seiner Bemühung zu mehrerem Fleiß anreizen, und er wird um alles in der Welt sich keine andere Beschäftigung wünschen, vorausgesetzt, daß er ohne Nahrungs-Sorgen seinen Dienst abwarten kann.

§.13 Von den Arbeitern überhaupt In einer großen Baumschule sind immerhin viele Arbeiter nothwendig, jedoch zu einer Zeit mehrere als zur andern. Das Rejolen des Platzes kann zwar in einen Akkord gegeben werden, doch ist dabey sehr genau darauf zu sehen, daß die Akkordsmänner nicht aus Begierde viel zu verdienen, die Arbeit schlecht machen. Der Aufseher muß hier immer gegenwärtig, und der Akkord genau beschrieben, auch demselben angehängt seyn, daß wenn die Arbeit nicht so geschieht, wie es seyn sollte, das allenfallsige Nachbessern auf Kosten der Unternehmer geschehen müßte. Die Rejol-Arbeit erfordert mehr Leibesstärke als Kunst, und daher sind alle arbeitsame starke Leute hierzu tauglich. Die meisten andern Arbeiten aber erheischen schon mehr Fleiß und Geschicklichkeit, die aus der Übung erlernt werden muß, und daher kann man mit solchen Arbeitern, die zu gewißen Geschäften abgerichtet worden, nicht wohl wechseln, sondern sollte sie beständig beybehalten, wenn sie keine Untreue begehen, oder muthwilligerweise nicht Fehler machen.

Da nun ein so grosses Werk, wovon bisher gehandelt worden, auf einen solchen Fuß gesetzt werden muß, daß man niemalen der Fortsetzung wegen in Verlegenheit kommen kann, so wird es allerdings nöthig seyn, eine gewiße Anzahl beständiger Taglöhner und Arbeiter anzustellen.

§.14 Von beständigen Arbeitern So nöthig es ist, daß in der grossen Baumschule diejenigen Arbeiter, welche zu dem vorkommenden Geschäfte schon gut abgerichtet sind, für beständig beybehalten werden, so gewiß ist es auch, daß man zur Sommers Zeit viel mehrere braucht, als des Winters. Es würde demnach einem bürgerlichen Mann hart fallen, wenn er nur des Sommers, und nicht auch den Winter über bey der Baumschule sein Brodt verdienen könnte. Diese Betrachtung hat bey mir selbst die Frage veranlaßt, ob man die Arbeiten in einer so großen Baumschule nicht am besten, durch eine Anzahl Soldaten, welche ihren Sold haben, versehen lassen könnte?

Da ausser dem Rejolen die meisten andern Geschäfte nicht schwer sind, so könnten hierzu auch alte Leute, Invaliden, gebraucht werden. Selbst Weiber und Kinder wären beym Ausjäten und mehreren andern kleinen Geschäften anzustellen, und wenn allenfalls in der Nähe der Baumschule kein Ort wäre, wo sie wohnen könnten, so könnte das Hauß des Aufsehers (§.11) so groß angelegt werden, daß die Soldaten mit ihren Familien darinnen wohnen könnten. Um der Ordnung willen müßte auch ein guter Unterofficier dabey seyn, und dem Aufseher zwar untergeordnet, zugleich aber demselben als Controlleur zugegeben werden. Die arbeitenden Soldaten empfangen neben ihrem Sold noch eine Zulage, und zwar so viel, daß sie mit andern Taglöhnern gleich kommen, wenn sie eben so gut arbeiten als jene.

§.15 Von dem Tagebuch und Zahlung Es ist unumgänglich nothwendig, daß alles, was die Baumschule betrifft, vom Anfang derselben alle Tage richtig, in ein Buch aufgeschrieben werde. Sowohl der Aufseher als der bey den Soldaten stehende Unterofficier müssen jeder ein solches Buch führen, nur mit dem Unterschied, daß der Aufseher nebst den Erfordernißen an Taglöhnern, Materialien und andern Dingen, zugleich die Bezahlung derselben, der Unterofficier aber die Zahlungen nicht zu bemerken hat. Alle Abende werden die Leute oder Fuhren auf Morgen bestellt, und wenn sie sich eingefunden haben, aufgeschrieben. Der Aufseher bringt alle Kosten von einer Woche in eine namentliche Liste, in welcher der Tauf und Zunahme eines ieden, wieviel er täglich Lohn und wie viel Tage er gearbeitet habe, eingetragen werden muß. Der Unterofficier sieht in seinem Buch nach, ob sich alles so verhalte, und wenn ers richtig findet, so unterschreibt er mit dem Aufseher diese Zahlungsliste. Von dem Aufseher muß alle Morgen dem Direktor ein schriftlicher Rapport gemacht werden, wie viel Fuhren und Arbeiter aufgestellt sind, und was solche arbeiten. Am Sonntag bringt er seine Zahlungsliste dem Direktor, welcher sie vidimirt, und die Gelder anweißt. Bey dem Auszahlen der Leute muß jeder durch seine Unterschrift den Empfang quittiren, und mit dieser beschriebenen Liste liquidirt der Aufseher seinen Geld-Empfang. Von allem, was der Aufseher dem Direktor schriftlich übergibt, muß jener seiner eigenen Sicherheit wegen, Abschrift behalten, oder es mit seinem Tagbuche beweisen können.

§.16 Was in einer großen Baumschule anzupflanzen seyn möchte Wenn auch schon die Absicht der Anlage einer großen Baumschule vornemlich dahin geht, mit den daraus zu erhaltenden Bäumen die Haupt und Landstrassen zu besetzen, so wird es doch wohl gethan seyn, auch solche Baumgewächse darin anzuziehen, durch deren Verkauf man einen Theil der Kosten wieder gewinnen kann. Es sind daher nicht nur alle Gattungen und Sorten vom Kern-Obst, Stein- und Schalen-Obst, sondern auch Pappelbäume, Akazien, Lerchenbäume und dergleichen, nebst allen Gattungen Beeren – und Blumen tragenden Gesträuchen anzupflanzen. In Absicht auf den Verkauf ist es nöthig, die hierzu bestimmten Sorten genau zu bemerken, wozu gar viel erfordert wird, welches in der Folge dieser Anleitung an seinem Ort vorkommen soll; hier finde ich nur vorläufig dieß nöthig, darüber anzumerken, nemlich, daß man sich in Zeiten um die nöthige Saamen, Bruten und Einleger, *(Boutures)* umzusehen habe, und gleich anfangs hinlängliche Bestellung dazu machen müsse, indem der Zeitverlust unersetzbar ist.

§.17 Von dem Sammeln des Saamens So bald man sich zur Anlage einer grossen Baumschule entschlossen hat, muß man auch schon darauf denken, woher man die grosse Menge von Saamen und Bruten oder Sprößlingen zum Einlegen bekommen könne. Der Saamen wird gesammlet, so bald die Früchte reif und eßbar sind, und deswegen muß man schon im Julius anfangen, aller Orten wo dergleichen zu bekommen sind, Kirschen, Aprikosen, Pfersich und Pflaumen-Steine zu bestellen, und sich solche kommen zu lassen. Man kann solche öfters auch in Menge aus den Residenzen großer Herren, wo dergleichen Früchte eingemacht werden, von Conditoreyen bekommen. So bald sie nur gut abgetroknet sind, können sie eingelegt werden. Mit den Kernen von Äpfel und Birnen verhält es sich ganz anders. Diese können unmöglich in der erforderlichen Menge anders erhalten werden, als aus den Träbern welche übrig bleiben, wenn dergleichen Obstwein gemacht wird. Von solchen läßt man sich so viele Säcke voll kommen, so vielmal man etwa 5000 junge Pflanzen daraus erhalten will. Wenn also in dieser großen Baumschule im ersten Jahr nur ein Haupt-Theil, und solcher zur Hälfte mit Stein-Obst angelegt wird: so dürften zur ersten Ansaat Kern-Obst, 60 Säcke voll Träber nöthig seyn.

§.18 Von Bruten oder Sprößlingen Inzwischen hat mich die Erfahrung gelehrt, daß man von Steinobst-Kernen bey weitem nicht so viel Pflanzen bekömmt, als vom Kern-Obst; daß man sich aber bey jenem ganz vortheilhaft mit Bruten oder Sprößlingen die aus ihren Wurzeln herfür kommen, helfen könne. Saure Kirschen, Pflaumen und Zwetschgen machen alljährlich viele solche Bruten, die öfters in einer weiten Entfernung vom Baum, herfürwachsen.

In Gegenden, wo sich viele saure Kirschen, Zwetschgen und Pflaumen befinden, kann man diese Bruten zu Tausenden bekommen, und man gewinnt damit 2 bis 3 Jahre an ihrer Versetzbarkeit.

Zwar haben die Stein-Obst-Bäume nicht so viel Werth, als die Kern-Obst-Bäume, aber sie wachsen desto schneller, und viele darunter dürfen nicht veredelt werden, sondern sind zu gebrauchen, wie sie gewachsen. Da man nun zu Besetzung der Landstrassen wenigstens anfangs die Hälfte von Stein-Obst-Bäumen nöthig hat, und auch bey dem Verkauf fleissig darnach gefragt wird; so ist es schlechterdings nothwendig in einer grossen Baumschule eben so viel Stein-Obst, als Kern-Obst anzupflanzen. Man wird also aller Orten her gleich anfangs so viele Bruten bestellen müssen, als immer zu bekommen sind. Was von diesen gesagt worden, das gilt auch von Quitten- und Weißdorn-Bruten, welche sehr nöthig sind, wie aus der Folge erhellen wird.

§.19 Von Schnittlingen oder *Bouturen* Die Erfahrung geht über alle Spekulation. Ich habe mich durch verschiedene Baumbücher bethören lassen, Schnittlinge von Kern-Obst zu Tausenden einzulegen, ich habe sie in schattigte und an der Sonne liegende Orte, gegen Ost, Mitternacht und Westen angebracht, bey trokenem Wetter begiessen lassen, und allen Fleiß angewandt, sie wachsen zu machen. Wenn auch schon einige ausgeschlagen, und fingerslange Triebe gemacht hatten, so sind sie doch wieder verdorben. Von Quitten sind vom Hundert etwa 6 bis 8 Stück gewachsen, von schwarzen Maulbeeren Dürlitzen oder Cornel-Kirschen, Akazien, Platanus, Tulpenbaum, Taxus und mehrern andern habe ich nicht einen einzigen davon bringen können. Italienische Pappeln und alle Weiden-Arten sind allein von Bouturen fortzubringen, und da jene in einem guten Erdreich in Zeit von 5 Jahren 16 bis 20 Fuß hoch wachsen können, so wäre ihnen in einer großen Baumschule, schon eine Stelle zu verstatten.

ZWEYTER ABSCHNITT

Von den Verrichtungen in der Baumschule, im ersten Jahr der Anlage

§.20 Setzung des Zauns Ich setze, man fange mit dem neuen Jahr an, die Anlage in Bewegung zu bringen, so wäre dieß eben die Zeit, das Nöthige zum Zaun, fertigen und beyführen zu lassen. Nach der einmal angenommenen Grösse zu 400 Morgen Dezimal-Maas würde der Umfang 800 Ruthen betragen, jede 10 Fuß lang oder 8000 Fuß. Zu einem guten Bretter-Zaun werden auf 16 Fuß 3 eichene Pallisaden oder Zaunstecken erfodert, deren jeder 9 Fuß lang, unten 3 Zoll dick und so breit seyn kann, als sich die Spaltung der Eichen ergibt. Es werden demnach 1500 Stück dergleichen Zaunstecken erfodert, welche von Zimmerleuten während des Winters gefertiget werden können. Der Zaun an sich besteht aus liegenden Brettern, und zwar müssen von unten 3 Stücke nur einen Zoll und hierauf noch 2 Stücke 2 Zoll Raum zwischen sich behalten. Auf die 5 Bretter kommen noch 2 Latten, einen Fuß weit von einander. Diesem nach werden 2500 Stck. Tannen-Bretter, einen Fuß breit und 1000 Stck Latten, 3 Zoll breit, beydes zu 16 Fuß Länge erfordert. Zur Beyfuhr dessen, was man in der Baumschule gebraucht, und zur dereinstigen Ausfuhr der Bäume sind 2 große Thore, zum Eingang, aber der Ordnung wegen neben jedem Thor zwey Seiten Thüren anzubringen, wozu 4 große 15 Zoll dicke, und 9 Fuß hohe, sodenn 4 andere zu 8 Zoll dick und eben so hohe Thor- und Thürpfosten nöthig, welche auch zuerst eingesetzt werden. Von einem derselben fängt man an, den Zaun zu setzen, welches die Zimmerleute wohl verstehen, und hierauf wird der Graben (§.4) eingefüllt.

§.21 Fernere Arbeiten Ist einmal die Umzäumung fertig, so kann ein vierter Theil des Platzes nach §.7 u. 8 ein – und abgetheilt – und hernach die Rejol-Linien (§.5) gezogen werden. Wäre der Erdboden so beschaffen, daß Besserung zugesetzt werden müßte, so müßte auch vor allen Dingen auf diese abgetheilten Stücke, Dung geführt werden. Nun wird das Rejolen vorgenommen, so bald man den Boden gewinnen kann, und eifrig damit fortgefahren, damit der Winterfrost noch auf den gearbeiteten Boden wirken kann. Mittlerweile können auch die Erde- und Dung-Magazine desgleichen am andern Ende der Baumschule etwa der vierte Theil von einer Unterabtheilung mit Setzlingen von gelben Weiden angelegt werden, weil man deren in der Folge viele nöthig hat.

§.22 Benutzung des übrigen Platzes Nach dem Rejolen des ersten vierten Theils des Magazin und Weiden Platzes bleiben noch 239 Unterabtheilungen, beynahe 25 Morgen Platz übrig, welcher benutzt werden kann. Wäre der ganze Platz ein Ackerfeld gewesen, so könnten Sommerfrüchte dahin gesäet werden, wo aber nicht, so wären doch wenigstens Grundbirn oder etwas dergleichen dahin zu pflanzen, um eines Theils Nutzen daraus zu ziehen, und andern Theils, damit der Boden bis zum künftigen Rejolen gearbeitet werde. Auch im zweyten und dritten Jahr ist der übrige Platz immer noch zu benutzen, und die darauf zu wendenden Kosten, können damit reichlich ersetzt werden, es muß aber der mittlere Hauptgang und der Gang am Zaun frey bleiben.

§.23 Vorbereitung zur Ansaat Es wird schwer halten, ob in der Baumschule selbst die erste Ansaat geschehen kann, es wäre denn, daß der Boden nach dem Rejolen, als wodurch der Urboden obenauf zu liegen kommt, noch gut genug, und aus zarter Erde bestünde. Da man auch zur Ansaat keinen tiefgearbeiteten, sondern mehr einen milden

Boden nöthig hat; so würde die erste Ansaat füglicher ausserhalb der Baumschule, in einem gut gebauten Gemüßland vorgenommen werden können. Es sey nun der Platz zum Saamenland, wo er wolle, so wird doch derselbe den Sommer über nicht gebraucht sondern muß brache liegen, gebaut, und vom Unkraut ganz rein gehalten werden. Schon im August müssen einige Beete zum Einlegen der Kern vom Stein-Obst bereit liegen, folglich schon abgetheilt seyn. Die gesammelten Kern werden Gattungenweiß aufbehalten, um immer eine gewiße Ordnung bey allem zu beobachten.

§.24 Von der Ansaat Wenn das Saamenland nicht kurz vorher gearbeitet worden, so muß solches vor der Ansaat geschehen. Die Beete werden 5 Fuß breit und behalten Zwischengänge von 2 Fuß Breite. Den Kernen vom Steinobst thun die Mäuße weniger Schaden, sie können also Reihenweis gelegt werden. Zwischen jeder Reihe bleibt 1 Fuß breit Raum, und also können in ein Beet 6 Reihen kommen. Man legt nur eine Schnur an, macht an derselben mit der Haue eine Furche, etwa 2 Zoll tief, legt die Kern eine von der andern 2 bis 3 Zoll hinein, deckt sie mit Erde zu, und tritt mit den Füssen darüber, damit sie vest in der Erde liegen. Wenn ein Beet fertig ist, fährt man mit einem Rechen gelinde darüber, um es schön eben zu machen.

Zur Ansaat der Kern-Obst-Saamen werden die Träber mit den Händen zerrieben, durch ein genugsam weites Sieb geschlagen, und das, was durch gefallen ist, auf die Beete gestreut, also daß beynahe der Erdboden ganz damit bedekt werde. Mit einem eisernen Rechen wird hierauf dieser Samen in die Erde gebracht, das ganze Beet gelinde getreten, und hernach sachte eben gezogen. Dieses Eintreten hat seinen guten Nutzen, einmal, daß die Kern feste in die Erde kommen, und im Frühjahr desto eher aufkeimen können, und fürs andere, daß die Mäuße denselben nicht so leicht nachspüren können.

§.25 Vorbereitung zum Einsetzen der Bruten Die Bruten (§.18) kommen in die Baumschule, und werden eben so behandelt, wie die jungen Baumpflanzen. Sie werden im Herbst eingelegt, und daher müssen nicht allein die Haupt und Unterabtheilungen in Beete nach §.8 sondern auch diese in ihre Reihen eingetheilt werden. Hierzu wird erstlich eine starke Schnur erfordert in welcher zu 1½ Fuß Abstand schmale Fleckchen von gefärbtem wollenem Tuch eingeschoben werden. Hernach lässet man sich kleinen Zielpfählchen 1½ Fuß lang, 1 Zoll dick, und unten spitzig, verfertigen, deren man schon bey der Haupteintheilung benöthiget ist. Nun hat durch diese jede Unterabtheilung auf den Ecken schon solche Pfählchen, und da die Beete überzwerch kommen, so wird eine andere Schnur an der Ecke auf der langen Seite angelegt, feste gemacht, und bis zum andern Ecke gut angezogen. Nun müssen 2 Maaße bey der Hand seyn, eines zu 2 Fuß und das andere zu 3 Fuß. Das letztere wird in zwey Theile getheilt, und solches mit einem Schnitt bemerkt. Jetzt fängt man an, nach der Schnur die Zielpfählchen einzustecken. Zuerst nach dem Maaß von 3 Fuß 3 Pfählchen und die Länge des Maaßes von 2 Fuß bleibt leer zum Zwischengang. Auf diese Art fährt man fort bis zur andern Ecke, und wiederhohlt das nemliche auf der andern Seite der Abtheilung, wo aber auch oben angefangen werden muß. Findet sich ein Überschuß oder Mangel zum Gerade-Ausgehen der Beete, so kann man entweder solches rückwärts durch das Weitermachen der Zwischengänge einbringen, oder das letzte Beet zu 2 oder 4 Linien machen. Jetzt wird die gefleckte Schnur zur Hand genommen, an dem ersten Eckpfählchen also angelegt, daß dieses zwischen 2 Fleckchen zu stehen kömmt, und bis zum ersten auf der andern Seite gut angezogen. Ausserhalb der Schnur wird sodenn bey jedem Fleck ein Pfählchen gesteckt, die Schnur los gemacht und an die nachfolgenden Pfählchen also befestiget, daß ietzt ein Fleck an dem Pfählchen anliegt. Die dritte Reihe wird wie die erste ausgesteckt, und da müssen die Zielpfählchen im Verband mit einander stehen. Alle Beete werden auf diese

Art ausgezielt, doch nur eins ums andere um die Zielpfählchen vom ersten, nachdem die Bäumchen gesetzt worden, zu dem andern gebrauchen zu können.

§.26 Das Einsetzen, sowohl der Bruten als aller jungen Baumstämmchen Vorerst entsteht hier die Frage, wo man in der Baumschule anfangen solle, etwas anzupflanzen. Am füglichsten wäre es, den untern letzten Haupttheil zuerst rejolen zu lassen, um daselbst die Saamenländer, die in Reihen gelegten kleine Bruten, Bouturen oder Steckreiser, und Strauchgewächse versorgen zu können.

Nach solchem könnte der erste Haupttheil am Eingang vorgenommen werden, und auf diesen kämen sodenn die Bruten von Stein-Obst, deren Einsetzung anjetzo gezeigt werden soll.

Ist die Witterung beym Setzen trocken, so muß man ein Geschirr mit Wasser haben, in welches die Bruten oder Bäumchen so lange gesetzt werden, bis man sie braucht. Zum Anwachsen nutzt es nicht wenig, wenn sich die Wurzeln so genau als möglich mit der Erde vereinigen, und dieß geschieht, wenn sie naß sind. Jetzt läßt man an die Zielpfählchen gegen Morgen mit einigen Spadenstichen ein Loch machen, etwa 8 Zoll tief und weit, oder eben so, wie es die Größe des Bäumchens erfordern mag. Ein anderer holt eine Parthie Bäumgen, und wirft in jedes Loch eines. Ist die Erde zart und gelind, so bedarf es keiner andern, wo nicht, so muß zarte Erde bey der Hand seyn, und in jedes Loch auf das Bäumchen eine Schippe (Schaufel) voll geworfen werden. Ein anderer Arbeiter setzt das Bäumchen hart an das Pfählchen, verwahret alle Wurzeln gut mit Erde, drückt es mit den Fingern gut an, so daß es gleichsam eingepackt wird. Im Setzen wird das Bäumchen um so viel höher angehalten, als es durch das Drücken mehreres hinunter kömmt. Noch ein anderer Arbeiter wirft jetzt die übrige Erde in die Grube, tritt mit einem Fuß stark darauf, daß so wenig als möglich zwischen den Wurzeln und der Erde ein leerer Raum bleiben kann.

Man sieht hieraus, daß zum Setzen der jungen Baumpflanzen 4 Personen nöthig sind, wenn die Erde gut ist. Muß aber die Erde von anderswo beygetragen werden, dann braucht man 2 Personen mehr. Damit können aber nach meiner öfters gemachten Erfahrung täglich gegen 1000. Bäumchen gesetzt werden, wenn die Leute hierzu gut abgerichtet und fleißig sind.

Nachdem eines der Beete voll gesetzt worden, werden die Zielpfählchen ausgenommen, und in die Löcher durch das Rohr einer Gießkanne so viel Wasser gegossen, als sie fassen mögen. Einige Zeit hierauf werden auch diese Löcher und überhaupt das ganze Beet mit einem Rechen gelinde überfahren, damit die herumliegende Erde in Ordnung komme.

§.27 Die Einlegung kleiner Bruten, Bäumchen und Bouturen
Nichts ist dem Baumgewächs zuträglicher, als wenn die jungen Bäumchen mehr als einmal versetzt werden. Sie setzen mehrere Wurzeln an, und bekommen dickere Stämme. Wo sich also bey der jungen Baumpflanzen oder Bruten solche finden, welche noch sehr schwach sind, und wenige Wurzeln haben, so setzt man sie auf folgende Art nahe zusammen. Man wählt hierzu eine ganze Abtheilung, ohne sie in Beete zu theilen. An dem schmalen Theil wird 2 Fuß vom Gang hineinwärts eine Schnur angelegt, und hart an derselben ein Spadenstich Erde ausgenommen. Hierdurch erhält man einen kleinen Graben. Einen Fuß rückwärts wird abermals die Schnur angeschlagen, indessen ein anderer Arbeiter die einzulegenden Bäumchen herbey bringt, und sie an die aufgeworfene Erde jedes 6 Zoll vom andern so hingelegt, wie es ihre Wurzeln erfordern. Nun kommt der erstere wieder, und fängt an, die Hälfte der Breite zwischen der Schnur und dem Graben mit der Spade auszuheben, und sachte auf die Wurzeln der Bäumchen zu werfen. Der andere Arbeiter ist indessen mit dem Hinlegen der Bäumchen fertig geworden, und sieht jetzt nach, ob die schon mit Erde bedeckten gut liegen, und richtet daran, was zu richten ist, hernach

tritt er dagegen, daß sie fest inne liegen. Ist der erste Arbeiter mit dem Bedecken fertig, dann macht er den zweyten Stich hart an der Schnur, das den zweyten kleinen Graben gibt, in welchem eben das, wie im ersten geschiehet. Auf diese Art werden 6 Reihen hintereinander eingelegt, dann aber wird die Schnur 2 Fuß rückwärts angeschlagen, um den Zwischengang zu bekommen, welcher auch bis wieder an die Schnur umgearbeitet wird. Nach eben dieser Weise werden auch die Bouturen von Pappeln oder dergleichen eingelegt. Wenn alles eingelegt ist, werden die Bäumchen in ihrer Linie stark begossen, und noch einige Stunden auf der andern Seite auch eingetreten, damit sie mehr aufrecht zu stehen kommen. Die vom Anfang übrig bleibende Erde wird zum Ausfüllen des letztern Grabens zurück getragen.

Bey dieser Art, junge Bruten, Bäumchen oder Bouturen einzulegen, hat man die eingelegte Reihen vor dem Gesichte, und mit dem Einlegen wird zugleich die ganze Abtheilung frisch umgearbeitet. Wäre aber diese Umarbeitung nicht nöthig und die Erde vorher schon milde: so wird auf eine andere Art zu Werke gegangen.

Wenn die Schnur angelegt ist, so wird hart an derselben, wie vorhero gesagt worden ein Spadenstich Erde also ausgenommen, daß die Erde vorwärts gegen die Abtheilung geworfen wird, und man den Rücken gegen den Gang kehrt. Was man nun einlegen will, wird an die Schnur oder vielmehr den Erden Absatz, der durch den Ausstich verursacht worden, hingesetzt, die ausgeworfene Erde wieder daraufgethan, die Bäumchen angetreten und alles wieder eben gemacht. Hierauf wird mit Vorsicht die Schnur hinweggenommen, einen Fuß breit vorwärts, aufs neue angeschlagen, der kleine Graben ausgestochen, und wiederum eine Reihe eingelegt, wobey man sich in Acht zu nehmen, daß man in der vorigen Reihe die Bäumchen nicht verderbt, wenn die folgenden Reihen gesetzt werden,weil man jene immer hinter sich behält. Jedes Gräbchen wird auf diese Art gleich wieder eingefüllt, und also hat man am Ende keine Erde zum Ausfüllen nöthig.

§.28 Besetzung des Zauns mit Zwerch-Bäumen oder Spalieren Wenn man bey Anlegung einer grossen Baumschule bedenkt, welch eine grosse Anzahl Bäume darin erzogen werden können, und daß die allermeisten von ihnen durch Pfropfen oder Okuliren veredelt werden müssen: so sollte einem bange werden, nur die Menge Pfropf- und Okulir-Reiser beyschaffen zu lassen: denn obgleich anfangs auch nur der fünfte Theil des angegebenen Platzes mit Wildlingen gesetzt wird: so hat man hierzu noch über 250,000. nöthig, und nur die Hälfte derselben, im ersten Jahr der Anlage zu okuliren, würde 25,000 Reiser erfordern.

Da man aber bey einer so großen Unternehmung auch darauf denken muß, wie die aufgewandten Kosten wiederum gewonnen werden können; so wird es unumgänglich nöthig seyn, daß auch Bäume auf den Verkauf angezogen werden. Nun kann jeder Käufer mit Recht verlangen, daß man ihm für diejenige Sorten die er haben will, bürgen soll.

Um hierin seiner Sache gewiß zu seyn, muß man, wenigstens von einer beträchtlichen Anzahl der besten Obstgattungen und Sorten, in der Baumschule selbst eine Anlage machen, und sich die ersten Stämme aus andern gut eingerichteten Baumschulen kommen lassen. Da nun aber die Absicht keine andere ist, als die Okulir-Reiser dieser Gattungen und Sorten selbst und in Menge zu bekommen: so müssen es um der Bequemlichkeit willen lauter Zwerch-Bäume oder Spaliere seyn, und diese lassen sich am besten an der innern Seite des Zauns anbringen.

Die Länge der Baumschule kann 228, und die Breite 175 Dezimal-Ruthen betragen (§.7). Auf drey Seiten, gegen Abend, Mitternacht und Morgen können dergleichen Spaliere gesetzt werden. Wenn also der Abstand von einem zum andern 12 Fuß beträgt, so kann man doch auf diesen drey Seiten 565 Stücke anbringen, wovon die eine Hälfte Kernobst, und die andere Hälfte Steinobst seyn müßte, damit, wenn die Kernobst-Spaliere sich in der Folge weiter ausbreiten, alsdenn die Steinobst-Bäume als ohnehin abgängig ausgenommen, mithin jenen mehr Raum gemacht werden könnte. Diese Zwerch-Bäume werden durch den Gebrauch der Reiser von selbst immer im Schnitt erhalten, und in einem guten Boden in etlichen Jahren so viele Reiser treiben, als man zum Okuliren nöthig haben wird.

§.29 Welche Gattungen und Sorten anfangs zu erwählen Da nur die Rede von den besten Gattungen und Sorten seyn kann, und man doch immer viele Okulir-Reiser nöthig haben wird, so muß jede Gattung und Sorte mehrfach angepflanzt werden. Die Gattungen von Kernobst sind Äpfel, Birn und Mespeln, vom Steinobst hingegen, Aprikosen, Kirschen, Mandeln Pfersich und Pflaumen. Man kann also einstweilen 200 Stück Kernobst und 200 Stück Steinobst anbringen, und die übrigen Stellen mit starken Wildlingen besetzen. Da ich einzig nur aus eigener Erfahrung schreibe, so will ich auch nur solche Gattungen und Sorten vorschlagen, die ich selbst als die Besten kenne und angezogen habe.

Also vom Kern-Obst.

Apfel

1. *Pearmain d'Eté*, Jakobs-Apfel
2. *Calville blanche de'Eté*, Ernd-Apfel.
3. *Court pendu rouge d'Eté*, Zwiebel-Apfel.
4. *Bembour rouge d'Eté*, rother Bach-Apfel.
5. *Pigeon*, Tauben-Apfel.
6. *Cuisinot d'Eté*, August-Apfel.
7. *Nelguin.*
8. *Drapd'or.*
9. rother Stettiner, Rostocker.
10. weißer Stettiner, Rostocker.
11. Herren-Apfel.
12. *Calville rouge d'Autumne.*
13. *Calville rouge d'Hyver.*

14. *Calville blanche d'Hyver.*
15. Franz Renetten.
16. Weisse Renetten.
17. Gelbe Renetten.
18. Gold Renetten.
19. *Grise de Champagne.*
20. Holländische Renetten.
21. Süsse graue Renetten.
22. Saure graue Renetten.
23. Leder-Apfel grosse Renetten.
24. Borsdorfer.
25. *Pearmain royal.*
26. Gold Pepping.
27. Schwarzer Süß-Apfel.
28. Scharlach-Apfel.
29. Mohren-Apfel.
30. Stern-Apfel.

Birn

1. *Rousselet hatif*, frühe Franzbirn.
2. *Gros-Blanquet*, Sackpfeiffe.
3. *Robine*, August-Birn.
4. *Chére a Dames*, Gaißhirtlen.
5. *Bergamotte d'Orange.*
6. *Orange rouge.*
7. *Cassolet friolet.*
8. *Blanquet á longue-queue.* Langstieler.
9. *L'Epargne.*
10. *Epine rose d'Eté.* Sommerdorn.
11. *Verde longue musquée*, lange Bisembirn.
12. *Sucreè verde*, grüne Zuckerbirn.
13. *Poire sans peau d'Autumne.*
14. *Bon chretien d'Eté*, Sommerzuckerbirn.

15. *Bergamotte crasane.*
16. *Louise bonne.*
17. *Verde longue pannacheé*, Schweizerhosen.
18. *Bergamotte soulers.*
19. Rothe Roberts-Birn.
20. *Doyenne.*
21. *Beurrée blanche.*
22. *Beurrée grise.*
23. *Beurrée rouge d'Isembert.*
24. *Colmart.*
25. *Virgouleuse.*
26. *Gratiole d'Hyver.*
27. *Bon chretien d'Hyver.*
28. *Bergamotte d'Hollande.*
29. *Cadillac.*
30. *Citron d'Hyver.*

Aprikosen

1. *d'Algier.*
2. *de Breda.*
3. *de Bruxelles.*

Kirschen

1. frühe Glas-Kirschen.
2. frühe süsse Weixeln.
3. frühe Amarellen.
4. rothbraune Amarellen.
5. Kurzstieligte Amarellen.
6. Langstieligte Amarellen.
7. Spanische Weixeln.
8. Horrisons Kirschen.
9. Halbrothe Herz-Kirschen.
10. Schwarze Herz-Kirschen.

Mandeln

1. Hartschaligte, sehr tragbar.

Pfersiche

1. *Aulberge*, Safran Pfersich.
2. *Admirable.*
3. *Montauban.*
4. *Le chancelier.*
5. rothe Magdalene.
6. weiße Magdalene.
7. glatte Pfersiche.

Pflaumen

1. *Damas noir hatif.*
2. frühe Zwetschen.
3. Mirabellen.
4. *Perdrigon blanche.*
5. *Perdrigon violette.*
6. *Fortheringham.*
7. *Gros Damas.*
8. *Reine-Claude verde.*
9. *Drap d'or.*
10. *Diaprée rouge.*
11. Grüne Zwetschen.
12. *Cheston.*
13. *Prune Cerisier*, Türkische Kirschen.
14. Hahnenhoden.
15. *Bastard – Reine claude.*
16. Mirabolanen.
17. Beste Zwetschen.

Und mithin können angelegt werden:

Apfel-Zwerch-Bäume à 3. 4 Stücke				100 Stücke.
Birn-Bäume, desgleichen	"	"		100 —
Aprikosen à 5	"	"	"	15 —
Kirschen, à 5	"	"	"	50 —
Mandeln "	"	"	"	10 —
Pfersiche, à 5	"	"	"	40 —
Pflaumen, à 5	"	"		85 —
			Summa	400 Stücke.

Die an die übrigen 165 Stellen gesetzte Wildlinge werden sehr gut zureichend seyn, die ausser den vorbeschriebenen, noch weiters verlangenden Obst-Sorten darauf pfropfen oder okuliren zu lassen.

An die vierte Seite gegen Norden, können Quitten, Mespeln, Azerolen, Dürlitzen, desgleichen viele der in der Folge vorkommenden Strauchgewächse, gepflanzt werden, also, daß der Zaun rundumher mit nützlichen Baum- und Strauchgewächsen besetzt wird.

In einer besondern, dieser Anleitung zur Baumzucht vielleicht nachfolgenden Betrachtung über die verschiedene Obst-Sorten die mir bekannt sind, und die ich selbst angezogen habe, wird sich finden, daß hier nicht die Hälfte derselben angebracht worden, und ich gestehe gern, daß mir noch gar viele nicht bekannt seyn werden.

Jedes Land, jede Gegend hat sein eigen, sein Lieblings-Obst. Ich habe noch keine schönern Borsdorfer Äpfel gesehen, als man aus dem Tyrol in hiesige Gegend gebracht hat, und der Pepping hat nur den besten Geschmack in England.

Dieß ist eine Haupt-Regel für alle diejenigen welche sich auf die Baumzucht legen, daß sie vorzüglich diejenigen Sorten anpflanzen, welche in selbigem Erdreich und Clima als die besten, fruchtbarsten und dauerhaftesten bekannt sind.

§.30 Anmerkung Die Benennung der Obst-Sorten wird wohl so lang die Welt noch stehen mag, niemal in ein System gebracht werden können, und dahero muß ein jeder, der sich damit abgibt, nur auf die Merkmale achten, die von einer Sorte angegeben werden, und hernach suchen, wie sie da oder dort genannt wird. Auf diese Art hab ich gefunden, daß die nemliche Sorte gar viele Namen bekomme, und daß ein und derselbe Name etlichen Sorten zugleich gegeben worden. Man kann also auf die Verzeichniße der Baum-Verkäufer selten gehen, sondern muß sich gefallen lassen, was man unter diesen oder ienen Namen bekömmt. Wollte man aber nichts desto weniger dergleichen Verzeichniße zu Rathe ziehen, und mehrere Sorten als hier beschrieben sind, sich kommen lassen, so wird hierzu genugsamer Platz vorhanden seyn, wenn von den beschriebenen wenigere ausgesetzt werden, als bemerkt worden sind.

Dieser Anmerkung muß ich jezt noch beyfügen, daß in einer großen Baumschule noch eine andere Gelegenheit zu nutzen ist, mehrere Obst-Sorten zu Okulir-Reisern gar schicklich anzupflanzen.

Es ist oben (§.7) schon gedacht worden, daß des guten Ansehens wegen in einer so großen Baumschule, und zwar, wo sich die Hauptgänge durchschneiden, Ruhe-Plätze, Rundungen angebracht werden sollten. Diese Rundungen schneiden von denen sie umgebenden vier Abtheilungen die Ecken ab, und man kann in jeder dieser Rundungen acht Pyramiden anbringen.

In den sieben Hauptgängen entstehen auf solche Art 18, und in den Mittelgängen 59. solche Rundungen, in die man 616 Stücke Pyramiden setzen lassen kann. Hier wären also Obst-Pyramiden von Äpfel und Birnen auf Paradies und Quittenstämme zu okuliren; Azerolen, Dierlitzen und Mandeln; von andern Gewächsen, Sevenbaum, Wachholder, *Taxus*, Buchs und dergleichen gar schicklich anzulegen. Ausser diesen findet sich zwischen solchen Pyramiden noch immer Raum genug, daß dahin noch Gesträuche von Jasmin, dem Kleebaum, Schneeballen, Rosen, Johannisbeeren und dergleichen untergebracht werden könnten.

Allein es ist hierzu es vorzüglich nothwendig, diese Rundungen zu einer solchen Besetzung vorhero zuzubereiten, welches eine sehr leichte Sache ist; denn man läßt nur einen rund gemachten Stock von eichen Holz gerade im Durchschnitts-Punkt zweyer Hauptgänge einschlagen, wirft eine Schnur mit einer Schleiffe darüber, und fährt mit solcher nach der erforderlichen Weite im Kreiß herum, wobey zugleich mit der Haue eine etwas tiefe Furche gemacht wird. Der Stock im Mittelpunkt wird abgesägt, und das was im Boden ist, bleibt stecken, damit man es in Zukunft leicht wieder finden kann, wenn allenfalls die Aussetzung mit Buchs, ein solches nöthig machen sollte. Wenigstens könnten die 18 großen Ruhe-Plätze mit den erforderlichen 144 St. Pyramiden zuerst besetzt werden; und zwar mit der gehörigen Abwechslung zwischen denjenigen, welche den Winter über grün bleiben, und denen, welche das Laub verlieren.

Wenn die Rundungen auf vorbeschriebene Art gemacht werden, dann muß man die Stellen bezeichnen, auf welche die Pyramiden gesetzt werden. Allenthalben, wo etwas an die Hauptgänge oder in die Rundungen gesetzt wird, muß solches zwey Fuß von der Gränz-Linie hineinwärts geschehen. Man verlängere also die Schnur, womit die Rundung gemacht worden, um zwey Fuß, und ziehe nach solchem neue Linien in die abgestutzten Ecken der vier Abtheilungen. Wo alsdenn eine andere Schnur, die man 2 Fuß einwärts von der Gränz-Linie der Abtheilungen zieht, die Zirkel-Abschnitte schneidet, da ist der Punkt, die Pyramiden hinzusetzen, und den muß man so lange mit einem Zielpfählchen bezeichnen, bis die Bäume gesetzt werden.

Sowohl zu den Spalieren am Zaun, als zu den Pyramiden um die Ruhe-Plätze muß der Erdboden gut seyn, und schon beym Einsetzen derselben die Vorsicht gebraucht werden, daß die Wurzeln genugsame Nahrung bekommen. Denn da bey den Spalieren nur ein Streiff von fünf Fuß breit, und bey den Pyramiden nur bis an die Gränz-Linie der Durchgänge rejolt worden ist, und die Wurzeln von diesen Bäumen in einigen Jahren die feste unbearbeitete Wand erreichen: so muß hier mit Besserung zugesetzt werden. Man lasse demnach unten ins Baumloch eine Schicht Dünger werfen und feste zusammen treten; dann eine Schicht Erde, und darauf eine Schicht Dünger und diesen abermal eintreten; hierauf eine Schicht zarte Erde, auf diese den Baum, und dessen Wurzeln mit zarter Erde zugedeckt, setzen. Dann kömmt noch eine Schicht Dünger mit welchem der Baum nochmals stark eingetreten wird, wobey aber ja kein Dünger blos an die Wurzeln kommen darf, denn dieß ist sehr schädlich, wovon ich durch Erfahrung öfters überzeugt worden, wenn ich schlechten Boden habe bessern, und den Dünger einarbeiten lassen.

§.31 Wie diese Bäume zu setzen Da bey der Umzäunung des Platzes die Erde schon 5 Fuß breit, und 2 Fuß tief umgearbeitet worden, so werden jetzt nur von 12 zu 12 Fuß Löcher ausgegraben, etwa 3 Fuß weit, und 1½ Fuß tief, also daß man 6 Zoll vom Zaun bleibt, und die Erde auf die beyden Seiten wirft. Wenn nun die Bäume gehörig beschnitten sind, dann wird jedes Loch bis auf etwa 9 Zoll tief wieder angefüllt. Der Baum mit den Wurzeln einen Fuß vom Zaun auf die Erde ins Loch gesetzt, die Wurzeln hübsch ausgebreitet, und mit zarter Erde gleichsam eingepackt. Die Bäume werden einige Zoll höher gesetzt, als sie vorhin gestanden haben, und sowohl wenn die Wurzeln gut bedeckt sind, als auch hernach, wenn die übrige Erde vollends zugefüllt worden, so stark angetreten, daß der Baum um so viel tiefer kömmt, als er zu hoch gesetzt worden. Wenn alles vorbey, wird der Baum stark mit Wasser begossen. Dieß ist meine Art, Bäume zu setzen, und dabey hab ich mich immer wohl befunden.

§.32 Vermuthliche Kosten des ersten Jahres Ob ich schon in den vorläufigen Gedanken über die Baumzucht im Großen vorausgesetzt habe, daß der Ankauf und Befriedigung des Platzes zu einer großen Baumschule nicht wohl zu den jährlichen Unterhaltungs-Kosten gezogen werden könne: so finde ich doch jetzo, daß, da die Arbeiten in dem ersten Jahre nicht groß sind, man wenigstens doch die Befriedigung mit der angegebenen Summe zugleich werde bestreiten können. Nach den Preisen der Materialien und dem Tagelohn der Arbeiter, wie solche gegenwärtig in dem Land wo ich wohne üblich sind, könnte die Herstellung eines Zauns von eichenen Pallisaden oder Zaunstecken und von tannenen Brettern, mit Inbegriff der Arbeit, Nägel, Schmid und Schlosser Verdienst in allem kosten

" " " "		1000 Rthlr.
80 Dezimal, oder 20 hiesige Morgen zu rejolen, ebenfalls " "		1000 —
Die Sammlung der Saamen, Beyschaffung der Bruten u. Zwerch-Bäume		500 —
Dung-Ankauf und Fuhrlohn "		500 —
Arbeits-Geschirr u. andere Requisiten		150 —
Tagelohn, höchstens " "		750 —
Dem Direktor Besoldung sammt freyer Wohnung und Holz "		1200 —
Dem Aufseher " "		400 —
	Summa	5500 Rthlr.

Man siehet hieraus, daß im ersten Jahr die Kosten sich nicht so hoch belaufen, als man von einer so großen Anstalt vermuthet hätte, und daß von der geforderten Summe von jährlichen 8000 Thalern noch ein solcher Überschuß bleibt, daß im künftigen Jahr die Wohnung des Aufsehers damit erbaut werden kann.

Wenn also mit einem 10 jährigen Aufwand von 80,000 Thalern nur so viel bewirkt wird, daß man aus dieser Baumschule eine Million versetzbarer Bäume erhalten kann, so wird doch ein Baum in den andern gerechnet, nicht einmal auf 2 Groschen zu stehen kommen.

DRITTER ABSCHNITT

Von den Verrichtungen und Arbeiten im zweyten Jahr der Anlage, nebst einigen Gedanken über das Wachtsthum der Pflanzen

§.33 Bearbeitung des übrigen Platzes So wie es die Witterung nur irgend zuläßt, muß an Urbarmachung des noch ungebraucht liegenden Platzes in der Baumschule gearbeitet werden, und es wird gut seyn, wenn solches mit der Spade und nicht mit der Haue, nemlich durch Umschoren geschiehet.

Man fängt bey dem Dung- und Erden-Magazin an, und arbeitet gegen die Mitte des Platzes, weil doch das zweyte Viertel auf dieses Jahr zum Rejolen bestimmt ist, da wo man etwas hinpflanzen will, muß reichlich Dung eingearbeitet werden, um dadurch das wieder zu ersetzen, was die dahin gesäeten oder gepflanzten Gewächse haben verzehren können. Mit dieser Vorsicht können auch die im rejolten ersten Viertel noch unbesetzt gebliebenen Unterabtheilungen benutzt werden, nur müssen dahin solche Sachen gepflanzt worden seyn, die im October wieder ausgenommen werden können, weil alsdenn die Erde wieder umgearbeitet und zur Baum-Anlage zubereitet werden muß.

§.34 Vom Antreten der im Spätjahr gesetzten Bruten und Bäumen Wenn der Winterfrost ganz vorbey und die Erdrinde trocken geworden ist, dann wird nachgesehen, ob nicht viele von den im letzten Herbst gesetzten jungen Bruten und Bäumchen durch den Frost aufgezogen worden sind.

Sowohl diese als andere spät gesetzten Bäume müssen angetreten werden, damit sie fest im Boden stehen. Man wird finden, daß sie hernach früher treiben, und besser wachsen, als wenn sie nicht angetreten worden wären, und die Erfahrung hat mich gelehrt, daß, wo dieses Antreten unterlassen wird, nicht nur die durch den Frost aufgezogenen Bäume zu Grund gehen, sondern daß auch die andern die davon kommen nicht frisch genug fortwachsen. Die Zwerch-Bäume am Zaun müssen eben so angetreten werden, wenn sie im Spätjahr gesetzt worden. Alles aber, was im Frühjahr gesetzt wird, hat dieses Antreten nicht nöthig, weil selbiges Jahr schon dessen Wurzeln in den Boden eingreifen. Überhaupt hab ich durch Nachdenken gefunden, daß je weniger leerer Raum zwischen der Erde und den Wurzeln eines Gewächses ist, um desto eher können diese sich ansetzen. Man erlaube mir bey dieser Gelegenheit eine kleine Ausschweifung.

§.35 Meine Gedanken vom Wachsthum der Pflanzen, und zwar erstlich vom Keim im Saamenkorn Theils mit bloßen Augen, und theils mit einem Brennglas welches die Gegenstände höchstens 8 mal vergrößerte, hab ich gar viele Saamen von Holz und Grasgewächsen mit der größesten Aufmerksamkeit betrachtet, und gefunden, daß jedes Saamenkorn

1) mit einer oder auch mehreren Häuten umschlossen ist.

2) sich in zwo Hälften theilen läßt, die für sich noch mit einer Haut umgeben sind.

3) In diesen Häuten oder Schläuchen sich eine dichte Materie befinde, deren Bestandtheile entweder nur durch ihre eigene Festigkeit, oder mit einem fetten Wesen zusammen verbunden sind.

4) Daß jedes Saamenkorn zwischen den zwey Hälften ein eigenes mit einer Haut umschlossenes kleines Körperchen habe, welches man ein Ey nennen kann.

5) In diesem Körperchen befindet sich ein Vermögen, unter gewissen Umständen in Bewegung zu gerathen, solche fortzusetzen, und damit eine Würkung herfür zu bringen. Man kann dieß Vermögen die Pflanzen-Seele nennen.

6) Die Bewegung der Pflanzen-Seele äussert sich vornemlich an den zwo entgegengesetzten Seiten, es entsteht ein Keim, welcher über sich fortwächst, und ein Ansatz zur Wurzel, die in die Erde abwärts geht. Das hierdurch entstehende Gewächs behält auch diese Richtung, so lange es lebt, und theilt sie selbst dem erzeugenden Saamen mit, indem dessen äusserster Theil immer wieder den Keim, und das, was an dem Muttergewächs sich am längsten fest gehalten hat, die Wurzel des künftigen Gewächses herfür treibt.

Dieses innere Vermögen entwickelt sich je mehr und mehr. Es entstehen Wurzeln, Stamm und Äste, ja die größesten Bäume. Das Behältniß dieser Pflanzen-Seele, der Keim verschwindet, seine Figur und Größe verwächst in die Masse, aber die Kraft der Seele bleibt eben dieselbe, und wirkt so lange fort, als es die Beschaffenheit des Baues, den sie sich aufgeführt hat, gestattet, oder keine äußerliche Hindernisse entgegen stehen. Einige Gewächse dauren viele Jahre aus, andere hingegen nur eine kurze Zeit, doch immer so lange, bis sie wieder neuen Saamen erzeugt haben, wenn sie in einem ihrer Natur gemäßen Himmelsstrich leben. Aber auch nur so lange scheint mir die Kraft aus dem Keim zu wirken, und ich wenigstens begreife nicht, daß das Saamenkorn alle seine künftige Generationen jetzt schon in sich enthalten könne, ob ich ihm schon das Vermögen, sie herfür zu bringen, nicht absprechen kann.

§.36 Fortsetzung Daß die Pflanzen-Seele, nachdem sie sich aus dem Keim in Bewegung gesetzt, alle Theile der Pflanzen durchdringe, besitze und belebe, das kann nicht wohl widersprochen werden, sonst müßte man läugne, daß die fortdaurenden Pflanzen mehr als einmal

Saamen tragen könnten, oder daß sich gar viele Gewächse ohne Saamen fortpflanzen lassen, welches nicht geschehen könnte, wenn nicht in dem Sprößling oder Abschnittling schon ein Vermögen zum an- und fortwachsen vorhanden wäre.

Am allerdeutlichsten aber zeigt sich die Kraft des ersten Keims in allen Theilen seiner Ausgeburt an den Baumgewächsen, bey der Adoption. Man mag Pflanzenreiser oder Augen von gewissen Sorten Obst auf hundert andere Bäume setzen, wenn sie nur von eben der Gattung sind, so wird sich doch die daraus erwachsende Sorte Frucht, immer derjenigen gleichen, welche der Baum trägt, von welchem die Reiser oder Augen genommen worden.

Die Pflanzen-Seele *anima vegetativa, est principium, movens vegetabile arboris, totum in parte, et pars in toto, secundum Hermetis dictum: quod est superius, est sicut id, quod est inferius, et quod est inferius, est sicut id, quod est superius.*

Wie groß aber die Wirkung dieser innern Kraft sey, das erweiset sich daraus, daß sie auch der Zusammensetzung Verbindung und Richtung ihrer Gefäße entgegen arbeiten könne, wie denn, durch angestellte Versuche dargethan worden, daß Bäume umgekehrt, die Äste in den Boden gesetzt, angewachsen sind, und in der Folge Früchte getragen haben. Mit Pappeln und Weiden Bouturen ist es sehr leicht, sich hiervon zu überzeugen.

Soll ich mir selbst das Wachsthum der Pflanzen erklären, so muß ich alle meine Begriffe, die ich aus den Erscheinungen durch meine Sinne erlangen kann, zu Hülfe nehmen. Das Wachsthum ist eine beständig fortdaurende Vergrößerung dessen, was wachsen soll; die Pflanzen sind Körper, die sich nach und nach in die Länge, Breite und Dicke ausdehnen. Die Vergrößerung ist eine Vermehrung der Theile, und zur Ausdehnung wird eine Bewegung erfordert. Ich gedenke des Wachsthums der Thiere, wie solche durch den Genuß der Nahrung befördert wird, indem diese sich in verschiedene Säfte auflößt, die sich hin und her in dem Körper verbreiten, und da und dort etwas zur Vergrößerung ansetzen oder zurück lassen. Ich erkenne, daß zum

Wachsthum eines Dinges entweder frische Theile hinzu kommen, oder die schon vorhandenen sich ausdehnen müssen. Untersuche ich endlich, woher diese Theilchen kommen könnten, welche zum Wachsthum der Pflanzen nöthig sind, so find ich Erde, Wasser und Luft, aber damit sie in Bewegung kommen, ohne welche sie zu nichts taugen könnten, dazu wird Wärme erfordert.

§.37 Von Entstehung der Wärme auf unserer Erde Dem mühsamsten Nachdenken müssen immer unsere Sinne zu Hülfe kommen. Ich denke, woher mag es kommen, daß die Luft auf unserer Erde zuweilen ganz warm, und ein andermal ganz kalt ist. Die Sonne bescheint mich, und ich fühle mich wärmer; der Nordwind weht mich an und ich friere. Es ist also mein nächster Gedanke, die Wärme kömmt von der Sonne, und die Kälte von Norden. Aber wie kann die Sonne aus einer so unermeßlichen Entfernung her, ob ich sie mir gleich als einen ungeheuren großen Weltkörper, dessen Meere eitel in Fluß stehenden Goldes seyn können, vorstelle, auf unserer Erde so viel Wärme, ja so gar Hitze verbreiten? Indem ich darüber nachdenke, reibe ich von ungefähr meine beyden Hände aneinander, und ich fühle, daß sie wärmer geworden, als sie zuvor gewesen sind. Ich erinnere mich, bey den Drechslern gesehen zu haben, daß Holz auf Holz, schnell an einander gerieben, sich entzünden kann, und daß, wenn Stein und Stahl heftig an einander geschlagen werden, wirkliche Feuerfunken herfür springen und anzünden. Aus allen diesen Erfahrungen, die ich durch meine Sinnen aufgenommen habe, schließe ich endlich, daß durch das Aneinanderreiben minder oder mehr festerer Körper eine Wärme, eine Hitze, ja sogar wirkliches Feuer entstehen könne, je nachdem die Bewegung stark ist, und die Körper hart sind. Es werden demnach zu Entstehung der Wärme, Bewegung und Körper erfodert, sodann eine Kraft welche die Bewegung verursachen kann. Diese Kraft kömmt unstreitig von der Sonne. Ihre Strahlen bewegen sich auf alle Seiten hinaus, ewig in einem fort. Wenn eine beständig fortdaurende Bewegung einen Widerstand findet, so vermehrt sie sich. Neuhinzugekommene Bewegungskräfte sammlen sich da zusammen, ergreifen alles, was sie bewegen können, und setzen es mit in Bewegung. Auf der Erd-Rinde finden sich immer kleine Theilchen genug, welche von den Sonnenstralen bewegt, und aufgehoben werden können. Wenn solche nicht schwerer sind, als die Luft ist, so müssen sie in der Luft hängen bleiben, oder vielmehr umher schweben. Inzwischen geht die Bewegung der Sonnenstralen fort, und dadurch geschieht es, daß sich die kleinen Körperchen beständig an einander reiben und eine Wärme verursachen. Nahe an dem Widerstand der Erde ist die Bewegung am heftigsten, und also auch die Wärme am größten. Weit von dem Widerstande verlieren sich die kleinen Körperchen, das Aneinanderreiben ist alsdenn unmöglich, und dort ist keine Wärme, vielmehr ist es so kalt, daß Flüssigkeiten, die sich in der Luft aufhalten, zu Eiß werden können, hievon Schnee und Hagel, die sich in der Höhe der Luft erzeugen.

§.38 Die Wirkung der Luft auf das Wachsthum der Pflanzen Die Luft hat eine eigene Schwere, und ist also unter die Körper zu rechnen. Sie läßt sich zusammen drücken, und dehnt sich aus eigner Kraft wieder aus, wenn der Druck nachläßt, folglich ist sie elastisch. Durch die Wärme wird sie verdünnt, und wenn dies geschieht, muß sich ein Theil derselben anders wohin begeben. Wenn die Wärme nachläßt, abwesend ist, dann nimmt die entwichene Luft ihren Platz wieder ein. Dies alles geschiehet in der äußern Luft, in der wir leben und Odem schöpfen. Aber in der Natur befindet sich auch hier und da viele eingeschlossene Luft, welche nur unter gewissen Umständen ihre Wirkung äußern kann. Eine Stahlfeder hat wahrscheinlich unendlich viel der kleinsten Luftbehältniße von regelmäßig rundem Umfang in sich. Wenn sie gedrückt wird, werden diese Räume enger, und die Luft wird mehr zusammen gepreßt. Sie sucht aber beständig sich wieder auszudehnen, und ihren vorigen Platz zu behaupten. Wenn also der Druck nachläßt, so springt die Feder in ihre vorige Ruhe.

Entweder muß in dem Saamenkorn eine eingeschlossene Luft vorhanden seyn, oder es muß die Pflanzensorte selbst diese Eigenschaft haben, denn nur eine eingeschlossene zusammengedrückte Luft kann, wenn Wärme hinzukömmt und ihre Behältniße nachgeben, die ersten Bewegungen im Keim veranlassen. Die Erfahrung lehrt, daß der trockene Saame im Wasser oder in der feuchten Erde aufquillt, sich aufbläht, langsamer oder geschwinder, je nachdem die Luft kalt oder warm ist. Da wir nun wissen, daß durch die Wärme sich die Luft ausdehnt, daß durch das Wasser oder die feuchte Erde die Saamenhäute erweicht, nachgebend werden: so kann man den sichern Schluß machen, daß die im Saamenkorn eingeschlossene Luft sich in eben dem Verhältniß ausdehne, und ihre Gefäße erweitere, in welchem die Wärme auf dem Erdboden weniger oder mehr groß ist, und sich die Gefäße ausdehnen können.

§.39 Fortsetzung Die Wirkung der Luft auf dem Erdboden ist weit größer als man es sich vorstellt oder gewahr wird, weil wir derselben so gewohnt sind. Da sie eine eigene Schwere hat, und alle Schwere gegen den Mittelpunkt unserer Erde eine ewige Neigung äußert, so muß man denken, daß die ungeheure Luft-Masse, womit die Erde umgeben ist, mit ihrem ganzen Gewicht beständig sehr stark gegen die Erde drücke. Durch Wärme wird die Luft verdünnet, also, ein Theil derselben an einen andern Ort getrieben. Wenn die Wärme nachläßt, nimmt der vertrieben gewesene Theil seinen Platz wieder ein (§. 38). Die Sonne verursacht die stärkste Wärme auf unserer Erde, und dringt selbst einigermaßen in solche hinein. Die Luft muß ausweichen, und da wird sich ohne Zweifel auch ein Theil derselben in die Erde flüchten. Geht die Sonne, und mit ihr die Wärme hinweg, so nimmt die Luft ihren vorigen Platz wieder ein.

Bedenkt man nun die fortdaurenden Abwechselungen mit Wärme und Kälte, dicker und dünner Luft, und daß diese, wann sie gewisse luftleere Gefässe wieder anfüllen will, auch zugleich gröbere Luft, Feuchtigkeiten und Säfte aus der Erde mit sich hineinzieht, so kann man sich leicht vorstellen, daß die Luft sehr viel zum Wachsthum der Pflanzen beytragen müsse.

Man kann sicher annehmen, daß für beständig ein Luftstrom durch die ganze Pflanzen-Masse fliessen müsse, am meisten aber, wenn sie im Wachsthum ist, denn eben diese Luft und die hierzu kommende Wärme, welche die Luft zu vertreiben sucht, können zusammen genommen, die Bewegung im Saft der Pflanzen verursachen. Die Wirkung der gepreßten Luft in der Windbüchse ist nichts anders, als eine Kraft der Luft, sich auszudehnen, und die Wirkung des Schießpulvers nichts anders, als eine Kraft des Feuers, alle ihr entgegen stehende Luft zu entfernen, und man kann behaupten, daß in dem Raum, den die Flamme einer Kerze einnimt, nicht die geringste Luft befindlich sey. Die Luft bestrebt sich ewig, allen leeren Raum anzufüllen, und das Feuer bestrebt sich ewig, die Luft von sich zu entfernen. Zwischen diesen beyden so genannten Elementen besteht ein immerwährender Kampf, dessen Wirkung mir so groß scheint, daß selbst die Bewegung des ganzen Weltalls hieraus sollte hergeleitet und erklärt werden können.

§.40 Von dem Bau der Gewächse So verschieden der Bau der Thier-Körper ist, so verschieden ist auch der Bau der Gewächse. Beyde aber haben in Ansehung ihrer Erzeugung, ihres Wachsthums ihrer Dauer und ihres Endes gar vieles mit einander gemein. Das Thier bekömmt seine Nahrung von innen hinauswärts, und die Pflanze von aussen hineinwärts. Man kann also das Thier als eine bewegliche Pflanze, und die Pflanze als ein unbewegliches Thier betrachten, das Thier ernährt sich von Pflanzen und andern Thieren und die Pflanze nährt sich von Luft, Wasser und Erde. Beyder Nahrung muß sich durch erstaunlich viele Umwege in solche Theile auflösen und verwandeln, die sich mit dem schon angefangenen oder vorhandenen Körper schicklich verbinden, anlegen, und dessen Wachsthum und

Erhaltung befördern können. Beyde können der äusserlichen Luft nicht entbehren, ohne sie nicht fortleben.

Alle Pflanzen haben Wurzeln und Blätter und die meisten Stamm und Äste. Von dem äussersten Ende der Wurzeln bis zum Ende der Zweige und Blätter befinden sich unendlich viele kleine Röhrchen dichte zusammen verbunden, durch welche Luft und Feuchtigkeit auf und absteigen kann. Der erste Keim, sowohl dessen was über sich, als dessen was unter sich wachsen soll: hat meines Erachtens anfangs nur eine einzige solche Röhre, und um diese legen sich alle folgende an, und zwar wie ich hievon denke, auf folgende Weise.

Alle Pflanzen sind über und über am Stamm an den Ästen und Zweigen mit einer oder mehreren Häuten umgeben, die man die Rinde heißt. Unter derselben ist bey den Bäumen das Holz, und bey den Grasgewächsen wenigstens eine holzartige Substanz vorhanden, durch deren Mitte eine etwas grössere Röhre geht, welche aus dem Keim ihren Anfang genommen zu haben scheint, und worinne sich eine weiche Substanz befindet, die das Mark des Gewächses genannt wird. Da die äussersten Ende der Wurzeln äussert zart sind, und sich ganz genau mit der Erde verbinden, so können dort nicht wohl so grosse Öfnungen statt haben, daß allein durch diese das Gewächs alle seine Nahrung bekommen könnte. Vielmehr scheint es mir sehr wahrscheinlich, daß in der Rinde selbst, in dem Überzug der Pflanzen, unendlich viel kleine Öfnungen sich befinden müssen, durch welche ein Theil der Nahrung eindringen oder eingesogen werden kann. Es bestätigt sich dieses dadurch, das zur Zeit des Wachsthums der Pflanzen zwischen der Rinde und der Holz-Substanz eine Feuchtigkeit befindlich ist, die im Baum der Baumsaft genannt wird, welche fast unmöglich in solcher Menge einzig durch die Endungen der Wurzeln dahin kommen kann. Dieser Baumsaft drückt in der Folge die Rinde, rund um von sich hinauswärts, verdickt sich gegen das Ende des Sommers und verwandelt sich in eine eigene Haut um den Baum, um dessen Äste und Reiser, indessen auch die äussere Rinde selbst dadurch einen Zuwachs erhalten hat, und dicker geworden ist. Während dem aber, daß sich eine neue Haut unter der Rinde anlegt, geht der Zug der Luft, der Luftstrom durch die ganze Pflanze in gerader Richtung fort, und indem er sich durch den Baumsaft seine Canäle erhält, können die Röhrchen entstehen, die sich am Ende verhärten, und die Eigenschaft des Holzes annehmen.

§.41 Eine Erfahrung Im Monat Junius 1787. bemerkte ich an einem Zwerchbaum, auf einem dessen Aste ich voriges Jahr ein Auge von der Birne *Muscat fleuri* eingesetzt, und im Frühjahr den darüber gestandenen Ast weggenommen hatte, daß der aus dem Aug erwachsene Schößling nur ganz schmächtig wuchs. Daneben befand sich noch ein starker Seiten-Ast. Um dem Schößling mehr Kraft zum Wachsthum zu verschaffen schnitt ich den Nebenast hinweg. Als ich des Nachmittags vorbey gieng, wurd ich gewahr, daß der Schößling verwelken wollte. Ich untersuchte, fand aber nicht die geringste Beschädigung, die durch Abschneidung des Nebenastes hätte geschehen können. Ich dachte hierüber nach, und schloß endlich, daß dem Schößling durchs Hinwegschneiden des Nebenastes, diejenigen Gefässe und Werkzeuge entgangen seyn müßten, durch welche vielleicht der Baum aus der Luft einen Theil seiner Nahrung bekommen habe. Ich benetzte ein vierfaches Pappier mit reinem Wasser und band es auf den Schnitt des heute neben dem Schößling abgenommenen Astes. Der Schößling erholte sich vollkommen, und wurde ein Baum, welcher im Jahr 1791 einen Korb voll Früchte getragen.

Sollte man nicht hieraus schließen können, daß hier das Wasser die Stelle des Baumsafts vertreten und sich dadurch der Schößling erholt habe?

§.42 Muthmaßung, auf welche Art die Gewächse ihre Nahrung in sich bekommen Da wir sehen, daß alle Pflanzen in der Erde aufkeimen und wachsen, so schliessen wir billig, daß solche ihre

Nahrung aus der Erde bekommen, finden aber zugleich, daß die Erde, warm und feucht seyn müsse, wenn die Pflanzen wachsen sollen. Da nun die äussersten Enden der Wurzeln so zart sind, daß es uns unbegreiflich wird; daß daselbst einige Erdtheilchen sollten hineinkommen können, so muß die Nahrung der Pflanzen mehr aus einer Flüssigkeit als aus Erdtheilchen bestehen. Man findet auch bey dem zerschneiden oder Zerstossen der Pflanzen weder Erde noch Sand, vielmehr zeigt sich immer nur Feuchtigkeit, und in einigen Pflanzen so häufig, das wenn zum Exempel das Schellkraut, die Schwarzwurzel, die Salatstengel, Wolfsmilch und dergleichen beschädigt oder entzwey geschnitten werden, ganze Tropfen eines dicken Saftes von gelber oder weisser Farbe heraus dringen. Bey den Baumgewächsen fließt an dem Ahorn, der Birke, Weinreben und noch mehreren ein helles Wasser aus den Anschnitten.

In dem Eingeweiden eines gewißen Vogels (der Schnepfe) findet man auch weder Sand noch Erdtheilchen. Dieser Vogel hat einen langen spitzigen Schnabel, und man hat nie gesehen, daß er seine Nahrung anders sucht, als daß er seinen Schnabel tief in die Erde steckt. Er muß damit eine nahrhafte Feuchtigkeit und allenfalls auch kleine Würmchen an sich ziehen können, deren Substanz sich in seinem Magen auflößt, und in den Eingeweiden sich zu einem dicken Saft verwandelt, welcher für die Menschen genießbar ist.

Nun kann zwar die Schnepfe mit Beyhülfe ihrer Lunge ihres Odems, die Luft und mit solcher eine Feuchtigkeit an sich ziehen, die Pflanzen aber haben weder Lunge noch Odem. Da inzwischen auf keine andere Weise als durch Anziehen, Feuchtigkeit in die Pflanzen kommen kann: so muß solches auf eine andere Art geschehen.

§.43 Fortsetzung Die Luft hat gar vieles mit dem Wasser gemein. Sie weicht jedem Druck aus; das Wasser auch. Wenn der Druck nachläßt, nimmt die Luft ihre vorige Stelle wieder ein, das Wasser auch. Die Luft wird durch Wärme verdünnt, aus ihrer Stelle getrieben, das

Wasser aber durchs Feuer ganz aufgelößt. Der höchste Grad der Wärme, das Feuer, muß hier auch die höchste Wirkung äussern. Wenn man dem geschlängelten Lauf des Wassers nachdenkt, so kann man schließen, daß solches aus lauter kleinen Kügelchen bestehen müsse. Die Luft muß auch aus solchen bestehen, sonst könnte sie sich nicht so leicht bewegen.

Die Luft dringt in alle leere Räumchen; das Wasser dringt nach. Der Badeschwamm, die Wolle, Leinewand, Baumwolle, besonders aber das Fließpapier, ziehen allesammt das Wasser an sich. Das Fließpapier wird aus Wollenzeugen verfertiget, und besteht also aus Haaren. Die Haare sind hohl, und kleinen hohlen Cylindern zu vergleichen.

Kleine hohle Cylinder haben also die Eigenschaft, das Wasser oder eine andere Feuchtigkeit an sich zu ziehen. Nun sind die Röhrchen, aus welchem der ganze Bau der Gewächse bestehet, nichts anders als kleine hohle Cylinder welche jenen die Nahrung zuführen, und was bey andern Dingen, welche die Feuchtigkeit anziehen, die Ursache die Kraft seyn kann, das ist auch hier Kraft und Ursache, ohne daß ich nöthig finde, mich hierüber weiters anzustrengen und einzulassen.

§.44 Wie der Baumsaft sich in Blätter, Blüten, Früchte und Holz verwandle So lange durch die Sonnenwärme eine Bewegung in der Erde verursacht werden kann, so lange dauert das Aufsteigen des Baumsafts. Wenn die Saft-Röhrchen sich voll gesogen haben, und das Anziehen gleichwohl noch immer fortwährt, so muß es Überfluß geben. Dieser Überfluß dehnt die äussersten Theile aus, und treibt an den Enden und Seiten des Gewächses, Blätter, Blüten und Früchte herfür. Was allzuflüßig ist, wird von der Luft und Sonne ausgetrocknet und hinweg genommen. Farbe und Geschmack der Früchte erhöhen sich an der Sonne, im Schatten bleiben sie zurück, ein Beweiß von der Wirkung der Sonne.

Wie es zugehe, daß in einerley Erdboden, unter einerley Himmel, das Süßholz neben dem Wermuth, der Majoran neben der Raute und auf dem nämlichen Baum süsse und saure Früchte wachsen können; daß jedes nach seiner Art gebildet werde, und verschiedene Farben an einer und eben derselben Blume erscheinen – das alles bleibt dem eingeschränkten menschlichen Verstande auf immer ein Räthsel. In dem Saamenkorn müssen freylich die Kräfte der Entwicklung eines jeden gelegen haben, doch können auch diese Kräfte in ihren Wirkungen irre werden und Mißgewächse erzeugen. Merkwürdig ist hiebey, daß verschiedene Pflanzenseelen auf einem einzigen Baum ihre Kräfte zugleich äussern, wenn auf demselben durch Propfen oder Okuliren mehrere Sorten derselben Gattung, gepflanzt worden. Eine Bestättigung des obigen (§.36) daß sich die Pflanzenseele in jedem Baum nach Entwicklung des Keims allenthalben ausbreitet und in jedem Reis so zu sagen ein Theil vorhanden ist, der aber zu einem Ganzen erwachsen kann.

§.45 Stufenfolge des Wachsthums der Bäume Wenn aus dem Saamenkorn der Baumfrüchte, der Keim anfängt sich zu entwickeln, so erscheinen gemeiniglich 2 kleine Blättchen, welche vermuthlich aus den beyden Hälften des Saamenkorns erwachsen. Zwischen diesen kommen wieder andere Blättchen herfür, indessen sich das Stämmchen formirt. Bis zur Höhe von 5 bis 6 Zoll ist das Gewächs nur Krautartig. Der Stamm eines Baums streckt sich niemal in die Höhe, dehnt sich nicht zur Verlängerung aus, sondern diese entsteht aus den neuen Ansätzen der Schüsse, der Triebe. Von 6 Zoll an verdickt sich schon das Stämmchen, wird etwas holzartig, und so gewinnt es immer mehr Festigkeit, auch bey einigen Nebenästchen. Am Ende des Sommers fängt das Gewächs an, still zu stehen. Holz, Rinde und Blätter werden fester und steifer, die Spitzen an dem Stamm und Zweigen schließen sich zu; die Rinde bekömmt eine andere Farbe, die Blätter aber bleiben so lange, bis der Frost sie verdirbt und endlich abfallen macht.

Ohngeachtet man eben nicht sagen kann, daß die Bewegung in einem lebendigen Gewächs jemals ganz stille stehe: so scheint es doch, als wenn die Bäume und die meisten andern Gewächse im Winter schliefen. Erst ungefähr im Februar, wenn die Sonne höher steigt, fangen die Bäume an zu erwachen. Man sieht alsdenn, daß die spätern Zweige völler werden und glänzen. Im März blähen sich die Augen und Tragknöpfe auf, werden von Tag zu Tag voller, größer. Im April bersten sie auf, und treiben zuerst bald Blüten, bald Blätter, je nachdem die Art des Baums ist. Im May stehen sie in voller Blüte, und machen zugleich neue Schosse. Die Früchte setzen sich nach den besondern Eigenschaften der Bäume, vom April bis in den Junius nach einander an; den Sommer über geht das Wachsthum fort, indessen einige Früchte reif werden, und ihren Saamen in sich erzeugt haben. Im October steht alles stille, nur einige späte Obstsorten nehmen in der Größe und Vollkommenheit noch etwas zu, wenn die Witterung günstig ist. Endlich schließen sich die Augen mit einem harzigen Wesen oder mit Wolle, und die Blätter fangen an abzufallen.

§.46 Von Kern-Bäumen Ich nehme jezt den Faden meiner Anleitung zur Baumzucht im Großen, wieder zur Hand, und betrachte die Kern-Bäume auf der Seite, wo sie ohne große Mühe und um etliche Jahre früher zur Besetzung der Landstrassen gebraucht werden können; ich verstehe aber hier unter den Kernbaum einen solchen, welcher vom Kern an, ohne daß er veredelt werden muß, brauchbar ist.

Wenn man die Obst-Kern zum Aussäen vom zahmen Obst, und nicht von Holzäpfeln oder Holzbirn bekommen hat, und solche das folgende Jahr aus dem Keim einige Fuß hoch gewachsen sind, so wird man finden, daß viele Pflanzen an schönen geraden Gewächs ohne Dorne mit breiten dicken Blättern, dem Gewächs zahmer Bäume gleich sehen, besonders die Apfelbäume, denn unter den Birnen werden sich wenige finden. Will man sich nur die Mühe geben, sie mit hölzernen Rasennägeln zu bezeichnen, so kann man sie beym Ausheben besonders in Beete zusammen setzen. Will man aber dieses nicht thun, so können sie mit andern unter einander gesetzt werden, und es wird sich in der Folge immer besser zeigen, in wiefern ihr Gewächs dem Gewächs der zahmen Bäume gleich kömmt. Diese Bäume bekommen öfters ganz eigene, neue Sorten von Früchten, und ob diese schon nicht so groß werden, so sind sie desto haltbarer, auch zeichnen sich die Kernbäume zu ihrem Vortheil dardurch von andern aus, daß sie gesünder bleiben, und selten brandigt oder räudig werden, auch den Frost besser aushalten können. Da sie nicht okulirt werden dürfen, so ist es leicht möglich, daß sie in einem guten Boden das fünfte Jahr nach der Ansaat versetzbar geworden, und dann sind sie gut genug an die Strassen.

§.47 Vom Ausjäten der Saamenländer So bald man sieht, daß in den Saamenländern viel Gras und Unkraut ist, welches die Pflanzen abtreibt, so müssen solche ausgejätet werden. Man kann zwar hierzu Weiber und halberwachsene Kinder anstellen, allein man muß sie dabey lehren, wie sie ausjäten sollen.

Erstlich muß solches geschehen, wenn der Boden nach einem Regen noch weich ist, oder wenn man dies nicht erwarten kann, so müssen diese Länder den Abend zuvor stark begossen werden.

Hernach wird vorne angefangen, und alles Gras und Unkraut zwischen den Bäumchen auf die vorsichtigste Art ausgezogen, nemlich langsam, und immer daß man auf die Pflanzen sieht, damit keine, oder doch so wenig als möglich von solchen mit dem Gras ausgezogen werden. Sollten die Graswurzeln sich nicht mit herausziehen lassen, so müssen starke hölzerne Messer gebraucht werden, das Gras sammt den Wurzeln heraus zu bringen, denn wenn dies nicht geschieht, so hilft das Ausjäten wenig. Sollten wider Verhoffen einige Baum-Pflanzen mit dem Unkraut ausgezogen worden seyn, so darf man nur mit dem Jätmesser auf eine leere Stelle stechen, das Würzelchen in den Stich hineinschieben, die Erde daselbst begießen, und nur das gesetzte Pflänzchen andrücken. Das ausgejätete Unkraut kommt ins Erden-

Magazin, so wie alles übrige das man vom Säubern der Gänge erhält. Niemand aber denke, daß das Ausjäten eine unbedeutende Sache sey, die jedermann wissen und verstehen kann.

Ich habe genug Lehrgeld geben müssen, da ich auch so dachte; durch das fleißige Ausjäten wird der Boden um die Pflanzen gelockert, welches aber nicht geschieht, wenn die Graswurzeln stecken bleiben, stärker werden, und dreymal mehr Gras treiben, dadurch aber den Pflanzen die Nahrung schwächen. Wenn das Jäten das erstemal gut geschehen ist, so hat man lange Friede damit, unterdessen werden die Pflanzen stärker, die alsdenn das Gras nicht mehr so leicht vordringen lassen. Überhaupt müssen die Saamenländer immer rein gehalten werden.

§.48 Säubern der mit Stein-Obst angelegten Abtheilungen und Beete Eben so müssen auch diejenigen Abtheilungen und Beete, welche im letzten Herbst mit Bruten, desgleichen diejenige, wohin kleinere Bruten und Pflanzen oder Boutures eingelegt worden, immer rein gehalten werden. Dies kann durch Felgen geschehen, welches eine Arbeit, wo mit einer, hinten am Stiel schmalen, vorne aber dünnen und breite Haue, (deren Schneide ein wenig ausgeschweift, und der Stil in einem Winkel von etwa 45 Graden in dem Eisen sitzt) alles Gras und Unkraut ungefähr einen oder zwey Zolle tief, flach auf der Erde gleichsam abgehauen wird. Man muß sich aber hüten, daß mit dem Eisen keine Bäume beschädigt werden, also nicht zu nahe dahin kommen, sondern lieber das Gras um solche mit den Händen ausziehen. Alle Gänge und Zwischengänge werden mit gefelgt. Nachdem ein Beet auf solche Art rein geworden, kömmt eine eigene Person mit einem kleinen hölzernen Rechen; zieht das Gras aus den Beeten in die Zwischengänge, von diesen in einen Hauptgang, und bringt es von dort ins Erden-Magazin. Sieht man hie und da noch unverwelktes Gras, so ist solches nicht umgefelgt worden, und muß nachgeholt oder ausgerauft werden. Zum Wachsthum der jungen Bäume trägt das fleißige Felgen sehr viel bey, auch muß in einer großen Baumschule beständig Ordnung und Reinlichkeit beobachtet werden.

§.49 Vom Begießen Sollte zur Zeit, da die jungen Pflanzen in den Saamenländern herfür kommen, und die im vorigen Herbst eingelegte Bruten und Bouturen anfangen zu treiben, eine trockene Witterung so lang anhalten, daß die jungen Pflanzen und Schosse zu verwelken drohen, dann ist es hohe Zeit, denselben mit Begießen zu Hülfe zu kommen. In einer so großen Baumschule, wovon hier die Rede ist, würde es weit mehreres kosten, das Wasser beytragen zu lassen, als wenn es durch Pferde beygefahren wird. Man muß sich daher zum Begiessen etliche länglichte Bütten, in Form der Badzüber (Badewanne) machen lassen, jeden so groß, daß eine Fuhre Wasser darein abgelassen werden kann. Der Dauer wegen sollen sie von Eichenholz gemacht, oben enger als unten, in Eisen gebunden, und mit Handhaben versehen seyn, durch die eine Stange gesteckt werden kann, um sie von einer Stelle zur andern tragen zu können. Je nachdem das Wasser nahe oder weiter herbey gebracht werden muß, können zum Begießen auf einen solchen Zuber zwey auch drey Mann gerechnet werden, und denn muß einer dem Fuhrmann helfen das Faß füllen. Jeder der begießt, muß eine Gießkanne haben. Die Saamenländer werden mit aufgesetztem Seiher oder Gießkannenkopf; die übrigen Bäume aber nur aus dem Rohr begossen. Vor jedem Begießen müssen den Tag vorher die Beete gefelgt werden, denn ausserdem würde das meiste Wasser vergeblich hingegossen seyn. Allenthalben wird zweymal begossen, und also darf auf einmal nicht zu viel hingeschüttet werden. Wenn man das erste mal ganz fertig, und das Wasser eingedrungen ist, dann erst wird das zweytemal begossen. Dauerte die trockene Witterung fort, so müßte dieses Begießen widerholt, oder besser, die Beete allesammt aus dem aufgesetztem Seiher begossen und gleichsam beregnet werden. Die Erfahrung hat mich gelehrt, daß das Begießen am Stamme, den Wurzeln wenig zu Gute kömmt, weil diese ihre Nahrung von aussen hereinwärts ziehen. Wo also junge Bäumchen das Begießen nöthig haben, so thut man am besten das Wasser auf den Raum zwischen die Reihen laufen zu lassen.

§.50 Wenn es Regenwetter ist Daß man nichts anders in der Baumschule verrichten kann, so müssen Okulir-Bänder gemacht werden. Auf 4000 Stücke braucht man eine gute große Bastmatte. Diese wird in Vierecke zerschnitten, ungefähr 15 Zoll lang und breit, wie es sich etwa schicken mag, damit die Matte gleich aufgehe. Der Bast wird ausgezogen, und ins Wasser gelegt, hernach ausgewaschen, von einander getheilt und in 3 Linien breite Streifen entzwey gezogen, 300 solche Bänder werden als ein Tagwerk zusammen gebunden, und an einem trockenen Ort aufbehalten. Während dem Regenwetter wenn solches nicht anhaltend ist, können auch die Erden- und Dung-Magazine gestürzt werden. Etwa 20 Stücke Okulir-Messer sind um diese Zeit auch zu bestellen, damit es nicht daran fehlt wenn sie nöthig sind.

§.51 Von den verschiedenen Adoptions-Arten Daß man von jeher, und vielleicht bey allen Völkern des Erdbodens darüber nachgedacht und Versuche angestellt habe, wilde Bäume zu veredlen, zahm zu machen, und gewisse beliebige Obst-Sorten auf andere Bäume über zu pflanzen, daran ist wohl nicht zu zweifeln, und schon Columbus hat bey den Amerikanern auf Fernanda Bäume angetroffen, deren Äste vier und fünferley Blätter hatten. Die älteste und jetzo noch bekannteste Weise solches zu bewerkstelligen ist das Pfropfen, da man ein Reis von diesem, zwischen Holz und Rinde eines andern Baums einpaßt.

Wenn ein Reis schief zugeschnitten, und auf einem eben so schief abgeschnittenen jungen Baum angepaßt wird, so heißt man es kopulieren. Einige halten viel auf diese Adoptions-Art, mir aber scheint sie am wenigsten zuträglich.

Man muß erstlich lange suchen und wählen, bis man Stamm und Reis von gleicher Dicke zusammen bringt, und fürs andere geht es langsam zu, an beyden den Abschnitt so zu treffen, daß sie genau zusammen passen, und endlich ist diese Arbeit bey aller Vorsicht doch niemal so gut zu befestigen, daß die Zusammenfügung durch einen geringen Anstoß nicht leicht sollte wieder auseinander gedrückt werden können.

Das Ablaktiren ist eine Verfahrensweise, junge Bäume zu bekommen, wenn nemlich entweder ein dünner Ast auf die Erde herunter gezogen, und so lange darinnen befestiget wird, bis er Wurzeln angesetzt hat; oder wenn ein solcher in einen Topf mit Erde, entweder durch ein Loch, oder einem Seitenspalt eingebracht worden, da denn die Erde im Topf so lange feucht erhalten werden muß, bis der Ast Wurzeln angesetzt hat. In beyden Fällen wird solcher im folgenden Jahr abgenommen und versetzt.

§.52 Besondere Anmerkung vom Ablaktiren Wiewohl diese Art junge Bäume zu bekommen in großen Baumschulen gar nicht anwendbar ist, so bringt sie mich nichts desto weniger auf einen besonderen Gedanken. Äste von zahmen Bäumen können nicht wohl solche Wurzeln machen, als die wilden Bäume haben, dann auch in den Wurzeln muß die Pflanzenseele noch wirken, wie sie im Ast gewirkt hat. Es sollten also die Kern von den Früchten solcher ablaktirten Bäume, keine Wildlinge mehr, sondern lauter zahme Pflanzen erzeugen können, die keine Veredlung nöthig hätten. Damit wäre in der Baumzucht unendlich viel gewonnen, und derjenige würde sich sehr um das Publikum verdient machen, welcher diese Vermuthung, durch Versuche zur Wirklichkeit bringen könnte, aber hierzu gehört ein junger Mann, denn er müßte vorerst einen solchen Baum zu Früchten, und aus deren Kernen tragbare Bäume erziehen.

§.53 Vorzug des Okulirens Anjetzo ist noch die letzte Veredlungs-Art junger Wildlinge, das Okuliren übrig. Da man von dem Betrieb des Direktors einer großen Baumschule erwarten kann, daß keine wilden Stämme, ohne okulirt zu werden, so groß erwachsen, daß sie das Pfropfen nöthig hätten; denn da schon ein wohl abgerichteter fleißiger Knabe täglich gegen 300 Stücke okuliren kann; da durch das Okuliren die Bäume am wenigsten gemißhandelt werden, wenn durchs Pfropfen viele zu Grunde gehen, und da diejenigen Stämmchen, welche beym ersten Okuliren nicht wohl gerathen sind, in dem nemlichen Sommer noch nach okulirt werden können; so muß ich allerdings bey einer großen Baumschule das Okuliren allen andern Adoptions-Arten vorziehen. Fünf gute Knaben können täglich gegen 1500 Wildlinge okuliren, und 5 Männer, sie mögen so geschickt seyn als sie wollen werden kaum in einem Tag 1000 Stücke pfropfen. Und was ist für ein Unterschied, in der Beyschaffung zwischen Pfropfreiser und Okulirreiser. Wengistens braucht man jener fünfmal so viel als dieser. Wenn scharfe Okulirmesser, gute Reiser und Bänder vorhanden sind, so kann eine geschickte Person zu dieser Jahrszeit, da die Tage am längsten sind, wohl täglich 400 Stücke fertigen, wie ich denn selbst vor etwa 20 Jahren öfters in einem Tag 400 Bäumchen okulirt habe.

§.54 Die Zeit zum Okuliren Man kann nicht alle Obstgattungen zu einerley Zeit okuliren, und muß sich vornemlich darnach richten, ob erstlich die Okulir-Reiser auch schon festes Holz gemacht haben, und ob zweytens die Stämmchen, welche man okuliren will, auch noch im Saft stehen, und sich deren Rinde gut lösen lässet. Viele Sorten Pflaumen, dergleichen Birnen verlieren öfters den Saft, ehe die Okulir-Reiser reif sind, und da muß man auf den zweyten Trieb warten, welcher an den jungen Schossen leicht zu erkennen ist.

Wenn man also Aprikosen, Pfersiche und Mandeln auf Pflaumenstämme machen will, so wird dies der Anfang beym Okuliren seyn, hernach folgen Kirschen, Birnen und zuletzt Äpfel; doch behalten die Kirschen, wenn sie im guten Boden stehen, sowohl an den Stämmen als Reisern, ihren Saft am längsten, und können ganz gut wieder nach okulirt werden.

Zum Okuliren kann das Frühjahr und der Sommer gebraucht werden. Im Monat April, wenn die Bäume zu treiben anfangen, und sich die Rinde vom Holz ablösen läßt, kann man die treibende Augen auf Wildlinge, oder auch auf dünne Äste der Bäume, einsetzen; aber es erfordert gar viele Vorsicht, damit während der Arbeit die Augen nicht verunglücken, und folglich geht es sehr langsam von statten. Es ist auch nur eine kurze Zeit, die man zu diesem Okuliren gebrauchen kann, und die öfters noch von einer üblen Witterung verdorben wird.

Versuche lassen sich wohl machen, besonders an erwachsenen Bäumen, um im selbigen Jahr die eingesetzten Augen noch wachsen zu machen, im Großen aber ist sich mit dem Okuliren ins treibende Auge nicht wohl abzugeben.

Die beste Okulir-Zeit in das schlafende oder in diesem Jahr getriebene Auge, sind die beyden Monate Julius und August. Wenn das Baumgewächs frühe auf der Bahn ist, dann kann auch schon in der Mitte des Junius angefangen werden, und wenn solches nur langsam vor sich geht, denn läßt sich noch im September okuliren, besonders Apfelstämchen. Eben in diesem Monat lasse ich das Nachokuliren vornehmen, wodurch ich mir immer viel Vortheil verschaffe.

§.55 Von den erforderlichen Geräthschaften und Personen zum Okuliren Wenn das Okuliren gut von statten gehen soll, so müssen die Okulir-Messer immer in guten Stande, Bastbänder und zugerichtete Okulirreiser bey der Hand seyn, und vornehmlich Leute, welche das Okuliren selbst schon getrieben, also alle mögliche Vortheile aus Erfahrung gelernt haben, dazu gebraucht werden. Mein Okulir-Messer ist ein gewöhnliches Federmesser, dessen 1½ bis 2 Zoll lange Klinge in einem beinernen Heft von 5 Zoll lang fest eingemacht ist. Die Klinge ist am Heft 3 bis 4 Linien breit, etwa zwey Zoll lang, und vorne spitzig. Das Heft hat unten eine abgerundete Linienbreite, schneidende Spitze. Von den Bastbändern ist schon oben (§.50) das nöthige gesagt worden.

Die Okulirreiser werden etwa 2 Zoll von der Stelle, wo sie heuer heraus gewachsen sind, abgeschnitten. Es ist Vorurtheil, daß man solche nur von tragbaren Bäumen nehmen soll. Die besten sind an Bäumen zu bekommen, welche beschnitten worden, desgleichen an jungen Bäumen, selbst in der Baumschule, wenn sie ihren zweyten Trieb gemacht haben.

Auf jedes Beet können 25 bis 30 Reiser gerechnet werden, und mehrere soll man ohne Noth nicht in Vorrath beyschaffen, also so viel Beete man selbigen Tag vornehmen will. An den Okulirreisern werden die Blätter abgeschnitten, die Stiele aber bleiben stehen. Diese Reiser werden hierauf ins Wasser gesetzt, bis eines nach dem andern verbraucht ist, weswegen Gefäße bey der Hand seyn müssen, um sowohl die Reiser, als die Bastbänder darinnen aufzubewahren. Was nun diejenigen Personen anbetrift, welche das Okuliren wirklich vornehmen, so gehört dazu, wenigstens ein ausgelernter Okulir-Meister, welcher es allen andere lehren kann, und bey großen Baumschulen können es auch etliche solcher Meister seyn, deren jeder eine Partie von Lehrlingen unter sich hat. Diesen muß man nicht nur alle nöthigen Vortheile zeigen und vormachen, sondern man muß sie auf der Stelle, und zwar so viele Bäumchen okuliren oder Augen einsetzen lassen, bis sie es recht machen, und alle Vortheile wohl begriffen haben, auch ihre Finger so gebrauchen zu wissen, wie es die Gelegenheit immer erfordern mag. Die Okulir-Leute müssen sich angewöhnen, zu ihrer Arbeit sich niederzubücken, nicht hinzuknien, denn dieses hindert, und hält auf. In ein paar Tagen ist man es gewohnt, und wird finden, daß man viel freyer arbeiten, und besser zu und abgehen kann.

Noch ist zu überlegen, wie viel man allenfalls Personen möchte nöthig haben, um eine bestimmte Anzahl Wildlinge in einem Sommer okuliren lassen zu können. Wenn auf einen gut abgerichteten

Knaben im ersten Jahr, bis solcher besser in die Übung kömmt, täglich nur 200 Stücke gerechnet werden, so trift es auf 5 Knaben täglich 1000, also in 30 Tagen 30,000. Der dazu gerechnete Okulir-Meister wird für sich Anfangs wenig fertigen können, denn er muß immer nachsehen, für die Okulirreiser sorgen, solche zurichten, und einem jeden Knaben sein Beet und Tagewerk anweisen.

§.56 Zurichtung der Wildlinge Es fördert ungemein, wenn alle Wildlinge vor dem Okuliren schon so zugerichtet sind, wie sie seyn müssen. Es muß daher eine eigene Person immer voraus gehen; die unten herausgewachsene Ästchen 8 bis 10 Zoll heraufwärts mit einem scharfen Messer am Stämmchen abschneiden, solches mit der Hand abreiben, und wenn Gras oder Unkraut etwa hindern könnte, solches wegnehmen.

Wenn die Wildlinge nur einen starken Federkiel dicke sind, so können sie schon auf diese Art zugerichtet und okulirt werden, und sie sind mir eben so gut und schön gewachsen, als jene, welche von Fingers dicke gewesen. Finden sich aber auch solche, so müssen die Seitenästchen weiters hinauf weggeschnitten, und die Stämme besser oben okuliret werden. Man kann dergleichen, zu Buschbäumen 3 bis 4 Fuß hoch vom Boden, okuliren, und damit ist bis dahin der Stamm schon gewonnen. An den kleinen werden die Augen nur etwa 6 Zoll vom Boden, eingesetzt.

§.57 Das Okuliren selbst betreffend Hierzu sind freylich Handgriffe nöthig, die man besser weisen, als beschreiben kann. Wenn alles bey der Hand ist, und man bey den Bäumchen steht, welches okulirt werden soll, so wird ein Reiß aus dem Gefäß genommen, und entweder ein Stückchen, in welchem ein volles Aug sitzt, einen Zoll lang ganz abgeschnitten, oder nur mit einem Einschnitt auf die Hälfte der Dicke, ein Zoll langer Streif ausgeschnitten. In jenem Fall wird das

Stückchen so entzwey gespalten, daß das Aug auf der einen Hälfte bleibt. Dieses wird in der linken Hand mit dem Daumen und Zeigefinger so gehalten, daß das Aug auswärts sieht, und der Nagel vom Daumen von hinten dagegen zu stehen kömmt. Nun wird mit der schneidenden Spitze des Messerhefts, oben herunter die Rinde bis zum Auge losgemacht; das Stückchen Holz gegen den Nagel gedrückt und abgebrochen; mit der Messerspitze behutsam hinter dem Auge zwischen dem übrigen Holz und der Rinde hinunter gestochen, und auf diese Art das Auge vom Holz abgelößt, aber immer mit der Vorsicht, daß in dem Auge dasjenige kleine Körperchen, das dessen Höhle ausfüllt, und woraus der künftige Baum entstehen soll, unverletzt darinnen bleibe. Die Rinde wird sodenn vom übrigen Holz vollends losgemacht. ¼ Zoll oberhalb dem Aug überzwerch, eben so weit unter dem Auge zugespitzt geschnitten, und am Blattstiel zwischen den Lippen gefaßt. Hat man aber nur einen Streif worauf das Aug sitzt, am Okulirreis ausgeschnitten, so wird dieser auf die nemliche Art behandelt, und das zugeschnittene hat die Form eines Schildes.

Jetzt sucht man eine glatte Stelle am Bäumchen, macht einen Zwerchschnitt, aber nur blos durch die Rinde, so weit, als es die Breite des Schildleins erfordert, und aus dessen Mitte hinunterwärts einen halb Zoll langen geraden Schnitt, daß beyde zusammen einem lateinischen großen *T* gleichen. Dann werden mit dem Rücken der Messerspitze, die beyden Ecken oder Flügelchen losgemacht, aufgehoben, und jetzt das Augschildlein so weit hinunter geschoben, daß der obere Rand desselben, dem überzwerchen Schnitt genau anpasse, und das Schildlein unter der Rinde des Bäumchens allenthalben genau aufliege, als wozu mit dem Daumen durch Andrücken nachgeholfen werden muß.

Nun ergreift man eins von den Bändern, legt die Mitte davon rückwärts des eingesetzen Auges, auf die Gegenseite des überzwerchen Schnitts, hält es mit dem Goldfinger der linken Hand an, und fährt mit der rechten Hand das linke Ende des Bandes gegen dem Auge herauf, ergreift solches mit dem Daumen und Zeigefinger der linken Hand, und läßt, indem der Goldfinger noch anliegt, die Rechte los, um das rechte Ende des Bandes zu ergreifen, und dem andern entgegen zu führen. Hierdurch werden die beyden Flügelchen des Auges zuerst bedeckt, und eingebunden, hernach die beyden Ende wieder rückwärts, dann unter dem Auge vorwärts gebracht, und immer so abgewechselt, bis das Auge auf diese Art gedoppelt überbunden ist, worauf beyde Ende rückwärts mit einer Schleife zusammen gezogen werden. Das Band wird weder zu feste angezogen, noch zu locker gelassen, das Schildlein mit dem Daumen gelinde angedrückt damit sich alles gut in einander füge, und wenn man merkt oder befürchtet, daß sich solches im Verbinden möchte verschoben haben, so setze man lieber noch ein Auge ein, als daß ein Zweifel am Einwachsen übrig bleiben sollte.

§.58 Fortsetzung Warum ich das Schildlein unten und nicht oben spitzig zuschneide, wie der um die Baumzucht sehr verdienstvolle Herr Pfarrer Christ lehrt, dazu habe ich folgenden Grund.

Man stelle sich die kleinen Röhrchen in der Rinde, durch die der Baumsaft hinauf steigt, als eben so viel hohle Cylinder vor. Wenn ein Cylinder schräge entzwey geschnitten wird, so macht der Schnitt eine elliptische Fläche, welche größer ist als die Zirkelfläche. Es werden demnach die Öfnungen der Röhrchen weiter, können mehreren Baumsaft einnehmen, und das Auge eher einwachsen machen. Und obschon auch ein Theil der Nahrung und des Baumsafts aus der Luft und durch Thau und Regen von oben hinunterwärts geführt wird, so ist doch gewiß der Zufluß von unten hinauf stärker.

Um sich aber beyder zu bedienen, dazu würde erfordert, daß man beym Okuliren den überzwerchen Schnitt in der Länge eines Zolls ganz durchschnitte, das Schildlein oben und unten spitzig zuschnitte, und so einzusetzen suchte, daß dessen beyde Enden mit den Flügeln der Rinde am Bäumchen zugedeckt und eingebunden werden.

Wahr ists, daß solches mehr Fleiß und Vorsicht erfordern, auch etwas mehrere Zeit kosten würde; wenn ich aber aus Erfahrung weiß, daß die eingesetzten Augen, unten, wo sie durch die Rinde bedeckt worden, eher als oben beym überzwerchen Schnitt anwachsen, ja daß daselbst gemeiniglich ein kleines Streifchen abdorret: so schliesse ich, daß die Augen immer sicherer einwachsen würden, wenn das Schildlein als ein Rhombus zugeschnitten, unter die vier Flügelchen eingeschoben, mit solchen ganz bedeckt, – und dadurch aller Zugang der äussern Luft abgehalten würde. Deswegen bin ich auch feste entschlossen, in den bevorstehenden Sommer Versuche damit zu machen, und wenn sie nicht zu langsam oder beschwerlich ausfallen, einige tausend junger Wildlinge auf solche Art okuliren zu lassen, das Resultat hievon soll seiner Zeit bekannt gemacht werden.

§.59 Was nach dem Okuliren zu beobachten Nachdem Okuliren ist nichts nothwendiger, als daß die okulirten Stämmchen auf keine Weise irgend beunruhigt werden. Man muß also in den okulirten Beeten nicht die geringste Arbeit vornehmen, und lieber Gras und Unkraut so lang wachsen lassen, bis die Augen gut eingewachsen sind. In die Baumschule müssen durchaus keine Hunde gelassen werden, auch selbst beym Nachsehen, ob die Augen noch grün und voll sind, muß man sich in Acht nehmen, daran zu stossen, oder ein Bäumchen zu biegen. Ohngefähr 20 Tage nach dem Okuliren kann man beurtheilen, was gut gerathen ist, oder was nachokulirt werden muß. Man löset an etlichen die Bande auf, und die gut angewachsene Augen erscheinen voll, die Farbe des Schildleins ist lebendig, und das Aug ein wenig aufgebläht, das erste gute Zeichen ist, wann die Blattstiele entweder schon abgefallen sind, oder doch beim Anrühren sogleich wegfallen, ob sie schon noch grün sind. Viele der zuerst okulirten Birnen und Pfersiche können schon zu treiben angefangen haben, welches aber nicht gut ist, denn die zarten Triebe gehen gemeiniglich über Winter zu Grunde. Man muß also den Trieb still stehen zu machen suchen, welches nach meiner Erfahrung auf folgende Art zu bewerkstelligen ist. Da es ohnehin jetzo Zeit ist, die Okulir-Bande aufzulösen, so lasse man an jedem okulirten Bäumchen dem Auge gegen über mit der Spitze des Okulir-Messers (indem man den Zeigefinger der rechten Hand so darauf legt, daß solcher an dem Bäumchen heraufrutschen kann) durch das Okulir-Band von unten herauf einen Schnitt machen, um das Band durchzuschneiden. Da nun dies nicht geschehen kann, ohne in die Rinde des Stämmchens eine Wunde zu machen: so wird auch die Natur sogleich ihre Kräfte zur Heilung dieser Wunde anwenden, und der Trieb im Auge wird stille stehen. Es mögen aber die Augen getrieben haben oder nicht, so müssen doch die Okulir-Bande allesammt auf diese Art durchgeschnitten – aber nicht abgenommen werden, bis sie von selbst abfallen: Unterläßt man dies und die Wildlinge wachsen stark, so schneiden die Bande ein, machen da eine Verengung, ein Hälschen, und jeder starke Windstoß kann das Bäumchen entzwey brechen, nicht zu gedenken, daß durch dieses Einschneiden die Zirkulation des Baumsafts gehindert und öfters ganz gehemmt wird.

§.60 Vom Nach-Okuliren Diejenigen Augen, welche verdorben sind, haben ihre Blattstiele gemeiniglich noch feste sizen, aber abgedörrt. Das Schildlein ist schwarz, eingeschrumpft, und fällt entweder leicht heraus, oder ist doch leicht loszumachen, wenn das Band weg ist. Alle diese Stämmchen lassen sich nachokuliren, wenn sie noch Saft haben oder sich lösen. Man muß sich also von neuen um Reiser von eben solchen Gattungen und Sorten umsehen, als man anfangs gebraucht hat, und die Verrichtung dabey ist die nehmliche, wie beym ersten Okuliren, nur daß die Augen an einer anderen Stelle, entweder unterhalb der verdorbenen auf der nehmlichen Seite, oder gegenüber eingesetzt werden. Sollten sich die Stämmchen nicht gerne mehr lösen, so begießt man sie den Abend vorher und wenn auch die Reiser trocken sind, setzt man sie ein paar Tage ins Wasser.

Da man jetzt schon um 3–4 Wochen in der Zeit vorgerückt ist, so werden die Okulir-Bande vom Nachokuliren nicht mehr einschneiden, und können also die Augen bis aufs nächste Frühjahr zugebunden bleiben, es muß aber bey jedem Bäumchen ein Ziel-Pfählchen gesteckt werden, damit man weiß, welche im Frühjahr noch aufzulösen sind.

§.61 Wenn junge Wildlinge das Okuliren nicht annehmen

Unter den Wildlingen finden sich öfters solche, welche entweder zur Okulir-Zeit schon trocken sind, oder, wenn sie sich auch lösen, die darein gesetzten Augen schlechterdings nicht einwachsen wollen, so viel Fleiß man auch dabey anwendet. Sie lassen sich gemeiniglich daran erkennen, daß ihr Gewächs flatterhaft ist, die Zweige dünne und die Blätter klein sind. Schon im Saamenland kann der gute Kenner sehen, was halsstarrig werden will, und er wird auch diese lieber wegwerfen als versetzen, zumahl wenn genug bessere vorhanden sind. Kommen sie aber doch in die Beete, so muß man sie erst stark werden lassen, und erst okuliren, wenn sie beynahe Fingers dicke geworden sind.

Mehrern Trieb und Saft kann man diesen Wildlingen dadurch verschaffen, wenn sie im Frühjahr eingestutzt, das ist, an ihren Zweigen bis auf 3 Zoll vom Stamm beschnitten werden. Dadurch wachsen viele junge Zweige herfür, und die Stämmchen lösen besser. Ich bin anfangs bey meiner Baumzucht so sparsam zu Werke gegangen, daß ich dergleichen unartige Wildlinge wohl drey bis viermal habe okuliren lassen. Jetzt lasse ich denselben das erstemal ein Aug, und wenn das nicht geräth, im folgenden Jahr zwey Augen einsetzen. Kommen auch diese nicht, dann wird ein solcher Wildling ausgerissen, und ein anderer an dessen Stelle gesetzt, von welchem Hofnung ist, daß er weit eher zu einem versetzbarem Baum heran wachsen werde.

§.62 Vom Okuliren groß gewachsener Bäume, eine Erfahrung

Ob es zwar weder vortheilhaft noch gewöhnlich ist, auf groß gewachsenen Bäumen durchs Okuliren andere Obst-Sorten zu pflanzen, indem solches besser durchs Pfropfen geschehen kann: so habe ich doch, blos weil ich für das Okuliren mehr eingenommen bin, auch hiermit Versuche gemacht, welche mir zwar anfangs mißgerathen, in der Folge aber doch wohl gelungen sind.

Im Jahr 1778. traf ich in einer etwa 12 Jahre zuvor angelegten Allee mit Kirschbäumen, viele Waldkirschen-Bäume an von 6. bis 8. Zoll dick, welche nur kleine schlechte Kirschen trugen. Es war gerade in der Mitte des Julius. Da ich nun gar zu gerne gute Kirschen in dieser Allee haben mochte, und die Pfropfzeit des künftigen Frühjahrs nicht erwarten wollte, so entschloß ich mich zum Okuliren, und das um so eher, als ich das Umkommen dieser wilden Bäume nicht groß achtete, und ihre Stellen leicht wieder mit guten Bäumen besetzen konnte.

An vieren solcher Bäume suchte ich all diejenigen Äste aus, welche wohl unten dünne, etwa einen halben bis ¼ Zoll dicke Neben-Äste hatten. An jedem Haupt-Ast ließ ich zween dieser Neben-Äste, 6 Zoll von jenem; und auch diesen dem Haupt-Ast einen Zoll über dem obersten Neben-Ast, absägen, so, das ausser den Zacken der Neben-Äste am ganzen Baum weder Ast noch Laub mehr übrig blieb. Jeder Baum hatte etliche und zwanzig Zacken, und auf jeden dieser wurden zwey Augen von halbrothen Herzkirschen eingesetzt. Nach dieser Operation sah ich alle Tage nach den eingesetzten Augen, und fand die meisten frisch. Am zehenden Tage kamen aus dem Stamm und den Haupt-Ästen viele wilden Triebe zum Vorschein. Aus Furcht, daß solche den eingesetzten Augen die Kraft zum Treiben entziehen möchten, drückte ich diese Triebe hinweg. Am sechzehenden Tag fingen die meisten Augen an, sich aufzublähen, und den 4ten August kamen die ersten Triebe zum Vorschein. Mit Ende des Augusts waren viele schon 1 Fuß hoch gewachsen, setzten unten Nebenzweige und Tragknospen an. Das Wachsthum dauerte bis Ende Septembers, und an vielen Ästen bekam der Hauptzweig eine Länge von drey Fuß, und hart am Ast eine Dicke, beynahe wie ein kleiner Finger, allwo auch 4 bis 5 Nebenzweige herfür gewachsen waren. Der Herbst war trocken, und der Winter gelinde, also konnten die Zweige holzigt werden, und gut durch den Winter kommen.

Im nächsten Frühjahr fingen sie bald an, zu treiben, und ihre Tragknospen brachten Blüten herfür. So ging das Gewächs gut fort, und im August bekam ich ein Körbchen voll schöne Kirschen. Als ich sie aber abnahm; bemerkte ich, daß die Rinde gegen Mittag, an allen vier Stämmen, aufgedunsen war. Ich machte subtile Einschnitte, und da lief ein gelblichtes Wasser heraus. Nach etlichen Tagen klopfte ich auf diese Rinde, und aus dem Schall konnt ich mich überzeugen, daß sie sich vom Holz los gemacht habe.

Da aber anietzo die Zeit des Wachsthums der Baumgewächse zu Ende gieng, wollte ich vor dem Winter keine weitere Untersuchung anstellen, und es der Natur überlassen, was darauf erfolgen würde. Allein im Frühjahr des nächstens Jahrs zeigte sich, daß die Rinden an allen 4 Bäumen entzwey geborsten, dürre geworden sey, und sich ganz vom Holz los gemacht habe.

Auch das Gewächs der neuen Äste wurde geringer und kränklich, ob ich schon noch einmal artige Früchte davon bekam. Nun ließ ich die losgewordenen Rinden abnehmen, die Ränder bis aufs Lebendige beschneiden, und mit Kühe-Koth und Leimen bestreichen. Aber mit aller Bemühung konnte man die Bäume nicht erhalten, sondern mußte sie im folgenden Jahre absterben sehen. Die Ursache davon konnte ich freylich anjetzo leicht errathen. Da ich Anfangs alle Äste, mithin auch alles Laub, und hernach sogar die am Stamm und den Zaken der Äste herfür gekommenen wilden Triebe weggenommen: so mußten die Bäume im Saft ersticken.

§.63 Andere Erfahrungen Da ich aus dem jetzt beschriebenen Erfolg abnehmen mußte, daß es ganz und gar nicht thunlich sey, beym Okuliren erwachsenen Bäumen alle Äste wegzunehmen: so versuchte ich gerade das Gegentheil, und okulirte 12 Stücke zu Pyramiden gezogene Äpfel und Birnbäume, welche damals etwa 12 Fuß in der Höhe und die Dicke eines Arms hatten. Bey diesem Versuch in einem Gärtchen gerade vor meiner Wohnung hatte ich zugleich die Absicht, viele Sorten Okulier-Reiser in der Nähe zu bekommen.

Ich wählte also an jedem Baum von unten hinauf die am nächsten beysammenstehende Haupt-Äste, deren einige über einen Zoll in der Dicke hatten, und setzte von den stärksten Okulier-Reisern, die ich bekommen konnte, ungefähr 6 Zoll vom Stamm ab, auf jeden Ast zwey Augen, ohne das geringste weiter am Baum vorzunehmen. Dies geschah im Julius 1784., und unter diesen 12 Pyramiden bekam jede theils 4 theils 5 bis 6 verschiedene Sorten. Das nächste Jahr, nachdem die Augen getrieben hatten, wurden die darüber gestandenen Äste abgenommen. Der Gipfel des Baums behielt seine vorherige Sorte, konnte also fortwachsen, und den überflüßigen Baum-Saft einnehmen.

Dieser Versuch ist so wohl gerathen, daß ich schon seit etlichen Jahren, meinen Freunden, welche dieses Gärtchen besuchen, öfters auf einer Pyramide 4 bis 6 Sorten Obst zeigen konnte, auch kann man nicht die geringste Veränderung im Geschmack und Geruch, oder der Zeit ihres Reifwerdens wahrnehmen, und es scheint, daß die Fruchtbarkeit größer sey, als bey Bäumen, welche nur eine Sorte tragen.

Bey Kirschbäumen habe ich eben das mit dem nemlichen Erfolg vorgenommen, aber da müssen nur immer süsse auf süsse und saure auf saure Stämme gesetzt werden.

Auf Pflaumstämme hingegen habe ich zwar auf einem Stamm, edle Pflaumen, Aprikosen, Pfersich und Mandeln gesetzt, welche auch anfangs allesamt ihre ersten Triebe gemacht haben; Allein in der Folge hat der Pflaumenast die meiste Kraft aus dem – ihm verwandten Stamm und dessen Wurzeln an sich gezogen, und alle andere Sorten überwältigt.

Ich ziehe hieraus diese Regel, daß wenn man mit Steinobst dergleichen Veränderungen vornehmen will, man niemals diejenige Sorte darauf setzen müsse, welche der Stamm von selbst herfür bringt.

§.64 Besetzung der ledigen Stellen So fleißig auch immer das Setzen der jungen Bäumchen geschiehet, so gehen doch auch einige davon zu Grunde. Wo man also siehet, daß ein Bäumchen entweder gar nicht ausgeschlagen oder wo die Triebe wieder verwelken, da reisse man sie aus und setze andere an ihre Stelle. Schon im September, wenn das Okuliren, Auflösen der Bänder und das Nach-Okuliren vorbey ist, kann man mit diesem Ausbessern anfangen. Da nun in diesem Jahr einzig die Pflaumen- und die Kirschen Bruten zu recroutiren sind, so muß man sich zeitig nach Bruten umsehen. Es verhindert nichts am Anwachsen, wenn sie auch schon noch Laub haben. Man läßt solches, nachdem sie gehörig zugeschnitten worden, abzupfen, (abklauben), setzt sie wie es §.26 gelehrt worden, nur daß die Zielpfählchen, womit die leeren Stellen bezeichnet werden, an den Bäumchen stehen bleiben, damit man im nächsten Frühjahr wisse, wo man antreten müsse.

Es ist viel Vorurtheil dabey, wenn geglaubt wird, es lassen sich nur im Frühjahr und Herbst die Bäume gut versetzen. Ich habe im Julius junge Kastanienbäume zu 10 Fuß hoch, mit Fuß langen neuen Schossen, versetzen lassen, und sie sind angewachsen, ohne ihre neue Triebe zu verlieren. Man muß nur die Wurzeln lang und unbeschädigt zu bekommen suchen, sie beym Setzen einschlemmen, und hernach von Zeit zu Zeit begießen. Wenn es inzwischen keine Noth erfordert, so ist das Früh- und Spätjahr am besten, und jenes noch besser als dies, weil der Winterfrost weniger schadet, und im Frühjahr schon ein Trieb in den Gewächsen ist.

§.65 Behandlung der Zwerchbäume am Zaun Die Zwerchbäume innerhalb dem Zaun, machen diesen Sommer ihre ersten Schosse, wurzeln in die Erde, und gestatten also, daß man sie anbinden und auf beyden Seiten ihre Äste so viel möglich horizontal ausbreiten kann. Hierzu muß aber vorhero die Gelegenheit gemacht werden.

An einen Bretterzaun kommen inwendig der Baumschule immer zwey Pallisaden oder Zaunstecken, auf 5 Fuß Abstand, zusammen. Die Dicke derselben ragt an den Brettern vor, und auf diese kann man ganz füglich, nach der Lage der Bretter, etwa vier oder fünf Reihen, eigens darzu gefertigte Latten aufnageln, lassen. Diese Latten sind von tannen Holz, 10 Fuß lang, und einen starken Zoll dicke. Sie werden also auf den Seiten der Zaunstecken noch etwa 2 Fuß lang vorgehen. Wenn bey jedem Zwerchbaum ein solches Lattengitter angebracht worden, so werden zuerst die alten Äste mit Vorsicht gebogen, auf beyden Seiten hinaus, in einer überzwerchen Lage und Richtung, an die Latten mit Weiden angebunden, und dabey sich in Acht genommen, daß keine junge Schosse abgedrückt werden. Nun wird nachgesehen, wie sich diese zur Absicht, sie in die Breite zu ziehen, verhalten. Findet man einige, welche ganz und gar nicht in die gehörige Richtung zu bringen sind, so schneidet man sie weg, und es wird an den übrigen zuwachsen, was hierdurch verlohren geht. Die jungen Schosse werden nur mit Bast, Binsen oder Stroh angebunden. Es kömmt gar viel darauf an, daß die Zwerchbäume gleich im ersten Jahr so geordnet werden, wie es seyn muß, um den Zaun inwendig damit zu bekleiden, und wann damit fortgefahren wird, so werden sie in der Folge zusammen reichen, und den Bretterzaun beynahe verdecken. Ganz füglich könnten auch die Latten gleich anfangs bey Fertigung des Zauns aufgenagelt werden.

§.66 Fortsetzung der Rejol-Arbeit Da auf dieses Jahr das Zweyte Viertel der Baumschule zum rejolen bestimmt ist, so kann mit dieser Arbeit, zumal wenn sie in einen Akkord gegeben ist, gleich im Frühjahr angefangen werden. Je länger vor der Baumanlage, Sonne, Luft und Regen auf den frisch rejolten Boden wirken, desto besser ist es, aber das sich darauf einfindende Gras und Unkraut muß fleißig vertilgt werden, und bey dieser Gelegenheit werden sich die Unebenheiten von selbst verlieren.

So, wie bey allen Arbeiten, also auch vornemlich bey dem Rejolen, besonders wenn es im Akkord geschiehet, muß der Aufseher beständig daran seyn, daß es recht gemacht werde. Er muß keinen neuen

Rejol-Graben anfangen lassen, er habe denn den gefertigten zuvor gesehen, und gefunden, daß die Sohle, der Grund desselben, so viel möglich wasserrecht oder wenn ja die ganze Lage nach einer Gegend sich mehr neigte, der Grund von allen Gräben dahin gerichtet werde, damit sich nirgends unter der gearbeiteten Erde das Wasser sammeln, und die Baumwurzeln verderben kann.

§.67 Fortsetzung der Bruten-Anlage Da die – aus den Kernen von Steinobst erwachsene Pflanzen so wenig, als die vom Kernobst, anietzo schon in die Beete versetzt werden können: so würde es sehr vortheilhaft seyn, in dem heurigen Späthjahr wiederum so viele Bruten von Kirschen, Pflaumen und Zwetschgen sammeln zu lassen, als nur immer möglich ist. Man kann auch in entfernten Gegenden hierzu Bestellungen machen. Ich habe dergleichen ein hundert Stücke, von der Dicke zwischen einem Finger und Federnkiel, jedes mit seiner Wurzel versehen, um Acht Groschen geliefert bekommen. Wenn sie also sammt dem Porto anderswo auf 10 bis 12 Groschen zu stehen kommen: so werden doch tausend Stück nicht mehr als 5 Thlr. kosten, die doch in einer Zeit von 4 höchstens 5 Jahre zu einen Werth von 80 Thalern hinauf wachsen.

§.68 Zusatz Vielleicht wäre es möglich auf diese Art auch viele tausend Wildlinge von Kernobst zu bekommen, und da könnte man sogleich das erste Viertel der Baumschule auf einmal besetzen. Das erste Viertel enthält 80 Unterabtheilungen kann also 3960 Bäume fassen (§.8). Wenn hievon die Hälfte zu Saamenländern und Steinobst-Bruten abgezogen, auf die man 158,400. Kernobst-Bäume setzen kann. Wenn man auch für 100 Stück 16 gr. bezahlen müßte, so würden doch 15000 Stücke nicht mehr als 100 Thaler kosten, und nach 5 Jahren das Stück nur zu 4 gr. gerechnet, einen Werth von 2500. Thalern erhalten.

§.69 Übrige Arbeiten in diesem Jahr Vorausgesetzt, das neben dem Okuliren, und was bishero in der Baumschule vorzunehmen, berührt worden; das Säubern der Beete und Gänge; Ausjäten der Saamenländer, und was sonst die Ordnung und Reinlichkeit erfordern möchte, geschehen sey, wird anjetzo dasjenige, was allenfalls auf den übrigen Platz angebaut worden, auszunehmen seyn. Wenn dies geschehen ist, dann muß vor dem Winter derselbe Platz noch umgearbeitet werden, und zwar mit der Spade (Grabscheit) ungefähr nach der Weise und Ordnung, wie es beym Einlegen der kleinen Bruten und Bouturen (§.27) angezeigt worden, nur daß man hier unausgesetzt fortarbeiten kann. Man heißt diese Verrichtung hier zu Lande, das Umschoren, weil eine Spade auch zugleich eine Schore genannt wird. Zur Fortsetzung der Anlage, muß heuer abermal eine neue Ansaat von 60 Säcken voll Obst-Träber vorgenommen werden, deren Beyschaffung in Zeiten zu besorgen; die Samenländer zuzurichten, und die Ansaat selbst nach §.24 zu veranstalten ist.

Man könnte zwar auch in diesem Spätjahr einige Beete mit allerhand Arten von Blumen und Beeren tragenden Strauchgewächsen anlegen, oder, wenn die Pflanzen in den Saamenländern zu dicke neben einander stehen, solche nach einem Regen ausziehen – und reihenweise einlegen lassen; da aber harte Winterfröste diese jungen Pflanzen in die Höhe ziehen, und auch die Bruten und Bouturen von jenen Strauchgewächsen dabey Noth leiden: so wird es besser seyn, dergleichen Anlagen bis zum Frühjahr anstehen zu lassen, indessen man sich um genugsame Bruten umsehen kann.

Die Dung- und Erden-Magazine umzuarbeiten, so man stürzen heißt, ist ja nicht zu unterlassen, indem zur Anlage aufs Frühjahr vielleicht gar viele gute zarte Erde nöthig seyn dürfte, auch wird es gut seyn, die Saamenländer mit strohigtem Dung von Pferden, über Winter zu bedecken.

§.70 Erbauung eines Hauses für den Aufseher Endlich kann auch in diesem Jahr die Wohnung für den Aufseher gebaut, und am füglichsten vom Eingang in die Baumschule gegen über, an das Ende derselben gesetzt werden. Sie bekömmt, wie schon oben gedacht ist, zwey Stockwerke, und es wird nöthig seyn, auch einen Keller darunter anlegen zu lassen, um eines und das andere zur Baumzucht gehörige darin aufheben zu können; desgleichen einen Brunnen in der Nähe graben zu lassen, damit die vielen Arbeiter zur Sommers Zeit ihr Trinkwasser nicht aus der Ferne holen müssen.

Unter 50 Fuß Länge und 30 Fuß Breite wird wohl dieses Haus nicht seyn können, weil doch auch ein Zimmer in demselben befindlich seyn muß, wo der Direktor abtreten kann, wenn er sich lange in der Baumschule aufhalten muß.

Wie diese Wohnung gebaut werden soll, das wird freylich immer von demjenigen Herrn abhangen, welcher eine solche Baumschule anlegen lässet, aber unentbehrlich wird sie doch seyn, weil der Aufseher beständig anwesend seyn muß.

Eben deswegen wird der Aufseher ein verheuratheter Mann seyn müssen, der seine eigene Haushaltung, Kost und übrige Wirthschaft bey sich hat, und wenn die Baumschule weit von einem Ort entfernt wäre, so würde derselbe, ohne ein paar Stück Rindvieh zu halten, nicht wohl bestehen können, in welcher Rücksicht auch eine Stallung hierzu eingerichtet werden müßte.

§.71 Vermuthliche Kosten im zweyten Jahr der Anlage

Die Wohnung des Aufsehers sammt einem Brunnen, könnte kosten "		2500 Rthlr.
Das zweite Viertel zu rejolen "		1000 —
Für Dung und Fuhrlohn " "		500 —
Für Bruten, auch zu Strauchgewächsen		50 —
Das Lattenwerk zu 600 Zwerchbäumen je 5 Stück 1 Rthlr. " "		120 —
Für Gießkannen, Wassergefässe, Okulirmesser, Reparationen und neue Beyschaffung von allerhand Arbeitswerkzeugen, nebst andern Requisiten		150 —
Taglohn wegen vermehrten Geschäften		1000 —
Besoldungen " "		1600 —
	Summa	6920 Rthlr.

An diesen Kosten aber, wäre der Werth oder Verkauf dessen, was auf dem übrigen Platz angepflanzt worden, abzuziehen.

VIERTER ABSCHNITT

Von andern Baum- und Strauchgewächsen, welche in einer großen Baumschule anzuziehen seyn möchten

§.72 Hochstämmige Bäume, zu Besetzung der Landstrassen
Schon in den, dieser Anleitung vorangegangenen Gedanken über die Baumzucht im Großen, zu Besetzung der Landstrassen, ist angemerkt worden, daß dahin, wo zu den Obstbäumen weder Lage noch Erdreich günstig ist, auch andere, und sogar Waldbäume gepflanzt werden können, um eine solche Besetzung der Landstrassen nicht zu unterbrechen.

Nun kann man zwar viele Gattungen dieser Bäume in Wäldern ausgraben lassen, es sind aber doch unter diesen einige, welche sich von dort aus nicht wohl versetzen lassen, und also besser in der Baumschule anzuziehen wären, auch sind etliche nicht in allen Gegenden aus Wäldern zu bekommen, wenigstens nicht in der erforderlichen Anzahl. Fast alle Bäume, welche ein sprödes hartes Holz und eine sehr gebrechliche Rinde haben, desgleichen diejenigen, welche starke Stechwurzeln machen, lassen sich nicht wohl versetzen, wenn sie nicht in Baumschulen hierzu vorbereitet werden. Dieses geschiehet, wenn man sie daselbst ansäet, und in der Jugend etlichemal versetzt, als wodurch sie mehrere Wurzeln bekommen, und das Versetzen gleichsam gewohnt werden. Unter solche gehören vornemlich Eichen, Buchen, Weißtannen u. dgl.

§.73 Vom Eichbaum

Quercus robur Man kann zwar die Eiche nicht geradezu unter diejenigen Bäume setzen, welche an Landstrassen gewöhnlichermaßen gebraucht werden, weil sie allzugroß wachsen, und mit ihrem Schatten zu viel Platz einnehmen würden; es können aber sich doch Umstände und Gelegenheiten ereignen, wo auch der Eichbaum zu Besetzung der Strassen nützlich werden könnte. Es mag nun solches geschehen oder nicht, so wird gleichwohl eine kleine Betrachtung über diesen Baum hier nicht am unrechten Ort angebracht worden seyn.

Die Eiche ist allenthalben allzu bekannt, als daß eine botanische Beschreibung derselben nöthig wäre, und es ist hauptsächlich ihre Nutzbarkeit, um derentwillen man auf eine mehrere Anpflanzung dieser Bäume Bedacht nehmen sollte. Unter allen europäischen Bäumen macht die Eiche das härteste und dauerhafteste Holz, denn es erhält sich nicht nur an der Luft, sondern auch in der Erde und im Wasser die längste Zeit. Es ist also zur bürgerlichen, zur Kriegs- und Schiffsbau-Kunst von ganz vorzüglichem Werthe. Die Rinde ist den Lohgerbern und bey Gärtnereien unentbehrlich, und die Früchte geben dem Wild, den Schweinen, und dem Rindvieh eine besondere gute Mastung. Selbst die Blätter haben ihren Nutzen.

Nicht allenthalben finden sich Eichwälder, obschon diese Baumart fast aller Orten gut fortkommt wenn nur dessen Wurzeln durch unterirdische Felsen nicht gehindert werden, welches man gewahr wird, wenn oben der Gipfel des Baums zuerst abstirbt. – Wo also zum Häußer-Bau keine oder doch nur wenige Eichwälder sind, da sollte man an kahle Berge, auf Gemeinheiten, oder auch an die Strassen Eichbäume pflanzen, und hiezu eine eigene Baumschule anlegen. Die Nüsse oder Eicheln keimen so bald sie abfallen, wenn es die Witterung zuläßt. Man kann sie also gleich einlegen, und schon im Herbst des andern Jahrs die jungen Pflanzen nahe zusammen nach (§.27) das erstemal versetzen. Zwey Jahre hierauf werden sie zum andermal in der Baumschule versetzt, und bleiben daselbst so lange stehen, bis sie gegen 2 Zoll dick, und 10 bis 12 Fuß hoch, erwachsen sind. Sollen diese junge Eichbäume hernach an ihrer bleibenden Stelle zum drittenmale versetzt werden, so muß man solche auf einmal ausgraben, um die Wurzeln so lang als möglich zu bekommen, solche nicht abschneiden, sondern lieber das Baumloch weiter machen lassen, um die Wurzeln, indem sie vorsichtig gebogen werden, darinn herum legen. Zur Sicherheit wegen der Windstürme muß dem Baum eine Stütze, Baumstange auf die West-Seite gegeben werden, die man zuvor in die Erde stößt, und hernach den Baum gegen Osten daran setzt.

In der Baumschule wird kein Seitenast an den jungen Bäumen eher abgenommen, als bis sie den dritten Trieb gemacht haben. Also im Frühjahr des vierten Jahrs, werden etwa auf 5 bis 6 Fuß hoch, und im folgenden Jahre nach und nach die Äste, bis auf 10 Fuß hoch am Stamm weggenommen, denn dieser kann nicht weniger Höhe haben.

§.74 Die Glattbuche

Fagus sylvatica Ist eben so bekannt, als die Eiche, wächst aber nicht hoch, und ist ihrer schönen Gestalt und Blätter wegen, gar wohl unter die Strassen-Bäume zu rechnen, aber eben so schlimm, aus Wäldern gegraben und versetzt, davon zubringen, wie ich denn selbst bey einer angelegten Buchen-Allee die Erfahrung gemacht, daß unter 60 Bäumen immer nur etwa 40 Stücke im ersten Jahr ausschlagen auch davon wieder einige zu Grunde gehen, und also nur höchstens die Hälfte davon kömmt.

Wenn sie aber in einer Baumschule eben so wie die Eichen, angezogen, und in der Jugend durchs Versetzen genugsame Wurzeln machen, dann zweifle ich keineswegs, daß bey vorsichtigem letztern Setzen auf ihre bleibende Stellen, wo nicht alle gerathen, doch nur wenige zurück bleiben sollten. In der Baumschule werden die jungen Bäume eben so, wie die Eichen behandelt, aber es ließen sich Versuche machen, ob nicht auf solche Reiser, von guten Kastanien zu pflanzen wären, indem ich mich erinnere, schon in meiner Jugend im Virgil gelesen zu haben, daß solches zu seiner Zeit üblich gewesen sey.

§.75 Wilde Kastanien, Roß-kastanien

Castanea equina, Aesculus hypocastanum Diese Baum-Gattung soll anfangs aus Asien nach Europa gekommen seyn, wo sie jetzt fast allenthalben nur etwa die kalten und nördlichen Gegenden ausgenommen, anzutreffen ist, und eben so viel Kälte als andere Bäume ertragen kann.

Die Bäume wachsen so schnell in ihrer Jugend, daß die jungen Triebe alle Tage um einen Zoll länger werden, doch dauert solches nur etwa 4 Wochen, und hernach schließen sich die Triebe mit einem länglichten Knopf, aus welchem manchmal noch ein zweyter Trieb ansetzt.

Diese Bäume kommen zu einer ansehnlichen Höhe und Dicke, machen ein ziemlich regelmäßiges Gewächs welches sich noch durch Beschneiden in Fächer und andern Figuren bringen läßt. Die Blätter sind groß, geben viel Schatten, und die Blüten machen ein vortrefliches Ansehen, so, daß es scheint, es seyen die Roßkastanien-Bäume zu Alleen eigentlich bestimmt, indem sie auch einen freyen Stand verlangen, mithin Luft und Sonne geniessen wollen, wenn sie schön heran wachsen sollen, und dies mag vielleicht Ursache seyn, daß sie noch wenig in Wäldern zu finden sind, weil sie dort von andern Bäumen verdrängt werden. Die Fortpflanzung geschieht einzig aus den Nüssen, und so viel mir bekannt ist, in Baumschulen oder auf andern dazu bestimmten Plätzen. Diese Nüsse oder Kastanien werden im October reif, fallen mit ihren stachlichten Gehäusen vom Baum, und können sogleich reihenweise eingelegt werden. Nachdem sie von hieraus nach der Ordnung in Beete versetzt worden, so werden vom zweyten Jahr an die Seiten-Äste der jungen Pflanzen so lange weggenommen, bis der Baumsaft die verlangte Höhe hat, ausser diesem wird nichts daran beschnitten, weil alle Triebe an den Spitzen der Äste herfür kommen.

Im sandigen Boden, welcher nicht allzutrocken ist, desgleichen in einem leichten Leimenboden, wächst dieser Baum am besten, aber in einem festen oder hitzigen Erdreich kommt er selten fort, und am wenigsten an Orten, wo der obere Theil des Bodens abgehoben worden, welches ich aus Erfahrung weiß. Will man also eine Allee mit Roßkastanien anlegen, und erwarten, daß sie gut gerathen, und die Bäume nach gleichen Wachsthum einerley Dicke und Höhe erreichen sollen, so müssen die Baumlinien 5 Fuß breit und 3 Fuß tief rejolt werden, vorausgesetzt, daß das Erdreich daselbst ohnehin nicht ungünstig sey.

§.76 Von den Nadelhölzern Nur in Gegenden, wo wenig Laubholz von Natur wächst, und also daselbst der Erdboden allein dem Nadelholz günstig ist, wie besonders der Sandboden; desgleichen über Gebürge und wo breite Hauptstrassen durch Wälder gehen, die man schicklicher Weise nicht mit Obstbäumen besetzen könnte, wäre hierzu das Nadelholz anzurathen.

Unter diesen kommt zuerst vor

Die Forche, Forle, Kienbaum

Pinus sylvestris Ein sehr bekannter Baum, dessen Äste aber nicht sehr regelmäßig wachsen, und nicht immer eine ansehnliche Krone bilden. Er wächst anfangs sehr schnell, und zu einem hohen grossen Baum. Sein Holz und besonders die Wurzeln stecken voller Harz, und sind deswegen brennbarer, als jedes andere Holz, auch zum Verarbeiten dauerhafter als die Tanne. Die Fortpflanzung geschieht durch den Saamen, welcher von Winden weit herum geweht wird. Man kann also in jungen Fichten-Wäldern genugsame Setzlinge bekommen.

Die Weißtanne

Abies picea Wächst schnur gerade in die Höhe über hundert Fuß, und bekommt eine Dicke von 2 bis 3 Fuß. Die Nadeln sind oben dunkelgrün, und die Rinde an jungen Bäumen weißgrau. Dieser Baum wächst ungern an, wenn er versetzt wird, und daher muß man ihn durch Versetzung der jungen Pflanzen in einer Baumschule daran zu gewöhnen suchen.

Die gemeine Tanne, Rothtanne, Fichte

Pinus abies, abies rubra Sollte von den Botanikern mir größerem Recht *abies picea* genannt werden, weil eigentlich von diesen das Harz und Pech, von der Weißtanne aber nur eine Art von Terpentin gesammelt wird. Dieser Baum wächst fast noch höher und dicker als die Weißtanne, seine Nadeln sind hellgrün, und die Rinde ist an jungen Bäumen röthlicht, hernach wird sie braunroth und endlich schwarzbraun.

Die jungen Bäume lassen sich gut versetzen, sind also aus Wäldern zu nehmen.

Der Lerchenbaum

Pinus larix Wächst zwar auch in Europa und Deutschland an vielen Orten in Wäldern, muß aber hier zu Lande meistens in den Baumschulen erzogen werden. Er verlangt kein fettes, leimigtes Erdreich, sondern nimmt vorlieb mit einem magern und steinigten Sandboden. Die drey vorhergehenden Sorten behalten ihr Laub, ihre Nadeln über Winter, der Lerchbaum aber läßt sie fallen, und taugt also zum Besetzen der Strassen ausserhalb den Wäldern ins freye Feld. Die Bäume wachsen stark, bekommen ihre Äste von unten auf, welche aber so lange nicht abgenommen werden dürfen, bis die Bäume so fest eingewurzelt haben, daß sie vom Wind nicht gebogen, oder umgedrückt werden, denn jemehr ein Baum Äste hat, desto mehr treibt er Wurzeln. Die jungen Lerchenbäume lassen sich gut versetzen, wenn sie noch nicht größer sind, als etwa 4 bis 5 Fuß. So wohl diesen als den grössern muß man zur Vorsicht Stangen beygeben.

§.77 Der Ulmenbaum, Rüster, Steinlinde

Ulmus campestris Dieser Baum kommt in allerley Erdreich fort, doch beßer in etwas feuchten, als allzu trockenen Gegenden. Er wurzelt tief in die Erde, und wiedersteht den heftigsten Sturmwinde, wächst schnell, und zu einer beträchtlichen Höhe und Dicke, hat schöne Blätter, die viel Schatten machen. Die jungen Bäume können aus Wäldern, wo dergleichen anzutreffen sind, gegraben werden, und wachsen an, wann sie auch schon eine Dicke von einigen Zollen haben. Sind sie aber in Wäldern nicht zu bekommen, so werden sie in einer Baumschule vom Saamen, oder von Abschnittlingen angezogen. Wo an Landstrassen keine Obstbäume taugen, da sind Ulmenbäume die schicklichsten, jene Stellen einzunehmen.

§.78 Der Lindenbaum, die Linde

Tilia Die Linde ist in ganz Europa ein sehr bekannter Baum zur Allee, wächst hoch und dicke, hat schöne breite Blätter, und seine Blätter und Blüten verbreiten ihren Wohlgeruch weit umher. Ich habe zwey Arten, deren die eine die Gemeine und die andere die Holländische, vermuthlich aber eine Amerikanische Linde ist. Diese hat breitere Blätter, größere Blumen und Saamen als jene, und ihre Äste ziehen sich meist von selbsten fächermäßig. Die heurigen Triebe haben eine blutrothe Rinde.

Ein starker Leimenboden, auch Sandboden, am wenigsten aber Leberkieß, und Letten ist diesem Gewächs zuträglich. Die Fortpflanzung geschieht zwar durch den Saamen, es geht aber sehr langsam damit, und die vielen tausend Lindenbäume, welche in derjenigen Gegend wo ich wohne, zu Alleen angelegt sind, wurden allesamt 3 bis 4 Zoll dicke am Stamm und dieser 12 bis 16 Fuß hoch, in Wäldern ausgegraben, und so an ihre Stelle gesetzt.

Ob schon die Lindenbäume gut und gerade wachsen, eine schöne Krone bilden, und durch beschneiden und anbinden in alle möglichen Formen gezogen werden können, so haben sie doch auch ihre beträchtlichen Fehler, welchen ohne große Kosten und Mühe nicht wohl abzuhelfen ist.

Erstlich gehen die Wurzel nicht tief unterwärts, sondern liegen nur ganz flach unter dem Boden, erstrecken sich aber weit vom Stamm hinaus. Durch jenes werden die Bäume nicht genug im Boden befestiget, also, daß sie von heftigen Winden, wenn solche nach angehaltenem Regen zur Aufheiterung der Luft erfolgen, in dem noch weichen Boden entweder auf die Seite gedrückt, oder gar umgeworfen werden; und durch die weitreichenden Wurzeln nehmen sie den andern Gewächsen Saft und Nahrung, wie solches hier zu Lande in denjenigen Frucht-Feldern zu sehen ist, wo dergleichen Linden-Alleen durchgehen.

Zweytens, so wird die Rinde an der Mittag Seite wo die Lindenbäume in Alleen gesetzt, frey stehen, gemeiniglich schadhaft, schält sich endlich ab, und verunstaltet nicht nur den Baum, sondern die Fäulniß der Rinde ergreift auch den Stamm öfters bis in die Mitte, so, daß nur noch die Hälfte dasteht, und wenn die Krone noch ein wenig schwer ist, vom Wind entzwey gebrochen wird.

Nun kann dieses Verderben der Rinde auf der Mittag-Seite nirgend anders woher kommen, als daß im Winter, die in der Rinde noch befindliche Feuchtigkeit, des Nachts gefriert, den Tag über an der Mittag-Seite von der Sonnenwärme aufthaut, und so fort. Dadurch aber müssen nothwendig die Saftröhrchen entzwey bersten, und diese Seite zu Grunde gehen.

Nun kann man zwar die, durch den Wind sich auf die Seite geneigte Linden, wenn der Boden noch weich ist, wieder gerade richten, und daß sie in dieser Richtung bleiben, mit starken Baumstangen und Stützen gegen die Wind-Seite versehen, aber es ist dies bey viel dergleichen Bäumen nicht allein kostbar, sondern die vielen Stützen entstellen auch die Alleen. Ferner könnte die Mittag Seite an den Stämmen vor dem Winter mit einem Auftrag von Kühekoth und Leimen für dem Auf- und Zufrieren verwahrt werden; allein da dies an allen Bäumen geschehen, – und alle Jahre wiederholt werden müßte, so würde solches ebenfalls viel kosten. Daß diese beyden Unfällen sich allhier zutragen, mag wohl auch daher kommen, weil die Lindensetzlinge aus dichten Wäldern genommen worden sind, wo sie zwischen anderem Holz im Schatten aufgewachsen sind, und ihre Rinde von der Sonne nicht hat beschienen und genugsam feste gemacht werden können. Würde man die Linden in einer Baumschule vom Saamen wie andere Bäume erziehen, und so bald sie einen starken Zoll dicke wären, an ihre bleibende Stelle versetzen, so glaube ich, würde weder der eine noch der andere dieser Unfälle zu besorgen seyn, und aus diesem Grund kann ich nicht umhin, diese Lindenpflanzung denjenigen anzurathen, welche im Sinne haben viele Linden-Alleen anzulegen.

§.79 Der Darmbeer, Arlsbeer, Elritzen, Eschrösel, Ayerleinsbirnbaum

Sorbus torminalis; Crataegus torminalis Dieser Baum kommt auch zu einer ansehnlichen Größe, hat breite, vier oder fünfeckigte Blätter, welche oben hellgrün, unten aber weiß und wolligt sind. Er wächst in Wäldern, und am besten in einem starken Boden. Seine Blumen sind in Büscheln; weiß, an etwas langen Stielen, fast wie die Blüte der Birnen. Nach den Blumen erscheinen seine Früchte in rundlichten Beeren, welche im Herbst braun werden, und wenn sie im Liegen weich geworden, nicht unangenehm zu essen sind.

Das Holz dieses Baums ist ziemlich hart, und daher zu allerhand Tischler- und Drechsler-Arbeit zu gebrauchen. Da auch die Bäume, wenn sie groß gewachsen sind, häufig Früchte tragen, und diese einen guten Brandtwein geben, nächstdem das Gewächs stark und die Krone schön ist, so mögen sie gar wohl auch an die Landstrassen gepflanzt werden. Auch der Sperberbaum *sorbus sativa*, und Vogelbeerbaum *sorbus ancuparia*, wären nicht zu verachten. Die Fortpflanzung dieser Bäume geschieht durch Saamen, oder man kann auch junge Bäume in den Wäldern ausgraben lassen.

§.80 Der gute, zahme, süße Kastanienbaum

Fagus castanea Einer der ansehnlichsten Bäume zu Alleen, und seiner nützlichen Früchte wegen werth, mehr angepflanzt zu werden. Allein er taugt nicht in jede Gegend, nicht in jedes Erdreich, sondern hat seine eigene Heimath. In Spanien, Portugall, Italien und besonders auf der Insel Korsika; im südlichen Frankreich, im Elsaß, Odenwald und noch mehreren Gegenden kommen diese Bäume in Wäldern und offenen Feldern sehr wohl fort: will man sie aber an Orte hinzwingen, wo ihnen Gegend und Erdreich nicht zuträglich ist, so kostet es sehr viel Mühe, sie nur durch den Winter zu bringen, indem die jungen Pflanzen durch die Kälte leicht erfrieren; zwar schlagen sie im Frühjahr aus der Wurzel wieder aus, aber die Sprossen sind eben so zärtlich, und erfrieren im nächsten Winter wiederum. Dies alles hab ich selbst erfahren, und von 300 schönen Pflanzen, welche mir von großen Kastanien aufgegangen, kaum 20 gute Bäume davon gebracht, da man doch nur eine halbe Stunde von hier, in einem Wald, Kastanien Bäume sehen kann, welche einen Fuß Dicke und 30 Fuß Höhe haben, auch alljährlich ihre Früchte bringen; zwar etwas kleiner, als sie sonst wachsen, das aber daher kommen mag, daß diese Bäume nicht mit bessern Sorten gepfropft oder okulirt worden, und im Schatten aufwachsen.

Ob Erdreich und Luft in einer Gegend dem Kastanien-Baum angemessen sey, das dürfte sich bald zeigen, wenn dergleichen Nüsse eingelegt werden, und die daraus erwachsende Pflanzen gut durch den Winter kommen, und schön fortwachsen. Sollen aber dereinst die Früchte gut werden, so muß an die jungen Stämme mit Reisern von guten Bäumen okuliren lassen, die man ja auf 20 Meilen weit sich kommen lassen kann.

§.81 Die Heimbuche, Hagenbuche, Raubuche

Carpinus Wird zwar am häufigsten nur zu Hecken und Hägern gebraucht, ist aber dessen ungeachtet ein Waldbaumgewächs, welches beynahe eben die Höhe und Dicke erreichen kann, als die Glattbuche, wenn die Bäume ihr gehöriges Alter hierzu erreichen und ihre Wurzeln nicht auf Felsen oder Lettengrund stoßen. Das Gewächs der Heimbuche gehet gerade in die Höhe mit vielen Ästen die sich rund um ausbreiten, und eben so wie die Linden durch den Schnitt in allerley Figuren erzogen werden können. Ausser Leberkies und Lettengrund lassen sich diese Bäume allenthalben mit guten Erfolg anpflanzen, besonders aber in einem kühlen Leimenboden, worinn sie am stärksten wachsen. Das Holz ist weiß und sehr hart zu vielen Handwerks Arbeiten, und auch zum Verbrennen ganz vortreflich. Man hat hier zu Lande stundenlange Alleen an die Strassen von Hagenbuchen angelegt, und sie sind besser als die von Linden, weil ihre Rinden am Stamm keine Schaden nehmen, die Wurzeln tief gehen und den Windstürmen gut wiederstehen können. Die Fortpflanzung kann zwar aus den Saamen erhalten werden, aber zur Anlegung einer Allee werden junge Hagenbuchen in den Wäldern ausgegraben, wenn sie etwa 1 bis 2 Zoll dick und 10 bis 12 Fuß hoch sind. Dies Gewächs treibt am Stamm auf allen Seiten seine Äste hinaus, scheint also von Natur zu Hägern bestimmt zu seyn. Wenn dahero eine Allee damit angelegt werden soll, so müssen in den ersten zwey Jahren, wegen dem beßern Anwachs und Vermehrung der Wurzeln (§.73) diese Seitentriebe gelassen und alsdenn erst im dritten Jahr bis zur bestimmten Höhe des Stamms, weggeschnitten werden.

§.82 Die Äsche, Stein-Asche, Eschenbaum, Wundholz
Fraxinus excelsior Ein sehr bekannter Baum, welcher in Wäldern und anderswo, in einem tauglichen Sand oder Leimenboden sehr schnell wächst, und zu einer beträchtlichen Größe kommt. Sein Stamm ist gerade, und bleibt bis zu 20 Jahren ganz glatt. Die Äste breiten sich rundum aus; die Blätter sind gefiedert, wie der *sorbus* ihre, schön hellgrün, und machen ein vortrefliches Ansehen, werden aber, nachdem sie im Frühjahr aus schwarzen Knospen herfür gekommen, von Insekten, und besonders von den spanischen Fliegen öfters fast gänzlich weggefressen, welches die Bäume sehr verunstaltet und auch ihrem Wachsthum nachtheilig ist.

Wenn man Fleiß anwendet, diese bösen Gäste alle Morgen herunter zu schütteln und aufzulesen, so kann man den Schaden verringern, und durch Verkauf der spanischen Fliegen in die Apotheken, diese Mühe bezahlt bekommen. Das Holz des Baums ist weiß, und vortrefflich zu bearbeiten, besonders für die Kutschen-Macher. Die Fortpflanzung wird vornehmlich durch den Saamen erhalten, der vom Wind allenthalben herum verweht wird, aus dem hernach die jungen Pflanzen in den Wäldern erwachsen, welche denn, wenn sie die erlangte Größe haben, daselbst ausgegraben und versetzt werden. Sie wachsen bald und gut an, treiben ihre Wurzeln tief in den Boden, und widerstehen den Sturmwinden. Die Bäume lieben mehr ein locker und feuchtes, als ein schwer und trockenes Erdreich, doch kommen sie fast allenthalben gut fort, und sind daher zu Besetzung der Strassen vorzüglich anzurathen.

§.83 Italienische Pappeln, schwarze Pappeln

Populus nigra italica Unter allen hier zu Lande bekannten unfruchtbaren Bäumen ist dies der einzige, welcher sich durch sein Gewächs besonders damit auszeichnet, daß Stamm und Äste immerzu gerade in die Höhe steigen, nahe beysammen bleiben, und die Krone wie ein langer zugespitzter Kegel über alle benachbarte Bäume hinauf wächst. Wenn nur der Erdboden nicht lettigt steinigt oder zu hitzig und trocken ist, so geht das Wachsthum der Pappeln ausserordentlich schnell, und es ist kein Baum, der so bald versetzbar wird als die Pappeln, dahero man nur durch Einlegen der *Bouturen* in kurzer Zeit so viel Bäume anziehen kann, als man zu Besetzung einer grossen Strecke der Landstrassen nöthig haben wird. Weil die Kronen nur ganz schmal werden, und anstatt sich auszubreiten, in die Höhe gehen, so können diese Bäume nahe zusammen, etwa höchstens zu 10 Fuß Abstand, gesetzt werden. Den Stamm oder Schaft läßt man nur so hoch, daß man füglich darunter hinweg gehen kann, etwa 5 bis 6. Fuß, wonach die Äste anfangen, und ganz ausserordentliche Pyramiden bilden, die in einem guten Boden bis auf 80 und mehr Fuß in die Höhe steigen.

§.84 Der weiße Pappelbaum und die Silber-Pappel

Populus alba Jener, der weiße Pappelbaum wird hier zu Land die *albe* genannt, und meist nur an Flüssen oder Bächen angetroffen. Seine Blätter sind groß, rundlicht, am Rand ausgezackt, dicke, schön grün, oben glänzend und unten glatt. Die einjährige Schosse wachsen ohne Nebenzweige, und haben eine weiße glatte Rinde. Dieser Baum kommt zu einer sehr grossen Höhe und Dicke, es werden ihm aber hier zu Lande entweder alle Jahr, oder alle 3. 4. Jahr die Äste abgenommen, um in jenem Fall die einjährige Schosse zu weiden, oder in diesem das Holz zum verbrennen gebrauchen zu können. Jeder im Frühjahr in die Erde gestoßene Ast bekömmt Wurzeln, und wäre also in kurzer Zeit auf einem wässerigtem Boden eine Baum-Allee damit anzulegen.

Die Silber-Pappel hingegen ist ganz anders. Ihre Blätter sind groß, und theilen sich in drey bis fünf Lappen oder Spitzen, welche jedoch keine tiefe Einschnitte, aber am Rand eine Zahnung haben, oben sind sie sehr dunkelgrün, unten aber schneeweiß und fein wolligt. Die jungen Zweige sind ebenfalls wolligt, lassen sich aber abwischen, und denn erscheint die Rinde purpurfarb ins Grün.

Die Fortpflanzung geschieht durch Abschnittlinge sehr leicht, und das Gewächs ist stark, besonders in einem guten sandigen Boden. Diese Pappel kommt fast allenthalben gut fort, und gelangt zu einer ansehnlichen Höhe, und wenn der Wind in den Blättern spielt, daß die untere Seite zum Vorschein kommt, so ist ein solcher Baum prächtig anzusehen, und wäre nur deswegen in die Alleen zu pflanzen.

§.85 Die Balsam-Pappel

Populus balsamifera Soll zwar in dem mitternächtlichen Amerika zu Hause seyn, kommt aber in Europa und Deutschland eben so gut fort, als die andern Pappeln. Ihre Blätter sind groß, mehr lang als breit, vorne spitzig, fein gezähnt glatt, oben saftgrün, und unten weißlicht. Die im Frühjahr zeitig herfürtreibende Augen sind dicke und mit einem kleberichten Harz umgeben, welches einen starken balsamischen Geruch hat, und zu einer Salbe gebraucht wird. Die Fortpflanzung geschieht durch *Bouturen* die schnell und stark anwachsen, und es kommen diese Bäume in einem guten sandigen Boden zu einer ansehnlichen Größe, können also auch zur Abwechslung an die Strassen gepflanzt werden.

§.86 Der Walnuß-Baum

Iuglans regia Gehört zwar unter die fruchtbaren Bäume; da aber sein Gewächs stark und ansehnlich ist, und man ohnweit Heidelberg an der sogenannten Bergstrasse eine lange Strecke mit Wallnuß-Bäumen besetzt antrifft: so kann füglich desselben hier auch gedacht werden. Diese Bäume lieben gerne einen festen nicht allzumagern Boden, sie kommen aber auch im Sand und steinigten Boden, an Bergen und in der Ebene gut fort. Die Wurzeln gehen tief in die Erde und haben das besondere, daß sie an jungen Bäumen, gleichwo sie anfangen, dicke, rubenartig wachsen, inwendig gelb, und so weich sind, daß man sie wie eine Rube durchschneiden kann. Die Stämme wachsen nicht immer gerade, sondern müssen hierzu an Baumstangen gewöhnt werden, auch schweifen die Äste sehr unregelmäßig umher, und können nicht wohl durch den Schnitt anders geordnet werden, als daß man die untenstehenden immer und so lange hinweg nimmt bis der Stamm eine Höhe von 14 Fuß erreicht hat, denn zu einer solchen Höhe müssen diese Bäume nothwendig gezogen werden, weil ihre sich weit ausbreitende Äste sich an den Enden um etliche Fuß herunter biegen. Eben der sich so sehr ausbreitenden Äste wegen müssen die Wallnuß-Bäume 36 bis 40 Fuß weit von einander gesetzt werden, da aber auf diese Art eine Baum-Alle wenig vorstellen würde, so ist anzurathen, daß zwischen inne eine andere Baum-Gattung, welche in die Höhe geht, gesetzt werde, wozu der Pappelbaum, Ulmbaum, die Äsche, der Lerchbaum und andere mehr genommen werden können. Das Holz von Nußbäumen, wenn solche über 30 Jahre alt sind, ist zu allerhand

Tischler- und Drechsler-Arbeit, desgleichen zu Gewehr-Schäften, eines der besten. Aus den Nüssen bereitet man ein gutes Öl, und selbst die äussere grüne Schale derselben nebst den Blättern sind zur Färberey, und als ein vortrefliches Mittel gegen die Würmer, den Wurm der Pferde, mit Nutzen zu gebrauchen.

Der Nußbaum wird durch Einlegen der Nüsse fortgepflanzt, und an den jungen Pflanzen ist zu sehen, daß eine vor der andere die Kälte und den Winterfrost besser vertragen kann, da man denn diejenigen, welche erfrieren, wenn sie auch schon im Frühjahr wieder ausschlagen, gerade zu wegwerfen muß, besonders wenn man genug bessere hat.

§.87 Der Mehlbaum, Mehlbeerbaum

Crataegus aria Wächset fast in ganz Europä wild in Wäldern, in allerley Boden und Gegenden. Sein Stamm ist gerade; die Äste machen eine schöne Krone; die Blätter zeichnen sich vor vielen andern Bäumen dadurch aus, daß sie unten weiß und ganz wolligt sind. An den Enden seiner braunen wolligten Zweige kommen die Blüten und nach solchen rothe, eyrunde Beere, welche mehligt, süß und eßbar sind, und zum Brandtwein taugen. Übrigens ist das Wachsthum dieser Bäume nicht sonderlich groß, und sie dauern auch keine lange Zeit aus. Wollte man sie also zu Besetzung der Strassen gebrauchen, so könnte man sie zwischen andere Gattungen, die sich in der Folge sehr ausbreiten, als etwa zwischen Eichen, Buchen, Ulmen und Wallnußbäume setzen, und wenn diese bald zusammen reichen, werden die Mehlbeerbäume im Abgange seyn.

Die Setzlinge kann man aus Wäldern bekommen; wollte man sie aber durch Saamen in einer großen Baumschule anziehen, so dient zur Nachricht, daß auf die jungen Stämmchen von Mehlbeerbäumen sich Birn, und umgekehrt auf diese sich Mehlbeerbäume okuliren lassen.

§.88 Der Ahornbaum

Acer Pseudoplatanus Ist fast durch ganz Deutschland auf Bergen und in Wäldern wildwachsend anzutreffen, wächst sehr hoch, wird dick und erreicht ein hohes Alter. Sein Holz ist weiß, fein, hart, und läßt sich gar schön verarbeiten. Dieser Baum hat breite in fünf Lappen zertheilte Blätter, deren der mittlere größer ist, als die andern. Aus dessen Rinde wenn sie geöffnet wird soll ein Wasser fließen, und noch süsser seyn als das Birkenwasser, und in Amerika aus solchem Wasser ein Zucker gesotten werden.

Auch diese Ahornbäume können an die Strassen gepflanzt werden, weil sie allenthalben gut fortkommen, und doch ihr schönes Holz dereinst wohl zu benutzen ist. Die jungen Setzlinge aus Wäldern genommen, wachsen gut an, man kann sie aber auch aus Saamen anziehen, da sie etwa im sechsten Jahr nach der Ansaat versetzbar werden. Das einzige was an diesem Baum auszusetzen wäre, ist, daß das Holz so gebrechlich ist, welches wohl von seiner Dichtigkeit herrühren mag. Die jungen Bäume und Äste lassen sich gar nicht viel biegen, ohne entzwey zu brechen.

Eine andere Sorte von dieser Holz-Gattung, Maßholder, *Acer campestre*, ist eben so allenthalben bekannt, wächst strauchartig in Hecken und auch in die Höhe zu Bäumen. Dessen Rinde ist aschgrau, und hat durchhin der Länge nach tiefe Furchen, die sich aus den Ecken oder schneidenden Streifen bilden, womit die jungen Schosse umgeben sind, die Blätter an dem Maßholderbaum sind ebenfalls fünflappig aber kleiner und steifer, mit tiefern Einschnitten als am Ahorn, oben glatt und dunkelgrün, unten aber mattgrün. Das Holz von diesem Baum ist schön gemasert, dauerhaft, und wird zu Geigenböden, zu Tischler- und Drechsler-Arbeiten häufig gebraucht. In abgehobenem Erdreich hitzigen und magern Boden will der Maßholder nicht wachsen, sonst aber allenthalben, wo er nicht auf Felsen stößt. Die ausgegrabenen jungen Setzlinge wachsen gern an, und zwischen andern Bäumen, welche mit der Zeit auf 16 Fuß Abstand an den Landstrassen zu enge stehen würden, könnten bis dahin füglich Maßholderbäume gesetzt werden.

§.89 Der Akazienbaum

Robinia, Pseudo-acacia Ist aus Nord-Amerika nach Europa gekommen, wo er zwar, wenn nicht allzustarke Kälte im Winter einfällt, wohl fortzubringen, aber doch bis jetzo noch gar nicht häufig angepflanzt ist. Inzwischen ist es gewiß, daß eine Allee von Akazienbäumen unter allen übrigen das prächtigste Ansehen machen würde. Die Bäume wachsen in der Jugend sehr schnell, und erlangen eine beträchtliche Höhe und Dicke. Ihre Blätter sind gefiedert, wie am *sorbus* aber viel feiner und von einem unvergleichlichen Grün. Die weißen Blumen, welche in Büscheln wie Trauben wachsen, sind von einem angenehmen Geruch, der sich weit umher verbreitet, und eine andere Sorte, deren Blumen stark rosenroth sind, giebt dem Auge eine vortrefliche Weide, obschon diese Blumen nicht riechen. An den jungen Schossen der weißen Robinie befinden sich etwas breite scharfe Stacheln, und an der rothen Robinie, Borsten oder haarkleine Stacheln.

Das Holz der Akazienbäume ist gelblicht mit Streifen, zähe, und also biegsam. Sie treiben viele weit umher reichende Äste, welche aber durch den Schnitt in eine ordentliche Krone zu ziehen sind. Die Fortpflanzung dieser Bäume muß in Baumschulen vorgenommen werden. Man säet den schön reif gewordenen Saamen auf zugerichtete Beete im Herbst reihenweis, und im Frühjahr kommen die Pflanzen zum Vorschein. Von einem halben Loth Saamen habe ich im Frühjahr 1791. über 200 Pflanzen bekommen, deren einige 3 bis 4 Fuß hoch gewachsen sind. In dem darauf gefolgten Winter aber ging über der Erde alles zu Grund. Im Frühjahr 1793. kamen aus den Wurzeln theils nur einfache, theils mehrfache Schosse herfür, deren Gewächs bis in den August auf 6 bis 8 Fuß hinauf gestiegen. Ich lies diese Bäumchen über Winter mit Stroh verbinden, im Frühjahr 1793 zu 2 Fuß Abstand in ein ander Beet versetzen, zugleich aber die obere Spitzen bis auf 5 Fuß abschneiden. Im Sommer kamen Seiten triebe von 2 bis 3 Fuß lang, wovon der oberste zur Verlängerung des künftigen Stamms beybehalten, die übrigen aber abgenommen worden, und nun hoffe ich, sollen sie längst in 2 Jahren versetzbar werden. Die Wurzeln der jungen Bäume geben einen starken Geruch von sich, fast eben so, wie der Cornus.

§.90 Der Birkenbaum, die Birke
Betula alba Ein so gemeiner und wohlbekannter Waldbaum, daß es gar nicht nöthig ist, ihn weiters zu beschreiben, als daß, wenn ja Birken sollten zu Alleen an die Strassen gesetzt werden, dieses im Spätjahr geschehen müsse, weil man solches wegen dem Saft im Frühjahr unmöglich vornehmen kann. Die weisse Birke würde doch auch sogar des Winters mit ihrer weissen Rinde ein schönes Ansehen machen, und auch die gerade herunter hängende dünne Reiser machen dem Auge eine Veränderung.

§.91 Der Erlenbaum, die Erle, Eller
Betula alnus Ist einzig zur Fortsetzung einer Baum-Allee, welche durch sumpfichte Gegenden gehen muß, anzurathen. Wenn aber die Bäume ansehnlich werden sollen, so müssen die untern Äste einigemal, etwa 6 Zoll vom Stamm abgenommen werden, damit dorten mehrere Zweige heraus wachsen, und eine schönere Krone bilden. Das Erlenholz ist am besten zum Wasserbau, indem es sich im Wasser versteinern soll. Die Rinde wird von den Färbern zur schwarzen Farbe gebraucht.

§.92 Von einigen andern Baum-Stauden und Strauch-Gewächsen Immer bin ich in der vielleicht nicht unsichern Vermuthung, daß der, oder diejenigen, welche auf die Anlegung einer großen Baumschule, die erforderlichen Kosten verwenden, auch erwarten dürften, daß darinne nicht nur Bäume zur Besetzung der Strassen, sondern auch zum Verkauf angezogen werden, um einen Theil des Aufwandes wieder zu gewinnen. Aber so bald man diese Nebenabsicht hat, so bald wird man auch darauf denken müssen, neben den

Bäumen auch andere Strauchgewächse, welche von den Abnehmern etwa könnten verlangt werden, anzuziehen. Überhaupt ist die Anlage einer großen Baumschule in allem Betracht eine sehr wichtige Unternehmung, und kann so weit als immer ein anderes Gewerb getrieben werden, wovon die Carthäuser Mönche zu Paris ein Beyspiel abgeben, denn ihr Verkehr mit Obst-Bäumen ist ausserordentlich groß und einträglich. Eben so gehen die Anlagen der Handelsgärtner in Holland immer sehr ins Große, wenn sie jährlich ihre fremden Gewächse, Obstbäume, Blumenzwiebeln und dergleichen zu tausenden versenden, und damit sehr große Summe aus Deutschland ziehen. Eine Buchs- oder Taxus-Pyramide von etwa 6 Fuß hoch, kann aus Holland verschrieben einen Dukaten kosten, und in Deutschland noch mit Vortheil, um die Hälfte angezogen werden. Es wird also nicht unschicklich seyn, auch noch einige Baum- und Strauch-Gewächse zu beschreiben, welche als einheimische Pflanzen in einer großen Baumschule neben andern auferzogen werden können, hauptsächlich auch deswegen, damit zu deren Anpflanzung bey Zeiten die Gelegenheit ausersehen werden kann.

§.93 Mispeln oder Mespeln

Mespilus germanica Ist zwar ein Baum-Gewächs nach allen seinen Theilen, kommt aber zu keiner sonderlichen Höhe, weil seine Äste ganz unregelmäßig durch einander laufen, und öfters ein Nebenast dicker wird, als der mittlere Haupt-Ast, auch erreicht dieser Baum kein hohes Alter.

Die Rinde an den Ästen ist gelbgrau, an den steifen Jahrsschossen aber rothbraun. Die Blätter sind länglicht, oval, zugespitzt, mit kurzen Stielen, oben hellgrün und unten wollicht. Die Blüten sind ganz weiß und groß, und darauf folgen runde Früchte in der Größe eines kleinen Apfels, mit kurzen Stielen, an welchen jedoch noch öfters ein Blatt gewachsen ist. Die Haut oder Schaale dieser Früchte ist gelbbraun, rauh wie eine Renette, und anstatt des Sterns sitzen 4 oder 5 kleine

Blättchen, die der Mespel ein artiges Ansehen geben. Die Früchte werden im Herbst zuletzt abgenommen, und wenn sie auf dem Lager weich und schwarzbraun geworden sind, kann man sie wohl genießen. Sie schmecken zwar etwas säuerlich, sind aber kräftig; doch wird man bald müde sie auszusaugen.

Die Mespel-Bäume kommen fast aller Orten gut fort, wachsen sie aber in einem fetten Boden, so werden sie beträchtlich größer, wollte man sie in die Baumschule inwendig an den Zaun setzen, so kann dies an der Seite geschehen, wo die Sonne am wenigsten hinkömmt. Man kann sie zwar aus den Kernen fortpflanzen, es geht aber zu langsam, und dahero ists besser, sie auf junge Birnstämmchen, auf Quitten oder Weißdorn zu okuliren, da auch oben (§.87) bey dem Mehlbeerbaum bemerkt worden, daß auf solchen Birn gesetzt werden können, so wird man es auch wohl mit Mespeln versuchen dürfen.

§.94 Cornel-Kirschen, Dierlitzen

Cornus mascula arborea Dieses Baumgewächs kann in einigen Gegenden zu 20 Fuß hoch steigen; da aber dessen Wurzeln faserìcht sind, wie am Wasserholder, wildem Jasmin und mehreren Straucharten, so nehme ich es unter diese um so mehr, als es mehrentheils nur zu Pyramiden und Gehegen angezogen wird.

Die Cornel-Kirschenbäume haben ein sehr gutes Gewächs, die Rinde ist grau und rauh am Stamme; die Zweige gehen paarweis von unten auf an alle Seiten hinaus, und wachsen also von Natur pyramidenmäßig, indeß der Mittelzweig immer gerade in die Höhe steigt. Die Blätter sind nicht groß, länglicht oval, zugespitzt, oben dunkel und unten mattgrün.

Die Blumen sind hellgelb, zwar klein, aber desto mehrere und die ersten im Frühjahr, deren Knospen schon im Jenner, anfangen, sich aufzublähen. Die Früchte aber werden erst im September reif, haben die Figur und Größe einer Eichel, und sind mehr oder weniger zinnober- oder braunroth mit einem harten länglichten Stein in der Mitte. Den Geschmack der Früchte habe ich aus einerley Kernen erzogen, nicht nur sehr verschieden gefunden, sondern es ist auch ihre Zeitigung sehr ungleich. Einige Dierlitzen-Pyramiden hatten sehr angenehme, zwar säuerliche, aber doch kirschenartige Früchte, andere waren so sauer und anziehend, wie die Schlehen. Einige waren Anfangs September schon eßbar, andere blieben so lange am Baum, bis sie der Frost verderbte; denn diese Früchte sind nicht eher genießbar, als bis sie von selbst abfallen. Das Besondere an diesem Gewächs ist das, daß die Blüten und Früchte nahe am Stamm an den Zweigen herfür kommen, also daß man, es mag zu Pyramiden, Kugelbäumchen oder Hecken angezogen werden, nicht besorgen darf, durchs Beschneiden, die Früchte zu verlieren. Die Pyramiden kann man schneckenförmig, rund oder eckigt, mit Absätzen oder andern Veränderungen erziehen, und alle diese Figuren unter dem Schnitt so schön erhalten, als die Buchsfiguren. Was die Fortpflanzung der Dierlitzen anbetrifft, so geschieht solche am besten durch den Saamen, oder auch durch Ableger welche leicht zu erhalten sind, da die Äste ganz unten anfangen. Die Steine werden im Herbst auf gut zugerichtete Beete reihenweis, aber nur etwa mit 1 Zoll Abstand, eingelegt, und im Frühjahr kommen die Pflanzen. Schon im andern Frühjahr kann man sie anders wohin aber mit 3 Fuß Abstand versetzen, wenn man sie zu Pyramiden ziehen will, damit ihnen der gehörige Schnitt ungehindert gegeben werden kann. Unter allen Baumgewächsen habe ich keins gefunden, welches leichter anwächst, und in allerley Boden besser fortzubringen ist, als diese Dierlitzen, wozu aber ihre faserigte Wurzel, die einem langen Barte gleicht, das meiste beyträgt.

§.95 Azerolen, Lazerolen

Deren finden sich zwey Sorten, wovon die eine

Crataegus azarolus In der Lavante, Italien und Frankreich wild wächst, in Deutschland aber in den Gärten gehalten wird. Das Gewächs derselben ist nicht schwach, doch erreicht es keine sonderliche

Höhe, und werden diese Azerolbäume meist nur zur Zierde in den Lustgärten unterhalten, und zu Buschbäumen gezogen. Die Rinde der Äste ist graubraun und manchmal mit Dornen besetzt, wenn ein solcher Baum aus dem Saamen erzogen, und nicht okulirt worden ist. Die Zweige wachsen eben so unordentlich, wie bey den Mespeln, und die Blätter haben die Form der Weißdornblätter, sind aber viel größer, nicht glänzend, sondern mattgrün, unten etwas wollicht. Die Blüten kommen an den Seiten der Zweige büschelartig herfür, sind den Weißdornblüten gleich, aber größer. Auf solche folgen runde äpfelformige Früchte, welche zuerst grün, und zuletzt schön zinnoberroth werden. Sie haben einen angenehmen säuerlichen Geschmack, müssen aber erst weich und braun werden, ehe man sie genießen kann. In Ansehung der Verschiedenheit ihrer Form mit der zweyten Sorte kann man diese füglich Äpfel-Azerolen heissen.

Die Fortpflanzung möchte zwar durch den Saamen bewerkstelligt werden können; da aber solcher gemeiniglich 2 Jahre in der Erden liegen bleiben muß; so ist es am besten, junge Bruten von Weißdornen mit Reisern von dergleichen Bäumen zu okuliren.

Die zweyte Sorte der Azerolen

Pyrus pollveria Gehört unter die Birnen, und das Gewächs ist so ansehnlich, daß man dergleichen Bäume an die Strassen pflanzen könnte, besonders da beyde Sorten mit allerhand Erdboden vorlieb nehmen, wiewohl die Früchte in gutem Erdboden schöner und besser werden. Die Äste gehen in die Höhe wenn sie auf Birnstämme gepfropft worden, haben starke Jahrstriebe, deren Rinde schwarzbraun, und mit Punkten besetzt ist. Die Blätter sind groß, länglich, spitzig stark ausgezahnt, ein wenig runzelig, oben dunkelgrün und glänzend, unten weiß und wollicht.

Die Blüten kommen aus zweyjährigen Knospen büschelweis, sind ganz weiß, aber kleiner als an den Birnen. Auf solche folgen die Früchte in Gestalt kleiner Birnen die im September schön roth werden, und dem Baum eine große Zierde geben. Man nimmt sie ab, und wenn sie weich und braun geworden, haben sie einen angenehmen mehr süß als säuerlichen Geschmack; und ob schon etwas mehlicht, kann man sie doch wohl genießen, auch wo man eine Menge davon bekömmt, einen guten Brandtwein daraus bereiten. Die Fortpflanzung ist wie bey der vorigen Sorte auf Weißdorn oder Birnwildlinge okulirt, da sie dann stark wachsen, und zu hochstämmigen, zu Buschbäumen und Pyramiden angezogen werden können.

§.96 Quitten Von diesen sind mir ebenfalls zwey Hauptsorten bekannt.

1) Die Äpfelquitte, *Pyrus cydonia maliforma*

Deren Gewächs mehr flatterhaft ist, später blüht, als die Birnquitte, und an welcher die Früchte mehr den Äpfeln gleichen, nemlich am Stiel ausgehölt sind.

2) Die Birnquitte, *Pyrus cydonia oblonga*,

Welche mehr länglicht sind, und gegen dem Stiel einen warzenförmigten Fortsatz haben. Beyderley Früchte sind beträchtlich groß, aber unregelmäßig mit ungleichen Erhöhungen. Das Auge liegt tief, und die Blumenhosen sind als kleine grüne Blättchen noch daran zu sehen. Das Fleisch der Quitten ist gelb, strenge, und nicht aus der Hand zu essen, zum Verdämpfen aber sind sie ganz vortreflich, besonders wegen ihrem eigenen starken aber nicht unangenehmen Geruch: welcher sich hauptsächlich auf der Haut befindet, und mit Zucker abgerieben; gleichsam aufgefangen werden kann. Es werden auch Lattwergen, Marmeladen und *Liqueurs* von Quitten bereitet; desgleichen zerschnitten, aufgetrocknet, und zu Krankenspeisen genommen.

Das Gewächs der Quittenbäume ist sehr unordentlich, mehr staudenartig als zu hochstämmigen Bäumen geschickt, und höchstens erreichen sie eine Höhe von 12 Fuß. Die Rinde an den Ästen ist ganz schwarzbraun, an den dünnen Reisern etwas heller. Die Blätter sind eyrund, am Rand unausgezackt, bald breit, bald schmäler, oben dunkelgrün und eben, unten aber aderich und etwas wollicht mit kurzen

Stielen. Die Blüten kommen spät im May, sind groß und riechen vortreflich, setzen sich aber gerne an die Spitze der Zweige.

In einer großen Baumschule kann man der Quittenstauden nicht entbehren, denn auf ihre Bruten werden die besten Sorten saftiger Birn gesetzt und zu Zwerchbäumen angezogen, indem sie nicht so rasch in die Höhe wachsen, als die von Birnwildlingen, und auch früher tragbar werden.

Man kann den Quitten ihren Stand am Zaun anweisen, wo die wenigste Sonne hinkömmt, und also dorten mit Mespeln abwechseln. Sie nehmen mit jedem Erdreich vorlieb, wenn es nur nicht zu trocken und zu steinigt ist, und können auch um die Teiche gepflanzt werden, aber man muß sie nicht ins Wasser fallen lassen, denn sie sinken unter.

§.97 Die Haselstaude

Corylus avellana Kann eine Höhe von 12 Fuß erreichen, bleibt aber nichts desto weniger ein Staudengewächs, und will man auch Buschbäume daraus erziehen, so werden die vielen Nebensprossen welche immer unten an der Erde herfür kommen, viel zu schaffen machen. Am besten, man läßt sie staudenartig fortwachsen, so werden sie wenig Mühe kosten, und mehrere Nüsse tragen, als wenn man sie zu Bäumen gezwungen hätte.

Die Nüsse selbst sind jedermann bekannt, und ich habe vier Sorten, nemlich weiß und rothe Lampertsnüsse; runde breite spanische, und große lange italienische Haselnüsse. Die beyden letztern sind mir von eingelegten Nüssen aufgegangen, aber ich will niemand rathen, es mir nachzumachen. Nicht nur wurden sie mir nach dem Einlegen fast alle von den Mäusen weggeholt, sondern sie sind auch in einem guten tiefgearbeiteten Sandboden so langsam gewachsen, daß ich im neunten Jahre erst die ersten Nüsse davon bekam.

Die Fortpflanzung geschiehet am leichtesten durch Nebenbruten. Hat man große breite Stöcke mit vielen Stangen, so läßt man sie im Frühjahr ausgraben, von einander trennen, und bekömmt statt einen wohl zehen neue Stöcke. Je besser der Erdboden ist, je lustiger wachsen die Nußsträuche, und können in der Baumschule ihren Platz erhalten.

§.98 Pimpernuß, Klappernuß, Blasennuß

Staphylea pinnata Ist ein Strauchgewächs, das nicht höher als auf zehen Fuß steigt, und in vielen Gegenden Deutschlands in den Hecken und Wäldern wild wächst, aber seiner schönen Blumen und Blätter wegen, auch zur Zierde in die Gärten gepflanzt wird.

Dies Gewächs macht gerade Schosse, deren Rinde braungrau ist; die Blätter sitzen an langen Stielen, bestehen aus fünf kurzgestielten oval spitzigen, sägenartig gezähnten Lappen, von schöner gelbgrüner Farbe. An den Enden der Zweige kommen die weissen Blumen in herabhängenden Trauben; und aus solchen erwachsen durchsichtige Blasen oder Kapseln in denen eine, zwey oder drey kleine Nüsse enthalten sind, welche unter einer harten hellbraunen und glänzenden Schale einen grünlich weissen Kern einschließen. Zur Noth kann man die Kern geniessen, sie sind aber nicht sehr schmackhaft und besser um Öhl daraus zu schlagen, im Fall man deren viel bekommen sollte.

Dieser Strauch macht viele Nebenbruten, wodurch er füglicher, als durch die Nüsse fortgepflanzt wird, deren ich einmal gegen 200 eingelegt, aber nicht eine Pflanze davon bekommen habe. In einer großen Baumschule können an die beyden Seiten der Hauptgänge, wohl auch dergleichen Sträuche angebracht werden, denn schon ihre Blätter und Blüten im May, machen ein schönes Ansehen.

§.99 Der Kleebaum, Bohnenbaum

Citisus laburnum Ist ein zehen Fuß hoher Baum mit einer ästigen Krone. Wo die Äste ansetzen, entstehen kleine Wülste. Er ist von schnellem Wachsthum, macht lange starke Wurzeln, welche auch zwischen Felsen eindringen. Die ältern Äste und der Stamm haben eine aschgraue, die jungen Zweige aber eine grüne Rinde. Die Blätter stehen auf langen Stielen zu dreyen beysammen, und haben die Gestalt der Kleeblätter, sind eben grün, unten etwas filzigt. An den Enden der Zweige kommen die Blumenbüschel, als wie herabhängende lange schmale Trauben; sie sind schön hochgelb und jedes Blümchen hat sein eigen langes Stielchen. Auf die Blumen folgen schwärzlichte Schoten, die einen eyrunden Saamen in sich halten, aus welchem die Fortpflanzung bewerkstelliget werden muß.

Da dieser Baum sich auch zu Pyramiden erziehen läßt, die mit den schönen Blumen ein prächtiges Ansehen machen: so verdient er auch in einer großen Baumschule angezogen zu werden: allein es ist hierbey dieses zu beobachten, daß, da die Blumen an den Enden der Zweige heraus kommen, man mit dem Beschneiden der Piramiden vorsichtig seyn müsse. Wenn die Blumen im May vorbey sind, dann kann man noch immer beschneiden, und es werden unter den Schnitten genug frische Triebe zu künftigen Blumen herfür wachsen.

§.100 Berberitzen, Erbselen, Saurach, Sauerdorn

Berberis vulgaris Ein Strauchgewächs, das in vielen Orten Deutschlands und anderswo wild wächset, und etwa 8 Fuß hoch werden kann. Da aber sein Laub, seine Blüten und Beere schön sind, und sogar das Holz hievon brauchbar ist, so verdient solches allerdings in einer großen Baumschule auch angepflanzt zu werden.

Die Stangen oder Aufschüsse haben eine graue glatte Rinde, und sind mit Zoll langen Stacheln so stark besetzt, daß man ihnen fast nirgends beykommen kann. Die Blätter sind eyrund, klein, doch ungleich in der Größe, von Farbe schön gelbgrün, und auf beyden Seiten glatt. Die Blumen sind hellgelb, hängen als Träubchen herunter, und haben einen recht angenehmen Geruch, welcher die Bienen herbey zieht. Auf sie folgen schöne rothe etwas länglichte Beere, die einen angenehmen rothen sauren Saft in sich halten, welcher die Stelle des Citronen-Saftes vertreten kann.

Das Holz ist schön gelb, und die Wurzel und innere Rinde noch gelber. Letztere werden zum Färben, und besonders zum Saffian-Leder; das Holz aber wird von den Tischlern zum Einlegen kleiner künstlicher Arbeiten gebraucht.

Wegen der langen Dornen kann jedoch dieser Strauch nicht wohl in einem der Hauptgänge; füglicher aber an den Zaun, zwischen die Zwerchbäume gesetzt werden.

§.101 Stachelbeere

Ribes grossularia Von solchen sind mir nur zwey Sorten, die gelben und rothen bekannt; welche verdienen, innerhalb am Zaun um eine Baumschule zwischen die Zwerchbäume gepflanzt zu werden.

Das Gewächs von beyden ist ganz einerley, nemlich schwache Ranken, die entweder aus der Wurzel, oder denen schon vorhandenen ältern Ranken herfür wachsen, sich niederwärts biegen, und rund um sich verbreiten. An den Ranken selbst finden sich viel gerade scharfe Dornspitzen, wo oberhalb denselben die Blätter, und auch die Beere heraus kommen. Die Blätter sind nicht groß, dreylappig, und mit Haaren eingefaßt; die Blüte ist klein, grünröthlich, aus welcher entweder gelbe oder rothe Beere erwachsen, die man wohl genießen, und wenn man deren viele hat, eine Art Wein daraus machen kann.

Man kann diesen Strauch auch zu kleinen 3 Fuß hohen Buschbäumchen ziehen, deren Ranken sich nachher rund um ausbreiten, herabhängen, und eine Halbkugel bilden. Allein hierzu gehört einestheils ein grosser Platz, und andrentheils kommen immer so viele Triebe aus dem Boden, daß man Mühe hat, den Stamm von solchen rein zu erhalten. Nichts ist leichter, als die Fortpflanzung dieses Strauchs, denn jedes Reiß, das man zur gehörigen Zeit davon abschneidet, und in die Erde bringt, wird zu einem neuen Strauch. Je besser der Erdboden ist, wo sie wachsen, desto größer werden auch die Beere.

§.102 Johannisbeere

Ribesia inermia, Ribes rubrum et album Diese machen nur niedrige Sträuche ohne Dornen. Die Rinde an den alten Schossen ist braun, und an solchen hängen noch die Überbleibsel von der vorjährigen Rinde; aber an den Jahresschossen ist die Rinde weiß. Die Blätter sind beträchtlich größer, als die an den Stachelbeeren, am Rande mit fünf unordentlichen Einschnitten. Sie stehen auf ziemlich langen Stielen, und ihre Farbe ist mehr oder weniger dunkelgrün, je nachdem der Boden mehr oder weniger fett ist. An den alten Schossen finden sich Fruchtträger, und auch an den jüngern kommen aus der Seite die Blüten herfür, fast in Gestalt der Mäyblumen, nur daß jene weiß, und diese grünlich hellgelb sehen; und daß, anstatt jene aufwärts stehen, diese herunter hängen. Nach den Blüten folgen die Beere von weisser, rosenrother oder blutrother Farbe. Sie sind durchsichtig, und enthalten einen säuerlichen Saft, aus welchem mit Zuthun etwas Zuckers, ein Wein zu bereiten ist, der dem Champagne-Wein wenig nachgibt.

Schon die Beere mit oder ohne Zucker genossen, erfrischen und löschen den Durst ungemein, und den Kranken wird der hievon bereitete Saft häufig verschrieben. Um den Zaun wird sich in der Baumschule Gelegenheit genug finden, dergleichen Sträucher, unbeschädigt der Baumzucht, häufig anzupflanzen.

§.103 Hängbeere, Holbeere, Himbeere

Rubus idaeus Nur einzig in dem Falle, wenn an der inwendigen Seite des Zauns um die Baumschule zwischen den Zwerchbäumen und unbeschadet denselben noch ein übriger Platz ist, wären dahin auch Hängbeere zu pflanzen. Dieses Gewächs gehört aber weder zu den Stauden noch Strauchhölzern, denn es ist weder ganz Holz noch Gras. Aus der Wurzel wachsen alljährlich lange Triebe hervor, welche erst im Herbst holzigt werden. Wenn solche das künfdige Jahr ihre Früchte getragen haben, werden sie dürre, und andere wachsen an ihrer

Stelle. Damit aber diese nicht gehindert werden, muß man die alten wegschaffen.

Es gibt weiße und rothe Hängbeere, die davon diesen Namen mögen bekommen haben, weil sie sich alle an einem kleinen Stielchen herunter hängen. Der Name Holbeer aber kommt daher, daß bey dem Abnehmen der Beere ein Bützchen an dem Stiel hängen bleibt, und also die Beere hohl wird. Die Fortpflanzung geschieht durch Ausläufer, deren man eine Menge bekommt, und ihrer öfters überdrüßig wird, denn sie kommen auch in einer großen Entfernung herfür. Man könnte leicht eine ganze Plantage von Hängbeeren anlegen, wenn man übrigen Platz dazu hätte.

Die Hängbeere sind ebenfalls vortreflich zur Erfrischung, an sich selbst süße, also ohne Zucker zu genießen. Aus solchen wird ein Saft, desgleichen auch ein Essig bereitet, welcher in hitzigen Krankheiten für den Durst mit Wasser gemischt, sehr angenehm ist. Ferner werden große Parthien mit Zucker eingemacht, auch geben sie einen guten Brandtwein.

§.104 Sevenbaum, Sadelbaum

Juniperus sabina Ist in den Morgenländern ein Baum, und kommt auch in Italien, Frankreich, der Schweiz, und in Sybirien in Wäldern wild fort, in hiesigen Gegenden aber sieht man nur Pyramiden und Sträuche in den Gärten. Seine vielen Zweige gehen hart am Stamm in die Höhe, und formiren dadurch von Natur eine Pyramide, die Blätter sind schmal und dichte, machen auf beyden Seiten kleine Staffeln oder Zacken, und bleiben beständig grün. Ihr Geruch ist so stark, daß wenn man nur mit der Hand darüber fährt, solcher noch eine Stunde hernach, wiewol gar nicht angenehm empfunden wird. Da, wo die Bäume eigentlich zu Hause sind, sollen schwarzblaue Beere daran wachsen, hier aber kommen die Sträuche langsam zu Blüten und Beeren. Inzwischen ist die Fortpflanzung sehr leicht. Alle Jahre wachsen die Zweige sehr lange, und das Gewicht ihrer Blätter macht, daß sich ihre Spitze herunter neigt, und man sie im nächsten Frühjahr beschneiden muß, wenn die Sträucher zu Pyramiden sollen gezogen werden. Hier gibt es nun Abschnittlinge genug, die man 4 bis 5 Zoll tief an einen schattichten Ort in die Erde legt und zuweilen begießt. Im Herbst haben die meisten Wurzeln angezogen, und können das folgende Frühjahr anderswohin versetzt werden. Von einem einzigen nur 3 Fuß hohen Sevenbaum hab ich seit 4 Jahren über 60 junge angezogen.

In einem nur etwas erträglichen Boden wächst dieser Baum sehr schnell, die Blätter verfärben sich zwar über Winter etwas, bekommen aber im Sommer eine desto schönere grüne Farbe. Wo man sowohl diese, als andere über Winter grün bleibende Pyramiden in der Baumschule anbringen kann, das wird sich in der Folge zeigen.

§.105 Die Wachholderstaude

Juniperus communis Als einen Strauch findet man den Wachholder in den nördlichen Gegenden Deutschlands an den Bergen und in Wäldern sehr häufig, auch kann er zu einem Baum von beträchtlicher Höhe erwachsen, wenn er alt genug wird, und in einem ihm angemessenen Erdreich aufwächst. Diese Baumart theilet sich in zwey Geschlechter, also, daß auf der einen Staude nur Blumen, und auf der andern nach den Blumen Beere erwachsen. Jene sind die männlichen Pflanzen, deren Gewächs mehr in die Höhe geht, diese aber kriechen sehr oft nur am Boden, ob sie schon voller Beere hängen.

Der Wachholderstrauch läßt sich auch leicht zu Pyramiden erziehen, verliert zwar des Winters etwas an seiner Farbe, bekommt sie aber im Sommer wieder, und kann in der Baumschule auch seine Stelle finden.

Er scheuet kein Erdreich, wächst auf dürren Sandhügeln, magern Kiesboden in dunklen Wäldern zwischen anderen Holzarten, nur nicht im sumpfigten Boden. Seine Beere sind in der Arzney und Haushaltung zu brauchen und die Krametsvögel haben davon ihre meiste Nahrung.

§.106 Der Eibenbaum

Taxus baccata Wächst in Nordamerika und Europa, in Wäldern, bergigt, und steinigten Gegenden wild zu einem großem hohen Baum, wird aber in Deutschland meist nur zu Pyramiden hin und wieder in den Gärten gehalten. Er kann viel Kälte ertragen, und in jedem Boden, vorzüglich aber in einem fetten nicht zu trockenem Erdreich am besten fortgebracht werden. In einer großen Baumschule kann er wie andere zum Verkauf ausgesetzten Bäume auf Spekulation mit gutem Vortheil zu Pyramiden angezogen werden, wozu dies Gewächs vorzüglich geartet ist.

Die Rinde am Stamm ist rothbraun, schält sich öfters ab, und dann erscheint eine schöne glatte hellrothe Rinde, aber an den Zweigen ist sie grün. Die Blätter sind Nadeln wie an den Tannen, aber nicht so regelmäßig ausgetheilt, und bleiben über Winter, verfärben sich aber ins braungrüne. Im Frühjahr bekommen sie ihre schwarzgrüne Farbe wieder, und zwischen den Blättern zeigen sich im April kleine gelblichte Blumen, aus welchen Beere wachsen, die im Herbst roth und reif werden, sie müssen aber so lange stehen, bis der inwendige schwärzlichte Saamen oben heraus sieht. Die Fortpflanzung durch Abschnittlinge, deren ich zu tausenden sammeln ließ, wollte mir nicht gelingen, und eben so wenig vom Saamen. Allein ich vermuthe, daß letzterer hier nicht zu seiner völligen Reife gekommen sey, oder daß er lange in der Erde liegen müsse. Auf das letztere habe ich nicht geachtet, und das Saamenland im folgenden Jahr zu etwas anderm gebraucht.

In Niederhessen bey Witzenhausen habe ich im Jahr 1759 in einem bergigten Wald an der Werra Eibenbäume angetroffen, von Manns Dicke und 40 Fuß hoch, ihre Kronen fast ganz mit rothen Beeren bedeckt. Aus solchen Gegenden denke ich, muß man reifen Saamen kommen lassen, und ihn in ein fettes Beet ansäen. Das Holz von diesem Baum ist feste, hat eine schöne röthliche Farbe mit Adern, und ist zu vielem Gebrauch tauglich.

§.107 Der Buchs

Buxus Ist entweder Buchsbaum, *Buxus sempervivens arborescens*, welcher sowohl in den Morgenländern als in Europa, besonders in Savoyen und der Schweiz an Bergen und Hügeln wild wächst, breitere Blätter hat, Blüten und Saamen trägt; oder Zwerchbuchs, *Buxus sempervivens fruticosa*, welcher in- und ausser Deutschland zum Einfassen der Rabatten, und zum Anlegen der Buchs-*Parterres* gebraucht wird. Das Buchsholz ist das härteste unter den mir bekannten Hölzern, und mag seinen Namen von den Dosen oder Büchsen bekommen haben, welche daraus verfertiget werden. Dies Gewächs macht viele faserigte Wurzeln, aus welchen neue Ansätze wachsen. Durch die Zertheilung derselben geschieht die Vermehrung leicht, denn ohngeachtet der Härte des Holzes und der Wurzeln wachsen sie doch gerne an, nur müssen die frisch gesetzten nicht austrocknen können, folglich zu Zeiten begossen werden. Von dem Baumbuchs ließ ich einmal Saamen in den Kapseln gesammelt, und in einem Papier eingepackt im Zimmer neben mir liegen. Einige Stunden darauf hörte ich in dem Papier ein Geräusch, und als ich darnach sah, bemerkte ich, daß die Saamenkapseln sich nicht nur von selbst öffneten, sondern ein runder schwarzer glänzender Saame, sprang bogenförmig mehr als einen Schritt weit, mit Macht heraus.

Was doch die Natur oder vielmehr der Schöpfer für eine besondere Eigenschaft in dieses Gewächs gelegt hat, daß dessen Saame sich selbst aussäen muß.

Auch der Baumbuchs wäre in einer großen Baumschule auf Spekulation anzupflanzen. Er ist durch Nebenbruten und vom Saamen fortzupflanzen, und wächst in einem fetten Boden so stark, daß man von den Pflanzen, die etwa einen Fuß hoch sind, in Zeit von 8 bis 10 Jahren Pyramiden zu 6 bis 8 Fuß hoch erziehen kann. Damit sich aber diese dichte belauben, müssen sie von Jugend auf unter der Scheere gehalten werden, und man kann sie in allerley Figuren bilden. Vom Zwerchbuchs wird in der Folge das weitere vorkommen.

§.108 Welscher Jasmin, Pfeifenstrauch

Philadelphus coronarius Dieser Strauch treibt aus der faserigten bartartigen Wurzel einen oder etliche Stämme (Stengel) mit einer aschgrauen Rinde und inwendig markigt, so, daß man Pfeifenröhrchen davon machen kann. An diesen Stengeln erwachsen Äste, mit eyrunden an beyden Enden zugespitzten Blättern, oben dunkel und unten blaßgrün mit kurzen Stielen und einander gegen über.

Am Ende der diesjährigen Zweige, kommen mit Ausgang des May's weiße glockenförmige aber ausgezackte Blumen in kleinen Büscheln, von einem sehr starken, in der Ferne nicht unangenehmen, Geruch. Sie sind nicht doldenartig, sondern eine von der andern ein wenig abgesetzt, zu drey bis fünfen zusammen, und ihre Blütezeit kann drey Wochen dauern.

Dieser wilde Jasmin kömmt in Deutschland allenthalben fort, und kann sowohl in den Gärten als ein Blumenstrauch angepflanzt, oder auch zu einem kleinen Baum erzogen werden. Die Vermehrung geschieht durch Nebensprossen, die sich von dem Stock ablösen lassen, und wegen der faserigten Wurzeln gerne anwachsen.

§.109 Spanischer Holder, Syringen

Syringa vulgaris Ein stark wachsender Strauch mit unregelmäßig laufenden Ästen und groben Zweigen. Die Rinde sieht aschgrau, an den jungen Schossen aber grünbraun. Die Blätter sind breit, glatt, dick und vorne spitzig. Am Ende der jüngsten Schosse kommen die Blumen in traubenartigen Büscheln von ganz weißer oder bloß violetter Farbe mit purpurroth gemischt. Schon im dritten oder vierten Jahr fangen die Syringe an zu blühen, und der Geruch ihrer Blumen ist ganz eigen, aber nicht unangenehm. Aus der Wurzel kommen viele Sprossen, die zur Vermehrung dienen, und leicht anwachsen, wenn sie in guten Boden kommen, wie denn dieser Blumenstrauch überhaupt einen fetten milden Boden verlangt, und in einem magern Erdreich nicht wächset. An seinen Ästen muß man die äussersten Spitzen ja nicht wegschneiden, wenn man Blumen erwarten will, und sollte ein Ast irgendwo hindern, so wird er besser ganz am Stamm abgenommen. Aus dieser Ursache kann man auch keine Pyramiden davon ziehen, und wegen ihrem starken unordentlichem Gewächs sie eben so wenig an die Durchgänge in der Baumschule anbringen, sondern muß sie an den Zaun setzen und dort ungehindert wachsen lassen.

§.110 Geißblatt, Jericho-Rosen

Caprifolium, Periclymenum Eine allenthalben wachsende bekannte Pflanze, die aber weder zu den Bäumen noch Stauden, sondern zu dem Geschlecht der kriechenden Gewächse zu rechnen ist. Aus einer faserigten Wurzel steigt mehr ein Seil, als ein Stamm, da, wo er sich anhalten kann oder geleitet wird, in die Höhe, windet sich um die Bäume, macht Neben-Seile, die sich eben so umwinden, und kann auf diese Art einen ganzen Baum einnehmen. Die Zweige stehen einander gegen über, kommen aus rundlichten Blättern, dergleichen sich auch an den Zweigen befinden; zwischen denselben entspringen die Blumen, welche eine ganz besondere Gestalt haben, von rother, weisser und gelber Farbe, und einem starken Nelken Geruch sind. Man bedient sich dieses Gewächses vornemlich zu Bekleidung der Lauberhütten, es können aber auch prächtige Pyramiden davon angelegt werden, wenn man hierzu ein Gitterwerk von Holz machen, und um solches etliche junge Geißblattstöcke setzen läßt.

Die Fortpflanzung oder Vermehrung des Geißblatts geschieht durch Bouturen, welche im Frühjahr, aber schon im Februar, eingelegt werden müssen, weil sie bald anfangen zu treiben.

§.111 Schneeballen, gefüllte Wasserholder

Viburnum flore pleno, Opulus Wird der Schönheit seiner Blumen wegen in den Gärten gezogen, und ist eine Staude, welche sehr schnell wächst und über 10 Fuß hoch werden kann. Die Rinde am Stamm ist aschgrau, und die jungen Schosse können in guten Boden in einem Jahr ohne Nebenäste 6 Fuß hoch steigen, sie haben aber inwendig ein großes weisses Mark, wie der Hollunder. Die Zweige stehen einander gegen über, desgleichen auch die dreylappigen stark ausgezahnte Blätter. An den Enden der Zweige kommen die Blumen in großen runden Ballen, und schneeweiß, wenn sie bald abfallen wollen, werden sie ein wenig blaß violet. Sie haben keinen Geruch, aber ein desto schöneres Ansehen. Dieses Gewächs treibt viel Nebenbruten zum Abnehmen, kann aber auch durch Bouturen leichtlich fortgepflanzt werden. Mit dem Beschneiden der Stöcke oder Bäume muß man sich in Acht nehmen, daß die Spitzen der Zweige geschont werden, sonst bekömmt man keine Blumen.

§.112 Rosen

Rosa Der Rosenstrauch ist fast jedermann wohl bekannt, auch der darauf wachsenden Rosen sind so vielerley, daß es wohl viele Menschen geben kann, welche kaum einen dritten Theil davon gesehen haben. Viele Sorten Rosen wachsen wild, die schönsten aber werden in den Gärten unterhalten. Unter den wild wachsenden Rosensträuchern giebt es ganz niedrige, welche kaum einen Fuß hoch sind, und andere, die 6 Fuß hoch werden, und sich weit umher ausbreiten. Die meisten bekommen nur einfache weisse, röthlichte, ganz rothe und auch gelbe Rosen, jede mit fünf Blättern, welche auf einem grünen Knopf sitzen, der hernach roth wird, und Saamen enthält. Die allhier sogenannte Heckenrose ist eine gefüllte Rose. Unter den gefüllten hat man weisse, gelbe, rosenrothe, braunrothe, roth und weiß gesprengte Rosen mit gerunzelten Blättern, desgleichen ganz kleine Röschen, als die artigsten unter allen.

Da in einer großen Baumschule so viel Gelegenheit ist, an den Seiten der Hauptgänge alle Gesträuche, welche Blumen tragen, wenn sie nicht zu hoch wachsen, und also besonders alle Rosen Sorten anzubringen, so wären auch damit Versuche zu machen. Es ist indessen nicht meine Absicht, die vielerley Rosen zu beschreiben; aber eine Sorte davon kann ich ihrer Nutzbarkeit wegen nicht wegglassen. Es ist solches

§.113 Die Hanbutten-Rose

Rosa villosa Nach des Ritters Linne Beschreibung soll dieser Rosenstrauch eine Höhe von 6 bis 8 Fuß bekommen, ich habe ihn aber vielfältig gesehen, und kaum 4 Fuß hoch angetroffen, auch sind seine Blätter nicht so sehr filzig gewesen. Übrigens ist es richtig, daß die Früchte, die Hanbutten, in Vergleich aller andern ausserordentlich groß und mit feinen Stacheln besetzt sind. Ihre Farbe ist hochroth, ins purpurfarbene, und zwar solcher Früchte haben ihrer zwey, mehreres und besseres Mark, als sechse der andern.

Die Fortpflanzung aller guten Rosen muß durch Bruten oder Ableger geschehen, wiewohl mir auch einige von Bouturen angewachsen sind. Alle Frühjahre muß man die Rosenstöcke nachsehen, das, was dürre geworden, ausschneiden, und das, was Rosen tragen soll, durch Aufbinden in Ordnung bringen.

§.114 Von dem Paradiesapfel-Strauch

Malus pumila, Pyrus malus paradisiaca Das Paradiesapfel, Johannisapfel oder Zwerchapfel-Gewächs, ist ganz und gar strauchartig, und erreicht höchstens nur eine Höhe von 4 Fuß. Die Sträucher haben eine schwarzbraune und die Jahressprosse eine dunkelbraune Rinde. Beyde sind nur dünne und gebrechlich. Wo die Ästchen herauswachsen, befinden sich Wülste und Knoten. Die Blätter sind klein, steif, eyrund, ausgezackt, und oben von dunkelgrüner Farbe, unten weißlicht.

Die Wurzeln sind sehr gebrechlich, machen zwar einen kurzen Stamm, setzen aber ganz oben an der Erde viele kleine Würzelchen an, indessen das untere Theil des Wurzelstammes in der Tiefe zu Grunde geht.

Die eigenen Früchte dieses Strauchs sind kleine länglicht runde Äpfel, ein wenig schief und eckigt; der Stern sitzt nicht tief, und der Stiel ist kurz. Die Schale ist glatt, glänzend, im Schatten weißgelb, an der Sommerseite cameelgelb. Das Fleisch ist hart, derbe und anziehend, anfangs ein wenig süsse, hernach bitter. Sie sind zu nichts nütze, als etwa für Kinder, damit zu spielen.

Dies Gewächs muß nichts destoweniger in einer großen Baumschule hinlänglich angepflanzt werden, denn nur auf Johannisstämme kann man solche Äpfel-Sorten okuliren, deren Stämme nicht in die Höhe gehen, nicht baumartig wachsen, sondern als Zwerge (Zwergbäume) an solche Orte in die Lustgärten gesetzt werden, wo sie nicht hindern, keinen großen Schatten geben oder Umkreiß machen sollen. Ich lasse vornemlich *Pearmain d'Etè, Pigeon Pomme d'Apis, d'Etoile; Calville d'Autumne, Reinette douce, Nelguin, Drap d'or* und dergleichen Sorten darauf okuliren, und finde, daß sie zwar früh tragbar werden, daß aber alle diese Stämme in den ersten Jahren zu viele Bruten machen, welches dem Wachsthum der Krone nachtheilig ist. Um dies zu verhindern, muß man sie gleich anfangs an den Wurzeln aufsuchen, und genau abschneiden, auch immer nachsehen, und die neuerdings herfürgekommenen Sprößlinge wieder abschneiden. Dadurch kann man es zwingen daß die Wurzelausschläge endlich ausbleiben. Die eigenthümlichen Wurzeln der Johannisstämme sind zwar ganz fasericht, ich habe aber bemerkt, daß, wenn andere Äpfel-Sorten darauf okulirt worden, einige Wurzeln sich verdicken, verlängern, und etliche Fuß weit vom Stamm hinaus laufen, aber immer nicht tief in den Boden gehen. Wer sich damit abgeben wollte, könnten einige Äpfel-Sorten auf Johannisstämme okulirt, in Blumentöpfen zur Tragbarkeit bringen, oder vielleicht, auch in Treibhäusern Früchte zu einer ausserordentlichen Zeit davon erhalten.

Die Fortpflanzung ist sehr leicht durch die Wurzelsprossen. Will man aber in einer Baumschule ganze Beete davon anlegen, so muß man auch da die Bruten nicht aufkommen, sondern sie fleißig und genau wegnehmen lassen.

Da ich vor einigen Jahren eine wohlgenießbare Frucht von Johannisstämmchen angetroffen: so hab ich von selbigem Strauch einen Apfel-Wildling okulirt, es ist aber nur ein dünnes schmächtiges Reis davon gewachsen, und Früchte kann ich erst heuer oder künftiges Jahr erwarten, auf deren Geschmack und Größe ich sehr begierig bin.

FÜNFTER ABSCHNITT

Von den Verrichtungen in der großen Baumschule im dritten Jahr der Anlage

§.115 Hauptgeschäfte Da man im ersten Jahr der Anlage, blos mit der Umzäunung (Befriedigung) der Baumschule; mit dem Rejolen des ersten Haupttheils und mit der Ansaat der Obstkern; im zweyten Jahr aber mit dem Rejolen des zweyten Haupttheils; mit der Brutenanlage und Besetzung des Zauns mit Zwerchbäumen desgleichen mit der neuen Ansaat beschäftigt gewesen: so wird anjetzo im dritten Jahr, erstlich das Rejolen des dritten Haupttheils; die Besetzung des zweiten Theils, und was im ersten ledig geblieben; sodenn das Okuliren der Wildlinge, das Hauptgeschäft ausmachen. In welcher Zeit und Ordnung eine jede dieser und alle andere Verrichtungen in der Baumschule vorkommen, das wird sich am besten zeigen, wenn ich von Monat zu Monat fortgehe.

§.116 Geschäfte im Jenner Um diese Jahreszeit ist wenig in der Baumschule zu thun, wenigstens mit dem, was zur Pflanzung gehört; man muß also wegen Frost und Schnee zu Hauße bleiben, und daselbst können doch Okulirbänder von Bast, und Zielpfählchen gemacht werden, deren man einige tausend nöthig haben wird. Hat man von Schalenobst, Nüsse, Kastanien oder Mandeln im Keller zum Keimen aufbehalten, so muß darnach gesehen werden, daß sie nicht verschimmeln, oder von den Mäusen weggetragen werden.

Wären einige Brutenbeete oder andere Orte in der Baumschule, welche das Bedüngen nöthig hätten, so kann solches in diesem Monat geschehen, es muß aber der aufgetragene Dünger so viel möglich also gleich ausgebreitet werden, damit die Besserung nur hinkommt wo sie nöthig ist.

Zu fett soll eine Baumschule niemals gehalten werden, denn das Gewächs der Bäume wird zu geil, und wenn sie hernach in einem magern Boden kommen, bleiben sie stehen. Wenn aber das Erdreich besonders in einer neu angelegten Baumschule gar zu mager ist, welches durchs Rejolen erfolgen kann, wenn der Urboden obenauf zu liegen kommt, denn können auch die jungen Bäume auf ihre ganze Lebenszeit verbutten. Diesem vorzubeugen, muß ein solches Erdreich mit Dünger verbessert und solcher zur Zeit des Winters aufgetragen werden, damit er von oben hinab wirken, und den Wurzeln nicht schädlich werden kann.

Das erste und eigentliche, was man von einem Baum, welcher anders wohin versetzt wird, erwarten kann, ist dieses, daß er gut anwachse. Hat er einmal Wurzeln gefaßt, so muß ein besonderer Zufall eintreten, wenn er nachher wieder verderben soll. Deswegen empfehle ich das öftere Versetzen der jungen Bäume, damit sie viele Wurzeln ansetzen, denn je mehr Wurzeln, je besser wachsen die Bäume an.

So bald es immer möglich ist, wird das Rejolen des dritten Haupttheils vorgenommen, damit die frisch gearbeitete Erde durch den Frost milder gemacht werde. Ist man gesonnen, von den vorbeschriebenen Strauchgewächsen, entweder nur an dem Zaun zwischen die Zwerchbäume, oder auch Beetenweise, Anlagen zu machen: so muß man jetzt schon dafür sorgen, wo man sie in gehöriger Anzahl herbei komme. Ist die Witterung so, daß sie ausgegraben und beygeschaft werden können, so werden sie entweder sogleich an ihre Stelle gesetzt, oder bis zu einer schicklichen Zeit in die Erde gut eingeschlagen.

Eine beträchtliche Anlage von Weiden ist ja nicht zu verabsäumen, weil deren in der Folge so viele nöthig seyn werden. Kann man sie aber in den umliegenden Gegenden zu kaufen bekommen, denn wäre der dazu bestimmte Platz in der Baumschule besser zu benutzen, doch halt ich die eigene Anzucht derselben immer für vortheilhafter, als wenn man sie kaufen muß.

§.117 Arbeiten im Hornung Vornemlich wird in diesem Monat mit Rejolen beständig fortgefahren, und darneben von den Arbeiten des vorigen Monats nachgeholt, was unterblieben ist; eine Regel, die auch auf die folgende Monate allenthalben anzuwenden, wo es die Natur der Sachen gestattet.

Allerhand Bruten von Kirschen, Pflaumen, Johannisbeeren, Rosen, auch von Weisdornen *(Crataegus Oxyacantha.)* werden um diese Zeit gesammelt und eingeschlagen, oder wenn es die Witterung zuläßt, sogleich an ihre Stelle gesetzt. Wenn die Beete gut zugerichtet sind, können die Schalenfrüchte reihenweis eingelegt werden.

Vermuthlich werden sich in den Brutbeeten, welche voriges Jahr okulirt worden, viele finden, die nicht gerathen sind, denn bey dem Steinobst will weder das Okuliren, noch Pfropfen so gut von statten gehen, als beym Kernobst. Wenn also unter den zurückgebliebenen solche sind, welche die gehörige Dicke zum Pfropfen haben: so ist es rathsam, sie pfropfen zu lassen, daß sie im Gewächs den andern gleich kommen. Man muß also in Zeiten die erforderlichen Pfropfreiser sammeln, und sie im Keller so lang in feuchte Erde setzen, bis man sie nöthig hat.

Alles wird in diesem Monat auf die Witterung ankommen. Sollte der Erdboden ganz offen und abgetroknet seyn: dann könnte mit dem Versetzen der Wildlinge aus dem Saamenland schon der Anfang gemacht werden. Hierzu aber müssen die Beete, (§.8) abgetheilt, und (§.25) zugerichtet seyn.

Es ist hier noch anzumerken, daß, wenn es anders möglich ist, die jungen Pflanzen zeitig, nach einem Regen in dem Saamenland behutsam ausgezogen und bis zum Versetzen irgendwo eingeschlagen werden. Dies geschieht fast eben so, wie das reihenweise Einlegen der kleinen Bruten und Bäumchen, (§.27) nur daß hier die Bäumchen näher zusammen kommen, und auch etliche auf einander liegen dürfen, wenn nur die Würzelchen gut in die Erde gebracht worden, daß sie nicht austrocknen können. Während dem Ausziehen kann man sie zählen, und in eine Reihe so viel als in die andere, etwa auf jeden Fuß lang 50 Stücke bringen, wo hernach auf einem darzu gesteckten Holz mit Röthelstein bemerkt wird, wie viel sich in einer Reihe befinden. Dieses Einschlagen hat den Nutzen, daß der Trieb in den Pflanzen auf einige Zeit stille steht, wenn allenfalls zu besorgen wäre, daß man mit dem Versetzen einer so großen Menge bis in den April zu thun haben könnte.

Zu denen aus den später eingesetzten Augen diesen Sommer erwachsenden Schossen, sind viele Pfähle nöthig, sie anzubinden. Sie werden von Tannen- oder Forchenholz gemacht, da man den Stamm in Stücke zu 7 Fuß lang entzwey sägen, und diese so vielmal spalten läßt, bis man Pfähle von der Dicke eines gevierten starken Zolls bekommt, an denen das Überflüssige weggeschnitten wird. Finden sich in der Nähe Tannen- oder Forchen-Wälder, in welchen die jungen Bäume zu dicke stehen; so können davon welche ausgehauen, die Rinden abgeschält, und diese Stängelchen noch besser als die Pfähle gebraucht werden. Sie dürfen eine Länge von 10 bis 12 Fuß behalten, und können also eine viel längere Zeit als die Pfähle gebraucht werden.

§.118 Erklärung und Bezeichnung aller Theile in der großen Baumschule Nach der Haupteintheilung (§.7) des Platzes, entstehen eigentlich fünf lange Vierecke, deren lange Seite vom Eingang überzwerch läuft. Jedes enthält vier Hauptabtheilungen; jede Hauptabtheilung vier Mittelabtheilungen, und jede von diesen, vier Unterabtheilungen, also, daß jedes der fünf Vierecke 64 Unterabtheilungen groß ist.

Da man nun immer vieles, bald in dieser, bald in jener Gegend der Baumschule anzuordnen hat: so ist es unumgänglich nothwendig, daß alle Theile bezeichnet werden, um sich selbst nicht zu verwirren, und auch abwesend die Arbeiter bedeuten zu können, wo sie diese oder jene Geschäfte zu verrichten haben.

Die Hauptabtheilungen können mit grossen lateinischen Buchstaben; die Mittelabtheilungen mit römischen Zahlen; die Unterabtheilungen mit kleinen lateinischen Buchstaben, und die Beete mit gemeinen Zahlen, bezeichnet werden. Die Ordnung in der Beziehung kann folgende seyn. Man fängt oben am Eingange links an der Ecke an, mit *A, B, C, D*, geht rechter Hand am Zaun bis zum ersten überzwerchen Hauptgang hinunter, und setzt *E, F, G, H*, geht abermals links am Zaun bis zum zweyten Hauptgang, und bezeichnet die Hauptabtheilungen des dritten Theils mit *I, K, L, M*. Auf diese Weise wird mit hin und hergehen fortgefahren, bis alle Hauptabtheilungen bemerkt sind.

Jede Hauptabtheilung enthält vier Mittelabtheilungen, und kann mit *I. II. III. IV.* und deren Unterabtheilungen mit *a, b, c, d*, bezeichnet werden. Die Zeichen der Mittel- und Unterabtheilungen fangen allezeit linker Hand an, und endigen sich links; die Zahlen der Beete aber gehen von der Linken zur Rechten in einem fort.

Um nun jemanden zu bedeuten, daß zum Exempel *Beurrée grise* sich dort befände: so sagt man ihm, er solle in *III, b 16* suchen, oder wie es die Anlage mit sich bringt.

Man denke nicht, daß dies eine entbehrliche Mühe sey; sie ist sehr nothwendig, weil sich auch der Catalog, den man über alle seine Baumgewächse führen muß, darauf bezieht, und deswegen hab ich nicht umgehen können, dieser Bezeichnung im voraus zu erwähnen, wobey ich zugleich nöthig finde, anzurathen, daß hierzu eigene Zeichenstöcke von eichenen Latten nach dem Verhältnis der Größe eines Theils größer oder kleiner, höher oder niedriger gefertigt, mit weisser Ölfarbe angestrichen, und die Zeichen mit schwarzer Farbe darauf geschrieben werden. Bey den Beeten ist solches überflüßig, denn diese kann man abzählen.

§.119 Arbeiten im Monat Merz Anjetzo fallen wichtige Geschäfte vor. Das Rejolen wird fortgesetzt, es sind Bruten und Bouturen einzulegen, und aus dem Saamenland der zweyte Hauptheil mit Wildlingen zu besetzen. Hierzu nun müssen die Beete vorhero durch

Ebenmachen (Planiren), Zerschlagen der groben Erdschollen, Abtheilen und Besteckung mit Zielpfählchen, zubereitet seyn. Man muß in einer großen Baumschule, wo auf einem fünften Theil 253400. Bäumchen in 1408. Beeten zu stehen kommen, wenigstens 12 bis 15. Parthieen Setzleute anstellen, wenn man in einer Zeit von drey Wochen damit fertig werden soll. Jede Parthie muß mit 200. Zielpfählchen und einer Schnur mit Flocken (§.25) versehen seyn. Wie die Wildlinge gesetzt werden, das ist §.26, und das Einlegen der kleinen Bäumchen in Reihen §.27 beschrieben worden.

Im Merz wird auch Gras und Unkraut herfür kommen, und dahero ist die ganze Baumschule durch Fellgen und Ausjäten auf das beste zu vereinigen. Die Saamenländer sind besonders fleißig auszujäten, nachdem aus solchen die Versetzpflanzen genommen werden, denn es kann geschehen, daß noch mehrere Pflanzen entweder schon keimen, oder noch nachkommen. Fehlen noch Pfropfreiser zum Steinobst, so ist es jetzt Zeit, sie beyzuschaffen, denn in diesem Monat muß das Pfropfen vorgenommen werden, wovon im folgenden dasjenige vorkommen wird, was mich die Erfahrung hiervon gelehrt hat.

§.120 Vom Pfropfen Obschon das Pfropfen eine Verrichtung ist, womit sich auch die Landleute, ohne daß sie eine genauere Naturkenntniß besitzen, abgeben, und zuweilen darinnen glücklicher sind, als die gelernten Gärtner: so hat doch dasselbe auch seine besondere Vortheile, deren Nutzbarkeit nur aus physischen Gründen erwiesen werden kann.

Soll irgend ein Gewächs fortwachsen, so muß die hierzu erforderliche Nahrung durch seine Saftröhrchen ungehindert empor steigen können. Diese Röhrchen finden sich in dem ganzen Stamme des Baums, vornemlich aber in der Rinde desselben (§.40) und dahero ist leicht zu errathen, daß, wenn nicht die Öfnungen der Saftröhrchen des Pfropfreises an die Öfnungen der Saftröhrchen des Baums genau anstossen, und so zu sagen, in einem fortgehen: so kann auch der

Baumsaft nicht hindurch fließen, keines mit dem andern zusammen wachsen.

Nun ist aber die Rinde des Stammes immer dicker, als die Rinde des Pfropfreises. Es ist also nicht genug, daß das äussere der beyden Rinden gleich zusammen treffe, sondern es muß vielmehr das innere derselben genau zusammen passen, indem der Baumsaft mehr zwischen Holz und Rinde, als allein in dieser zur Pfropfzeit hinauf steigt. Je dicker demnach die Rinde des Stammes ist, desto weiter muß man mit dem Reiß in den Spalt hinein rücken, um ganz genau Holz an Holz, und Rinde an Rinde zu bringen, und der Hauptvortheil beym Pfropfen ist der, daß die Safthaut des Reises, genau auf die Safthaut des Stämmchens zu sitzen komme.

§.121 Das Pfropfen selbst betreffend Das Pfropfen an sich selbst ist nichts anders, als ein Reis von einem andern Stamm oder Ast dergestalt einpassen, daß es einwachsen kann. Hier ist jetzt nur die Rede von kleinen Wildstämmen oder Bruten, die etwa die Dicke eines Fingers bis zu einem Zoll haben. Diese werden in den Spalt gepfropft. Zu diesem Ende wird der Baum, etwa 8. bis 10 Zoll von der Erde, gerade abgeschnitten, denn ich halte nichts von dem schrägen Abschneiden, weil man bey solchem weder das Reis gut einsetzen, noch gut verbinden, noch statt einem – zwey Reiser aufsetzen kann, bey denen man doch seiner Sache mehr gewiß ist. Gerathen beyde Reiser, so giebt es einen geschickten Zwerchbaum, wächst aber nur das eine, so kann man den Absatz immer wegschneiden. Werden die zu propfende Stämme, anstatt sie abzuschneiden, mit einer feinen Baumsäge abgesägt, so muß man einen kleinen Gegenschnitt machen, sonst wird am Ende die Rinde beschädigt, und den Sägenschnitt muß man mit einem Baummesser eben schneiden, oder glatt machen.

Hierauf nimmt man eins von den Pfropfreisern, betrachtet, wo die Augen vollkommen und unbeschädigt sind, schneidet ein Stückchen von 3. oder 4. Augen ab, und macht unten einen Zoll lang eine keilförmige Spitze daran, so, daß die eine Seite oben etwa auf ein Viertel des Umfangs, die Rinde behält, und sich bis unten in geraden Linien zuspitzt, die andere Seite aber schneidend wird, und also von der Mitte des Keils an, die Rinde ganz verliehrt. Man muß demnach, indem man den Zuschnitt von oben anfängt, entweder dem Messer einen kleinen Druck einwärts geben, oder einen kleinen Absatz zuschneiden. Nun wird auf den abgeschnittenen Stamm ein Messer gesetzt, und entweder mit einem Druck der Hand, oder auch mit einem Hammerschlag, vorsichtig ein Spalt gemacht, etwa 1½ Zoll tief, in solchem eine eiserne Pfrieme eingedrückt um ihn offen zu halten, und jetzt wird, mit der im vorhergehenden §. angerathenen Vorsicht, das Reis in den Spalt eingepaßt. Sollen zwey Reiser aufgesetzt werden, so geschieht beym andern das nemliche, und dann wird die Pfrieme ausgezogen. Zum Bedecken des Spalts und Verwahrung der Seiten bediene ich mich eines kleinen Stückchens Druckpappier, mit Baumwachs bestrichen. In solches werden auf eine oder zwey Seiten kleine Risse gemacht, zwischen welche sich die Reiser schicken und mit den übrigen Lappen die Seiten verwahrt werden können. Endlich wird ein Band von gespaltenen Weiden umgebunden, damit die Reiser feste stehen bleiben.

§.122 Von dem letzten Haupttheil der Baumschule Da die vier erstern Haupttheile miteinander schon über eine Million Bäume fassen: so könnte füglich der letzte Theil zu den Saamenländern; zu Bouturen; kleinen Wildlingen und Bruten: zur Anlage von Wald und andern Bäumen, Strauch-Gewächsen, Weiden und dergleichen, und auch zu den Erden- und Dung-Magazinen bestimmt werden.

Die Saamenländer allein nehmen einen großen Platz hinweg. Zu 5 Fuß breit, und zwey Fuß Zwischengang können nur 16 Beete in eine Unterabtheilung kommen. Auf diese möchten allenfalls 30 Säcke Träber gesäet werden können, und also braucht man jährlich zwey und in 4 Jahren acht Unterabtheilungen, ohne was das Schalen-Obst und die Saamen von andern Bäumen, als Eicheln, Bücheln, Kastanien, Lerchenbäumen, Akazien, *Taxus*, Dierlitzen und dergleichen erfodern mögen.

Mit den Bouturen, kleinen Wildlingen und Bruten, hat es eben diese Beschaffenheit. Dort sind die Beete 6 Fuß breit, und in einer Unterabtheilung nur 14. Jedes Beet kann 1000 Stücke fassen, mithin eine Unterabtheilung 14000 man wird also auch hierzu wenigstens 4 Unterabtheilungen nöthig haben. Man kann demnach zuverläßig 16 Unterabtheilungen als ein Viertel von dem letzten Haupttheil zu Saamen und Bouturee-Beeten, annehmen.

Nun dürfte auch ein Viertel zu den Weidenanlagen und zu den Erd- und Dung-Magazinen abgehen, und dahero bleiben die noch übrigen 2 Viertel zur Anlage von Wald und andern Bäumen und zu Strauchgewächsen übrig.

Aber zu alle diesen müßte der Platz hier eben so wohl als anderwärts vorhero durch Rejolen und Besserung zugerichtet werden, womit schon in diesem Sommer der Anfang zu machen wäre.

§.123 Was noch weiters in diesem Monat zu verrichten Gleich zu Anfang dieses Monats, so bald als die Erdrinde ganz trocken ist, müssen alle im vorigen Spätjahr gesetzten Baumgewächse angetreten werden (§.34). Wenn man denn hiebey gewahr wird, daß über Winter hie und da etwas zu Grunde gegangen: so muß solches ersetzt werden. So lange in einer Baumschule keine versetzbaren Bäume ausgenommen werden, so lange hin muß man auch alljährlich den Abgang ersetzen, und keine Stelle leer stehen lassen. Man sehe also nach, ob aus den Reihen-Beeten das, was zum Ersatz nöthig ist, genommen werden kann, und wenn dies nicht angeht, so muß man sich um starke Bruten umsehen.

Ausser denjenigen Beeten, die man mit besondern Sorten hat okuliren lassen, wird es nichts verschlagen, wenn Kirschen und Pflaumen untereinander zu stehen kommen, im Fall man nicht die schickliche

Art von Bruten sollte bekommen können. In jene Beete hingegen, muß auf Ordnung gehalten, und keine fremde Gattung eingemischt werden.

§.124 Geschäfte im Monat April Nunmehro fängt gemeiniglich alles Gewächs an, sich zu treiben und deswegen muß nicht nur mit dem Pfropfen fortgefahren, sondern auch das Okuliren ins treibende Aug vorgenommen werden. Beydes kann zugleich auf die Spalliere am Zaun angewandt werden, wenn von denen – über die Beschriebenen, noch mehrere verlangenden Sorten, die Reiser bey der Hand sind. Das Okuliren ist das nemliche, wie im vorigen Sommer, nur daß hiebey mehrere Vorsicht erfordert wird, damit die Augen, welche schon stark getrieben haben, nicht abgestossen werden. Wenn es gut von statten geht, so gewinnt man doch so viel damit, daß schon heuer aus den Augen Zweige wachsen, die, wenn sie hernach im Frühjahr gehörig eingestutzt werden, Okulirreiser auf den künftigen Sommer treiben, mithin gegen das Okuliren ins schlaffende Aug ein Jahr gewonnen wird.

Ist man mit dem Versetzen der Wildlinge, dem Einlegen der kleinen Bruten und Bäumchen, desgleichen mit den Bouturen, noch nicht fertig; so muß diese Arbeit ohne Verzug fortgesetzt, und dabey das Begiessen ja nicht vergessen werden, denn ich weiß aus Erfahrung, wie nützlich es zum Anwachsen ist, wenn beym Versetzen reichlich begossen wird, und daß die Bäume am besten anziehen, wenn sie entweder nach einem starken Regen, oder selbst im Regenwetter gesetzt worden sind, denn die Erde legt sich besser um die Wurzeln und diese können nicht so bald trocken werden.

Nach denen – an den zuletzt okulirten Stämmen gut eingewachsenen Augen muß jetzt fleißig gesehen, und wenn sie sichtliche Triebe gemacht, das Bäumchen schräge gegen dem Aug, einen guten halben Zoll über demselben, mit einem scharfen Baummesser abgeschnitten werden; man muß aber solches während dem Abschneiden, mit der linken Hand unter dem Aug fest halten, und mit dem Fuß dabey treten, damit es nicht ausgezogen wird, welches mir selbst schon einigemal geschehen wenn ich diese Vorsicht unterlassen hatte. Daß man ja diese Bäumchen aus Begierde nicht eher abschneide, als bis die Augen ihre starken Keime gemacht haben. Lieber lasse man sie etliche Blätter bekommen, welches auch in einer grossen Baumschule fast nothwendig geschehen muß, als daß man sie zu bald abschneide. Ich habe dadurch viele Bäumchen verlohren.

Mit dem Keim des Augs kommen zugleich auch viele wilden Triebe zum Vorschein. Diese müssen sogleich weggedrückt oder weggeschnitten werden; und wenn dies mit dem Abschneiden zugleich geschehen soll: so wird ein fleißiger Arbeiter genug zu thun haben, will er täglich tausend Bäumchen abschneiden. Hinter demselben muß ein anderer Arbeiter folgen, welcher zu den abgeschnittenen Bäumchen Pfähle steckt, denn dies muß sogleich geschehen, damit man wisse, wo ein gutes Bäumchen steht, und es beym Felgen oder Ausjäten nicht beschädige. Ein dritter Arbeiter ließt das Abgeschnittene zusammen, bringt es ausser den Beeten an einen besondern Ort, wo man es zum Gebrauch in den Ofen in Büscheln binden, oder, wenn sich Niemand damit abgeben wollte, auf der Stelle verbrennen kann. Da zu einem Tagwerk von 1000 Wildlingen abzuschneiden, 3 Personen erfordert werden, und längstens in 14 Tagen alle Wildlinge abgeschnitten seyn sollten: so wird man zu diesem Geschäft auf 100,000 Stücke, diese Zeit über täglich über 21 Mann nöthig haben.

Da im vorigen Monat vermuthlich die ganze Baumschule durch Felgen und Ausjäten wird gereinigt worden seyn: so muß man jetzo nach dem Abschneiden der Wildlinge nicht mehr in die Beete hineingehen noch darinnen umherlaufen, bis die jungen Schosse allenthalben wohl zu sehen sind, hernach aber müssen die Stämmchen unter den Schossen mit Weiden an die Pfähle gebunden, und diejenigen, welche noch getrieben haben, abgeschnitten, zugleich aber alle Räuber fleißig vertilgt werden. Es ist unglaublich wie hoch man in einem Sommer die neuen Schosse treiben kann, wenn man die Räuber nicht aufkommen läßt, und wie sie im Gegentheil zurücke bleiben, wenn solches unterlassen wird; denn die Räuber wachsen stärker als das zahme Reis, und es ist mir selbst mehr als einmal geschehen, daß wenn ein Wildling im Abschneiden vergessen worden, oder diejenigen Augen, an denen man gezweifelt, daß sie gut seyen, doch getrieben haben, hernach die Räuber oder wilden Triebe sich des Wachsthums dergestalten bemeistert, daß man das gute Auge zwischen solchen kaum, und nur mit ein paar Blätter hat antreffen können.

In den Saamenländern, welche im vorigem Herbst angesäet worden, wird sich jetzt Gras und Unkraut stark einfinden, und die jungen Pflanzen am Wachsthum hindern. Es muß also mit aller Vorsicht (§.47) ausgezogen werden, wobey man aber nicht hineintritt, sondern auf beyden Seiten beyzukommen sucht. Hierzu wird man 14 Tage lang täglich 6 Personen nöthig haben. Auch auf den Erden- und Dung-Magazinen wird Gras gewachsen seyn, und solche umgearbeitet werden müssen, und eben so müssen die noch unangelegten Stücke immer vom Vergrasen, mit fleißigem Felgen, abgehalten werden, als wodurch deren Planirung zu ersparen ist.

§.125 Was im Monat May vorzunehmen In diesem Monat werden die Pfropfreiser anfangen sich zu treiben, und da müssen die Weidenbänder, weil sie nicht nachgeben, durchgeschnitten, aber nicht abgenommen werden, bis sie von selbst abfallen. Alle wilden Triebe werden hiebey abgenommen, und jedem gut gebliebenen Baum ein Pfahl gegeben. Wenn hernach die Schosse einen Fuß hoch gewachsen, so kann man die Stämme mit Weiden anbinden, die heurigen Schosse aber mit Stroh oder Binsen. Von beyden muß ein starker Vorrath angeschaft werden, weil gegen die Mitte dieses Monats, die Schosse der okulirten Bäume auch damit angebunden (geheftet) werden müssen. Nicht nur des geraden Gewächses wegen, oder aus Besorgniß es möchte hie oder da der Wind eines abwerfen, sondern hauptsächlich um der Leute willen, welche in den Beeten etwas zu arbeiten haben, sollen die jungen Schosse immer fleißig an die Pfähle gebunden werden, wobey man zugleich Gelegenheit hat, die Räuber zu entdecken und abzunehmen.

An den jungen Schossen, besonders an Apfelbäumen stellen sich gar oft die sogenannten Blattläuse ein, als ein sehr verderbliches Insekt, das sich unglaublich schnell vermehrt und verbreitet. Sie besetzen gemeiniglich die Spitze der Schosse, und das so stark, daß sie daselbst alles bedecken, und allen Baumsaft verzehren. Ihre Brut setzen sie in Gestalt eines schwarzen Staubes an, woran man im Frühjahr diejenigen Bäumchen erkennen kann, auf welchen sie nächstens wieder herfür kommen werden. Da ich bey den Gärtnern gesehen, daß sie diejenige Obstbäume, welche sie zum Treiben in die Häußer setzen, wenn an denselben sich dergleichen oder andere Insekten einfinden, mit Toback beräuchern lassen, und dadurch die Insekten vertreiben: so hab ich Toback-Blätter absieden und theils im Frühjahr mit diesem Wasser und einer Bürste, die schwarzen Stämmchen reinigen, theils im Sommer die Blattläuse damit besprengen lassen und dieses Mittel gut gefunden. Den Toback kann man in der Baumschule leicht selbst anpflanzen.

Wäre man entschlossen, einige Beete mit niedern Buchs anzulegen, um sich dessen in der Folge zur Einfassung der Hauptgänge bedienen zu können: so müßte solches noch in diesem Monat geschehen, und zwar auf folgende Art: Diejenigen Beete, wohin der Buchs kommen soll, müssen einen guten milden und fetten Boden haben, und vorhero umgearbeitet werden. Wenn die Erde oben trocken ist, so wird mit einer steinern Walze darüber gefahren, um sie eben zu machen und niederzudrücken. Inzwischen wird der Buchs sowohl an den Wurzeln als der Laubseite so abgehauen, daß beydes zusammen etwa die Länge von 10 bis 12 Zollen bekömmt, wobey die Wurzel so lang bleibt, als das Grüne. Nach diesem werden die Stäudchen von einander getheilt, und in ein Gefäß mit Wasser gesetzt. Jetzt wird auf dem Beet eine Schnur angeschlagen; hart an derselben, und gerade hinunter mit der Spade eine Linie ausgestochen, und an die Kante der Buchs eben so eingelegt und gesetzt, wie es am Ende des §.27 angezeigt worden. Der Abstand eines Stäudchens vom andern ist je nachdem sie mit ihren Kronen zusammen reichen 3 bis 4 Zoll. Die Erde muß zart seyn, mit welcher die Wurzeln bedeckt werden, muß gut angetreten, begossen, und das Begießen hernach öfters wiederholt werden, bis der Buchs anfängt junge Triebe zu machen. Mit 50 Centnern zartem Buchs, werden beynahe fünf tausend Fuß Linien ausgesetzt werden können.

Da in dem nächsten Monat die Okulir-Zeit eintritt, wozu eine große Menge Reiser erfordert wird: so muß jetzo schon nachgesehen werden, woher man sie bekommen kann. Nicht weniger müssen die Bastbänder, Okulir-Messer, und was zum Okuliren gehört, nicht nur in gutem Stande, sondern auch mehr im Überfluß, als daß ein Mangel daran erscheinen sollte, beygeschaft werden.

Gegen Ende dieses Monats müssen alle Beete, worinnen zu okuliren ist, durch Felgen vom Unkraut gereinigt, und das Gras (§.40.) weggeschaft werden. Auch die andern besetzten Abtheilungen sind zu säubern, wozu, wenn man damit in etlichen Tagen fertig werden wollte, täglich wenigstens 24 Mann angestellt werden müßten. Endlich ist auch bey lang anhaltenden trockenem Wetter, das Begießen nicht zu unterlassen.

§.126 Geschäfte im Brachmonat Die Spallier-Bäume am Zaun, haben, jetzt im zweyten Jahr ihrer Anlage, solche Schosse getrieben, die man zum Okuliren gebrauchen kann. Da eben dies diejenigen Sorten sind, welche zum Verkauf angezogen werden: so muß man hier besonders zu Werke gehen. Sehr wahrscheinlich wird man nicht so viel Reiser davon bekommen, als zu Besetzung eines ganzen Beetes mit einer Sorte erfordert wird. Nichts destoweniger muß zu jeder Sorte ein eigen Beet bestimmt werden, und sind in solchem immer nur die stärksten Stämme mit den vorhandenen Reisern zu okuliren, und die andern aufs nächste Jahr zu versparen.

Ehe man diejenigen Sorten, für deren Ächtheit man gutstehen soll, auf Wildlinge setzen läßt, muß man vorher schon seinen Catalog formirt haben. Ich führe zweyerley dergleichen Catalogen. Aus dem einen kann ich ersehen, in welchen Abtheilungen und Beeten jede Sorte zu finden sey, und aus dem andern, was jedes Beet für eine besondere Sorte habe. Letzterer ist dazu nöthig, wenn man sich in der Baumschule an irgend einem Ort befindet, und gleich wissen will, was das für sich habende Beet für eine Sorte enthalte.

Anfangs meiner Bemühungen mit der Baumzucht habe ich zwar die Nummer jeder Sorte auf blechernen Marken setzen, und in jedem Beet oben und unten zwo solcher Marken an die okulirten Bäumchen hängen lassen.

Es ist aber öfters geschehen, daß, wenn der Bindfaden, woran sie gehangen hatten, abgefault, und die Marke auf den Boden gefallen, solche von den Taglöhnern an den nächsten besten Baum gelegt, und dadurch Verwirrung verursacht worden. Die Marken mit zartem Eisendrath anzuhängen, halt ich nicht für rathsam. Am besten ist, alles zu beschreiben; denn *Litera scripta manet*. Gleichwohl sind in der Okulir-Zeit die Marken unumgänglich nothwendig, dahero muß man sich zu einer großen Baumschule wenigstens tausend Stücke machen lassen, die man lange Zeit gebrauchen kann, weil sie wieder abgenommen werden. Diese Marken sind von Weisblech, 1½ Zoll lang; unten 1 Zoll, oben ½ Zoll breit, mit einem Loch. Unten wird mit schwarzer Ölfarbe die Nummer aufgeschrieben.

§.127 Anfang des Okulirens Mit dem Steinobst wird zuerst angefangen, doch müssen die Reiser reif seyn, nemlich Holz haben. Das erste ist, alles dasjenige nachzuholen, was in voriger Okulir-Zeit beym Steinobst nicht hat vorgenommen werden können, und hierzu gehören auch die Spalliere am Zaun. Wie viel man heuer zu okuliren haben möchte, das wird darauf ankommen, ob recht viele Steinobst-Bruten beygeschaft worden, und damit die Hälfte des ersten Haupttheils hat besetzt werden können; desgleichen, ob in den Saamenländern so viele Pflanzen zum Versetzen im Beete, herangewachsen, daß ausser der andern Hälfte des ersten Haupttheils, im zweyten Haupttheil noch eine Anlage hat gemacht werden können. Von rechtswegen sollten doch in diesem Sommer wenigstens hundert Tausend Wildlinge zu okuliren seyn. Die genaue Zeit wenn man anfangen kann, bestimmt das diesjährige Gewächs, denn ohne daß die Reiser ihre gehörige Festigkeit haben, ist es nicht rathsam zu okuliren. Gras und Holz wachsen nicht zusammen. Um die Mitte, oder längst um Johannis wird gemeiniglich der Anfang gemacht, und ich will hier nur noch einiges beybringen.

Zu hundert Tausend Bäumchen zu okuliren wird man 20 Bastmatten zu Bändern nöthig haben. Wären des Winters hindurch nicht so viel gemacht worden, so müßte solches jetzt noch unverzüglich geschehen. Funfzehn tausend Stücke Okulir-Reiser nach und nach beyzuschaffen, und durch Abschneiden des Laubes zuzurichten, darzu wird mehr als ein Mann erfordert.

Wenn man zur Okulir-Zeit 6 Wochen oder 40 Tage rechnet, und jeder der Okulierknaben anfangs, bis sie in die Übung kommen, täglich nur 150 bis 200 Bäumchen wird machen können: so werden auf hunderttausend Stücke in den 40 Tagen täglich 15 solcher Knaben nöthig seyn, und an diesen werden noch 3 gute Okulirmeister genug abzurichten haben. Man kann also abnehmen, daß zum Okulirgeschäfte auf 6 Wochen täglich wenigstens 20 Personen erfordert werden. Wie dieses Geschäft anzugreifen und fortzusetzen, davon ist (§.§.56, 57, 58) das nöthige gesagt worden.

§.128 Arbeiten im Heumonat Dieser ganze Monat wird auf das Okuliren verwendet, und es ist ein Glück, wenn die Witterung günstig bleibt. Nur heftige oder anhaltende Regen machen einen Stillstand, so bald es aber von oben herab wieder schön ist, wenn auch schon die Bäumchen noch naß sind, so kann man schon wieder fortarbeiten, welches mich die Erfahrung gelehrt hat, und ich habe dabey keine Veränderung an dem Wachsthum der Augen bemerken können. Da zu so vielen Bäumen die Zeit kurz ist, so muß man sie bestens benutzen.

Alle Okulirreiser zu denjenigen Bäumen, für deren Sorte man gut stehen soll, müssen durch die Hände des Aufsehers gehen. Hier sind die blechernen Marken zu brauchen. Die auf ein Beet bestimmten Reiser werden zusammen gebunden, und die gehörige Marke dabey gethan. Zwey dergleichen werden an das erste und letzte Bäumchen gebunden, das mit der Sorte gemacht worden ist. Der Aufseher führt über das Okulirgeschäft eine besondere Liste, und bemerkt in solcher das Beet und denjenigen Okulirer, welchem es angewiesen worden, den Tag und die Obstsorte.

Übrigens muß jeder Okulirer ein eigen Beet für sich nehmen, um hernach sehen zu können, wie fleißig er seine Arbeit gemacht habe, und ob er ein Lob, eine Zulage auf sein Taglohn, oder seinen Abschied verdient habe? Diesen Leuten ist scharf einzubinden, daß ja keiner mit dem andern die Reiser verwechsle, oder seine übrig gebliebenen Reiser in ein anderes zu einer eigenen Sorte bestimmtes Beet, als in das seinige verbrauche, damit ja alles richtig vorgehe, und man auf das, was der Aufseher aufgeschrieben, sicher gehen kann.

Die Okulirmesser müssen immer sehr scharf seyn, und dahero muß einer der Okulirmeister einen zarten Wetzstein bey sich führen, um sie nöthigen Falls schärfen zu können.

Neben dem Okuliren aber, müssen andere eben sowohl nöthige Geschäfte, als: das Säubern, Ausjäten, Räuber-Abnehmen, Anbinden, Begießen, Magazin-Stürzen, und selbst das Rejolen nicht unterlassen werden; auch kann man in diesem Monat von Kirschen und Aprikosen, Steine sammeln lassen.

§.129 Verrichtungen im Monat August Aus dem Okulir-Register des Aufsehers wird man sehen, wann und wo hie oder da okulirt worden. Nach drey oder vier Wochen werden die Augen eingewachsen seyn, und da muß nachgesehen werden, ob sich nicht einige davon treiben, an andern aber die Okulirbänder einschneiden. So bald man eines oder das andere gewahr wird, müssen die Bänder nach §.59. durchgeschnitten werden. Dieses geschieht am füglichsten durch Leute, welche okuliren können, denn da sie Bäumchen finden werden, deren Augen nicht eingewachsen sind: so müssen sie nachokulirt werden (§.60). Auch die Spalliere am Zaun werden nachgesehen, ob nicht an solchen etwas nach zu okuliren sey, denn es ist sehr daran gelegen, daß diese der Okulirreiser wegen, so bald möglich in einen guten Stand kommen.

Die jungen Schosse an den gepfropften und zuletzt okulirten Bäumen werden sich abermal so gestreckt haben, daß sie angebunden werden müssen, und wenn allenfalls starke Zweige an jenen oder diesen unregelmäßig wachsen, und dem in die Höhe gehen sollenden Hauptschoß die Kraft benehmen, so muß man sie auf 6 Zoll vom Stamm abstutzen, ausser diesem aber nichts beschneiden.

Auf alles, was zur Beförderung des guten Wachsthums der Ordnung und Reinlichkeit erforderlich ist, muß immerhin fleißig gesehen werden, und da wird der Direktor und Aufseher immer genug anzuordnen finden.

§.130 Geschäfte im September Das Aufschneiden der Okulirbänder und das Nachokuliren wird weit in diesen Monat hinein noch fortgehen, so lange nemlich die Reiser Saft haben, und die Bäumchen lösen. Da anjetzo, ehe die Nächte zu lang werden, und der Thau zu häufig fällt, das Gras und Unkraut noch abdorren kann; so muß die ganze Baumschule gegen Ende des Monats nochmal durchaus gesäubert, und die Saamenländer rein ausgejätet werden. Läßt man es länger anstehen: so wird das abgefelgte Gras wieder anwachsen, und das Felgen vergeblich gewesen seyn.

Mit dem Rejolen des fünften Theils, wenn solches der Saamenländer wegen nicht von Anfang geschehen ist, wird man doch jetzo fertig seyn, um an dem dritten Hauptheil anzufangen, welcher vielleicht aufs künftige Frühjahr größten Theils besetzt werden könnte.

Das Aufsammlen der Pflaumen, Dierlitzen, Zwetschen, und anderer Steine, deren Früchte reif geworden, desgleichen die zeitige Bestellung einer beträchtlichen Anzahl Bruten, oder Wildlinge, wenn dergleichen zu haben wären, wird sehr empfohlen, denn je früher die ganze Baumschule besetzt werden kann, desto eher kann man auch Bäume daraus verkaufen, und es wäre möglich, es hierinnen soweit zu bringen, daß man vom sechsten Jahre an einen Theil der Unterhaltungskosten mit dem aus den Bäumen gelösten Gelde bestreiten könnte.

§.131 Verrichtungen in der Baumschule im October Nun hat sich das Baumgewächs geschlossen, und kann versetzt werden. Die Saamenländer und Beete, wo junge Bruten und Bäumchen in Reihen gelegt worden, sind jetzt genau nachzusehen, ob erstlich und in welcher Anzahl dieselben zum Versetzen heran gewachsen sind, und zweytens, ob die Menge der jungen Pflanzen so beträchtlich sey, daß eine diesjährige Ansaat unterbleiben kann. Sind nun versetzbare Pflanzen vorhanden; so wären vorerst die beyden Haupttheile vollends zu besetzen, und im Fall auch noch ein mehreres sollte gethan werden können: so wird doch solches besser im Frühjahr geschehen, denn ich habe die sichere Erfahrung gemacht, daß die jungen Bäume über Winter noch in der Dicke zunehmen, auch werden sie im Frühjahr nicht mehr vom Frost aufgezogen.

Bis die große Baumschule allenthalben angefüllt und garnirt wird, kostet es freylich große Sammlungen von Bruten, Strauchgewächsen, *Bouturen*, und dergleichen, und um sie bald in guten Stand zu setzen, wird man alle Versetz-Zeiten benutzen müssen.

§.132 Verrichtungen im November und December Noch mehrere Bruten von Steinobst, von Johannisbeeren und Stachelbeeren; desgleichen *Bouturen* von Weiden und Pappeln können bey zuträglicher Witterung eingelegt, und die Schaalenfrüchte an Nüssen, Kastanien und Mandeln zwischen Sand in Keller gebracht werden. Sollte hie oder da noch etwas anzubinden seyn, so muß es auch geschehen, und diejenigen Baumgewächse, welche leicht vom Frost Schaden leiden, als etwa Aprikosen, Akazien, Kastanien und Pfersiche, mit Stroh verbunden werden, wenigstens diejenigen, von denen man auf den künftigen Sommer Okulierreiser nehmen will, denn deswegen muß diese Vorsicht gebraucht werden. Bey der großen Menge von jungen dergleichen okulirten Bäumchen wird es freylich nicht wohl möglich seyn sie alle einbinden zu lassen; doch kann solches bey den schönsten geschehen. Auch die Saamenbeete sind mit langem Dung oder auch mit Stroh zuzudecken, wenn allenfalls diejenige Gegend, wo eine große Baumschule angelegt worden, eine kalte Gegend ist.

An dem Zaun muß allenthalben genau nachgesehen werden, ob die Hasen nicht am untersten Bret hereinkommen. Sie können in kurzer Zeit einen großen Schaden in der Baumschule anrichten. Die im ersten Jahr angepflanzten Weiden, sind auf einen Zoll vom Stock abzuschneiden, und an einen Ort zu bringen, da man sie den Winter hindurch hohlen und zurichten kann. Bastbänder sind abermalen in Menge zu verfertigen, desgleichen auch Zielpfählchen, und die großen Pfähle oder Stängelchen werden auch des Winters, wenn man sonst nichts bessers thun kann, spitzig gemacht. Für den künftigen Sommer dürfte man deren zwey hundert tausend nöthig haben. Leidet es die Witterung, so ist mit dem Rejolen fortzufahren, auch Dung und Erde in die Magazine zu führen.

§.133 Beschluß des dritten Jahrs Das meiste, was in diesem Abschnitt gesagt worden, ist auch auf die künftigen Jahre anzuwenden, und es ist überflüßig, die monatlichen Geschäfte fernerhin zu beschreiben.

Sollte wieder Vermuthen etwas vergessen worden seyn, so wird man es wohl finden und von selbst hinzu thun können. Was sich aber in Zukunft abändert, oder noch hinzu kömmt, daß wird bey jeder Gelegenheit angezeigt werden.

Betreffend die Kosten im dritten Jahr der Anlage, so dürften solche wegen vermehrten Arbeiten, Anschaffung der Pyramiden-Bäume, Strauchgewächse, *Bouturen* und Bruten, Buchs, Okulirreiser; hauptsächlich aber der Pfähle oder Baumstängelchen, deren man, wie schon gedacht worden, über zwey hunderttausend Stücke nöthig haben wird, und deren ein hundert Stücke wenigstens auf einen Thaler zu stehen kommen, vielleicht auf 7000 Thlr. sich erhöhen.

Die nächstfolgenden zwey Jahre dürften jedes eben so viel kosten, aber von dort an läßt sich ein beträchtlicher Theil mit dem Erlös aus Bäumen bestreiten, und also dürfte der Aufwand im Ganzen vielleicht bey weitem nicht so hoch steigen, als ich solchen Anfangs berechnet habe. Es ist aber immer besser, es bleibe an dem ausgesetzten Fond etwas übrig, als daß man damit nicht sollte ausreichen können.

SECHSTER ABSCHNITT

Handelt von den Verrichtungen in der Baumschule im vierten Jahr der Anlage

§.134 Von den Arbeiten im Winter Wenn nur der Erdboden nicht allzu tief gefroren ist, so kann den ganzen Winter hindurch mit dem Rejolen fortgefahren werden; damit der dritte Haupttheil zu Stande kömmt, und auf das nächste Jahr nur der letzte Theil übrig bleibt. Dem Aufseher ist aber gar sehr zu empfehlen, daß er es an beständiger Aufsicht nicht ermangeln lasse, besonders, wenn diese Arbeit wäre in Accord gegeben worden, als worauf ich anfangs angetragen habe. Wären aber zu den vielen Geschäften des Sommers hindurch, viele beständige Taglöhner angenommen worden, so könnte man des Winters das Rejolen durch diese versehen lassen, und auch im Sommer würde eine jede Zeit, in welcher sie nichts anders thun könnten, hiezu anzuwenden seyn.

Das Bessern der magern Beete, mit Auftragen des zusammen gefaulten Dungs aus dem Magazin, ist auch eine Winterarbeit so wie auch das Fertigen der Bastbänder §.30.

Sobald der Frost vorbey, und die Erde zu bearbeiten ist, muß in dem Magazin so viel Setzerde zurecht gemacht werden, (§.10) als es möglich ist; denn auf das Frühjahr werden weit mehr Wildlinge zum Versetzen herangewachsen seyn, als im vorigen Jahr, und damit sie diesen im Gewächs bald gleichkommen, muß man heuer gute Erde zum Setzen nehmen.

Der Aufseher wird wohl thun, des Winters seine Catalogen, Register, Rechnung und dergleichen ins Reine zu bringen, und darauf zu denken, daß alles, was unumgänglich nöthig ist, in Zeiten, und in guter Qualität geliefert werde. Er muß von jedem Artikel, der ins Große geht, zum Beyspiel von den Baumstängelchen und Pfählen sich Muster geben lassen, und keine Lieferung annehmen, wenn die Sachen dem Muster nicht ganz gleich sind. Die Reparation und neue Anschaffung von allerhand Arbeitswerkzeugen, ist auch mehr eine Sache für den Winter, als es aufs Frühjahr anstehen zu lassen. Da ich mir immer nur die Baumzucht im Großen, und dabey mir einen Herrn oder Staat vorstelle, dem es an Vermögen nicht fehlt eine so große Unternehmung zu Stande zu bringen: so muß auch an denjenigen, welche darüber gesetzt werden, nichts fehlen, nichts unterbleiben, nichts vernachläßigt und nichts versäumt werden, um in der kürzesten Zeit, auf die beste Art, und mit den wenigsten Kosten die Hofnung, welche man davon unterhalten hat, vollkommen zu rechtfertigen, und der Erwartung nach allen Theilen zu entsprechen.

§.135 Frühlings-Geschäfte Finden sich in den Steinobst-Beeten Stämme Fingers dick und darüber, welche noch wild, und von keinem geschlachten Gewächs sind: so kann man diese nicht auf die Okulirzeit aufsparen, sondern muß sie pfropfen. Also müssen die darzu nöthigen Pfropfreiser zeitig gesammelt, und im Keller bis zur Pfropfzeit verwahrt werden. Alle Wildlinge so bald möglich zu veredeln, ist eine der Hauptabsichten bey Anlegung der Baumschulen. So sehr ich für das Okuliren eingenommen bin; so muß ich doch bekennen, daß in einer großen Baumschule auch das Pfropfen nothwendig ist. Eben so muß man sich bemühen, durch das Okuliren ins treibende Auge mit Veredlung der Wildlinge vorwärts zu kommen, und das um so mehr, als diese eingesetzten Augen im heurigen Sommer noch Triebe machen, also mit den gepfropften Stämmen gleichkommen. Alles was im Spätjahr gesetzt worden, es seyen kleinere oder größere Baumgewächse, alles muß im Frühjahr, sobald die Erdrinde trocken ist, angetreten werden §.34, denn dies hat seinen großen Nutzen, und man kann viele junge Bäumchen retten, wenn auch schon der Frost sie zween Zoll hoch aufgezogen hat, da solche im Gegentheil, weil sie ganz locker stehen, zu Grunde gehen würden. Diejenigen Abtheilungen, welche mit jungen Bäumchen ausgesetzt werden sollen, müssen vorher von allem Gras und Unkraut gereinigt, eben gemacht, und mit einem Rechen abgezogen; die Saamenländer aber von dem, womit sie über Winter zugedeckt gewesen, befreyt werden. Die tüchtigsten Setzpflanzen müssen für heuer in den Reihen-Beeten und den ersten Saamenländern anzutreffen seyn, und daselbst nach einem Regen ausgezogen werden, zur Zeit, wenn noch kein Saft darinnen ist, sonst kann es geschehen, daß beym Ausziehen sich die Rinde abschält. Nach dem Ausziehen werden sie sortirt (§.56) und eingeschlagen. Die im Keller verwahrten Schalenfrüchte, kommen jetzt in ihre Beete, und wenn übriger Platz vorhanden, können noch mehr *Bouturen* von allen drey Pappelsorten eingelegt werden.

Das Säubern und Ausjäten der ganzen Baumschule muß eins der ersten Geschäfte im Frühjahr seyn, denn es hat seinen Nutzen auf den ganzen Sommer, und wo man pfropfen soll, müssen die Beete rein seyn, damit es nicht nöthig wird, hernach erst zu säubern, wenn Niemand mehr in diese Beete hinein gehen sollte. Nach dem Säubern wird das Pfropfen angefangen, und zugleich auch das Okuliren ins treibende Aug, wenn nemlich um diese Zeit schon der Trieb in den Bäumen ist.

Die Spalliere am Zaun, müssen allenthalben nachgesehen werden, und ihre Zweige so gut als es immer thunlich ist, ausgebreitet und an das Gitterwerk gebunden werden. Jetzo kann man sie noch zwingen, und an beyden Seiten ihre Äste und Zweige schicklich vertheilen, daß eine Seite soviel Gewächs bekömmt, als die andere, und denn werden auch die neuen Zweige schön herauswachsen. Erfordert es die Ordnung, auf einer oder der andern Stelle etwas wegzuschneiden, so muß man nichts schonen, sollten es auch Tragknospen seyn, zumal da alle diese Bäume für jetzo noch keine Früchte tragen, sondern einzig zu Okulirreisern bestimmt sind. Kann man diese in der Folge von den jungen Bäumen aus den Beeten nehmen, dann ist es erst Zeit, die Spallierfrüchte ansetzen zu lassen. Inzwischen müssen doch diejenigen

Schosse, welche zu mehrerer Ausbreitung dienen, nicht zu Okulirreisern weggeschnitten, sondern vielmehr durch geschicktes Anbinden gut geordnet werden.

§.136 Austheilung der Geschäfte Die große Baumschule wird nunmehro soweit gebracht seyn, daß man die darinne vorkommenden Geschäfte an gewisse Arbeiter füglich vertheilen kann. Dies hat seinen großen Nutzen darinnen, daß die Leute, wenn sie beständig mit einerley umgehen, von selbst viele Vortheile erfinden, und auf eine Art von Ambition gesetzt werden können, ein Lob zu verdienen; auch kann man sich besser an sie halten, wenn etwas sollte nicht recht gemacht oder unterlassen worden seyn. Es ist zwar schon oben §.13 etwas von Arbeitern gesagt worden, da aber durch die bishero vorgekommenen Geschäfte sich das mehrere erst hat entwickeln können, so kann man jetzo auch besser in das besondere hineingehen.

Das Rejolen ist unstreitig das Hauptgeschäft, wenigstens in den ersten vier Jahren der Anlage. Anfangs kann es accordirt werden, in der Folge aber wird es doch besser seyn, diese Arbeit im Taglohn versehen zu lassen, denn ich habe die öftere Erfahrung gemacht, daß die Accordsarbeit niemals so fleißig verrichtet wird als im Taglohn. Nächst diesem so müssen ja in einer großen Baumschule zu Geschäften, welche bald vollendet seyn sollen, immer viele Taglöhner aufgestellt werden, welche hernach, wenn ein dergleichen Geschäft vorbey ist, nichts mehr zu thun haben. Also könnte man sie in solchen Zeiten zum Rejolen anstellen, und ihr Brod dabey verdienen lassen.

Ein fleißiger Mann, dem es nicht an Kräften fehlt, kann täglich 256 *Cubic* Fuß Erde umarbeiten. Da aber die Rejol-Arbeit 2 Fuß tief seyn muß; in der Tiefe aber der Urboden härter zu arbeiten ist, und in die Höhe gebracht werden muß, so dürften auf 512 *Cubic* Fuß zu rejolen, vielleicht 3 Mann gerechnet werden können, zumal wenn Stein- oder Wurzelwerk auszulesen, und hinweg zu schaffen wären.

Man kann also nur mit Rejolen und Säubern, Jahr aus Jahr ein, täglich 25 bis 30 Mann beschäftigen, und alle andere Arbeiten zusammengenommen, dürften eben soviel Personen erfordern.

Es giebt harte und leichte Geschäfte. Zu jenen gehört das Rejolen, Säubern, Magazin stürzen, oder dergleichen. Leichtere Geschäfte sind: das Ausjäten; Baumsetzen, Antreten, Wildlinge abschneiden, Okuliren, Anbinden, Räuber abnehmen, Begießen und dergleichen. Da bey den letztern mehr Geschicklichkeit erfordert wird, als bey den erstern; so muß man die Leute, welche okuliren sollen, niemals harte Geschäfte verrichten lassen. Man kann sie in den Zwischenzeiten zum Pfählspitzen, Pfähle einstecken, Zielpfählchen und Bastbänder machen, Dung und Erde tragen oder dergleichen brauchen, und beyde Parthien Arbeiter werden das ganze Jahr hindurch immerzu beschäftiget werden können.

§.137 Besetzung des dritten Haupttheils mit Wildlingen In der Vermuthung, daß bisher mit Bruten und Wildlingen zwey Haupttheile angelegt worden, schreitet man jetzo zum dritten, und vorausgesetzt, daß dieser ganze Theil nach dem Rejolen planirt; das Gras und Unkraut gänzlich vertilgt, und hernach mit einem Rechen ganz eben gezogen worden sey, wird hier nur, was die übrige Zubereitung anbetrift, auf §.25; das Setzen auf §.26 und 119 und das Einlegen der kleinen Wildlinge auf §.27 verwiesen.

Dies letztere ist in einer großen Baumschule sehr zu empfehlen, und sollte kein Wildling in sein Beet zum Versetzbarmachen gepflanzt werden, wenn er nicht vorher in einem Reihenbeet gestanden, und daselbst seine Wurzeln vermehrt hätte. In Ansehung des Wachsthums kömmt er zwar durchs Versetzen um etwas zurücke, die bessern Wurzeln aber als womit er auf allen Stellen sicherer anwachsen kann und anwachsen wird, bringen alles wieder ein, und die unter meiner Aufsicht erzogenen Bäume haben um ihrer guten und vielen Wurzeln willen immer starken Zuspruch und Abgang.

Vor der Mitte des Hornungs bis zur Mitte des Aprils wird man Zeit genug haben, die heurige starke Anlage zu Stande zu bringen, man muß aber daneben nicht vergessen, auch die ledigen Stellen in der Baumschule zu besetzen.

§.138 Von den Pyramiden, zur Besetzung der Ruhe-Plätze
Wenn man auf die (§.30) in Vorschlag gebrachte Besetzung der Ruhe-Plätze in den Hauptgängen mit Pyramiden nicht so lange warten wollte, bis die dazu nöthigen Bäume in der Baumschule selbst erzogen werden könnten: so müßten solche erkauft, und dabey jede Gattung von gleicher Größe und Höhe beschrieben werden. Es entstehen aber 12 ganze Rundungen in den Hauptgängen und 12 Halbrundungen an der Zaunseite. Da aber aus der Mitte hinunter die beyden Seiten immer auf gleiche Weise besetzt werden müssen, so kann man eigentlich nur 6 Obstgattungen anbringen. Inzwischen dürfte es wohl angehen, wenn immer nur die einander entgegen stehenden Bäume in den Rundungen von einerley Sorte wären, und also können 59 verschiedene Sorten in den 12 ganzen und 12 Halbrundungen Platz finden.

Demnach könnten die überzwerchen Hauptgänge etwa auf diese Art besetzt werden, als:

1) 1. Sorte Mandeln in die beyden Halbrundungen oben beym Eingang	8 Stück,
2) 14. Sorten Äpfelbäume in die 2 halben und 3 ganzen Rundungen, des ersten überzwerchen Hauptgangs mit " " "	32 —
3) 14. Sorten Kirschen in den zweyten Gang " " "	32 —
4) 14. Sorten Birn in den dritten Gang " " "	32 —

5) 14. Sorten Pflaumen in den vierten Gang " " "	32 —
6) 2. Sorten Pfersiche in die beyden Halbrundungen am Ende der Baumschule mit " "	8 Stück
59 Sorten.	144 Stücke.

Was das Einsetzen der Pyramiden anbetrift, so geschiehet zwar solches, wie bey den Spallieren am Zaun (§.31) gemeldet worden, doch mit dem Zusatz, daß, nachdem das Loch gegraben, und wieder zur Hälfte eingeworfen worden, das dazu gehörige Baumstängelchen so eingesteckt werde, daß es so weit als seine Dicke beträgt, hinter dem Punct, wohin die Pyramide kommen soll, gegen die Abtheilung einwärts zu stehen komme, und an solches die Pyramide gesetzt werde, damit das Stängelchen von derselben verdeckt wird.

Die Pyramiden werden vorher nach ihrer Art zugeschnitten, und nachdem sie gesetzt worden nur ganz lose an das Stängelchen gebunden oder vielmehr geheftet, nur damit sie der Wind nicht hin und her wehen kann. Erst wenn die Bäume spannenlange Triebe gemacht, werden sie von unten bis oben hinauf etlichemal fest angebunden, zuvor aber angetreten. Des guten Ansehens wegen sollen die Baumstängelchen alle gerade seyn, und einerley Höhe haben. Zu allen Pyramiden muß gute Erde aus dem Magazin genommen werden, damit man ihres guten Anwuchses und ferneren schnellen Wachsthums um desto gewisser seyn kann.

§.139 Von Stauden und Strauchgewächsen, an die Seiten des Zauns gegen Mitternacht zu setzen An diejenige Seite des Zauns, welche nicht mit Spallieren besetzt, gegen Mitternacht siehet, sind jetzo auch, wenn es nicht schon geschehen ist, allerhand Stauden und Strauchgewächse zu pflanzen, als etwa Mespeln, Quitten, Haselstauden, Syringen; Schneeballen, Berberitzen, Stachelbeeren und dergleichen, und an die andern drey Seiten des Zauns können zwischen die Spalliere, Johannisbeere, Jasmin, allerhand Sorten von Rosen und auch Hängbeere und Erdbeere gesetzt werden, weil doch genugsamer Platz dazu vorhanden seyn wird, den man benutzen muß. Auch die Hanbutten-Rose wird hie und da anzubringen seyn.

Die Schönheit eines Dinges besteht in der Abwechslung und Übereinstimmung des Mannigfaltigen, und da es unrecht wäre, wenn bey einer so großen Unternehmung als die Anlage der bisher beschriebenen Baumschule ist, das Nützliche nicht auch mit dem Schönen verbunden wäre, so dürfte das, was ich hie und da hievon angemerkt habe, nicht überflüßig scheinen, wobey doch gleichwohl jeder seinen freyen Willen behält, was er hinzuthun, oder davon unterlassen will.

§.140 Nach Besetzung des dritten Theils mit Wildlingen
Wird der Monat April herangekommen seyn, in welchem es Zeit ist, ins treibende Auge zu pfropfen, und sodann nach denen vorigen okulirten Bäumchen zu sehen, ob sie anfangen sich zu treiben. Findet man dies, so werden sie nach §.124 abgeschnitten, mit Pfählen versehen, und besserhin die Stämmchen angebunden. Das Ausjäten der Saamenländer wird anjetzo auch nöthig seyn, desgleichen die Gänge zu säubern, und die Magazine, aus denen man viel Erde weggenommen, wieder in Ordnung zu bringen.

Die schon im ersten Jahr angelegte Steinobst-Bruten, bekommen heuer das drittemal Laub, und können schon sehr ansehnlich geworden seyn, auch ihre heurigen Reiser ohne Anstand zum Okuliren gebraucht werden. Man muß aber nachlesen, ob keiner von den Pfählen abgefault oder schadhaft ist; denn weil sie viel Laub machen und schwer werden, sind sie dem Umreißen des Windes unterworfen.

Einige Baumbücher lehren, man solle im Frühjahr diejenigen Bäume, welche voriges Jahr ihren ersten Schuß gemacht haben bis auf etliche Augen abstutzen, um sie dicker zu machen. Allein ich bin nicht ihrer Meynung, sondern kann vielmehr aus Erfahrung behaupten, daß das Dickerwerden der Bäume gar nicht vom Abstutzen, sondern daher komme, wenn man alles was die Natur an ihnen herfür treibt, nur die wilden Triebe, die Räuber ausgenommen, wachsen lässet. Ich lasse treiben, was treiben will, und erst im August des dritten Jahrs meine Bäume nach Erforderniß beschneiden. Dadurch habe ich den Vortheil, daß ich um diese Zeit aus dem Baum machen kann, was ich will. Er kann hochstämmigt und zu Buschbäumen; zu Pyramiden und Spallieren gebraucht werden.

Ausser diesem so werden auch die Bäume weit eher tragbar. Sehr oft haben sie mir schon im dritten Jahr nach dem Okuliren Tragknospen angesetzt, und in dem folgenden Früchte gebracht, und da ist es eine gar schöne Sache, wenn man den Baumliebhabern schon in der Pflanzschule Früchte zeigen kann.

Wenn im Monat May, lang anhaltende trockene Witterung einfällt: so müssen alle frisch gesetzten Sachen begossen werden und jetzt schon muß man sich umsehen, woher die vielen Okulirreiser zu bekommen seyn mögen, auch alles was zum Okuliren gehört so bereit halten, daß es hernach an nichts fehlen kann.

§.141 Das Abnehmen der Räuber und Anbinden Wird nunmehro angefangen, und bis zur Okulirzeit fleißig fortgesetzt. An den Quitten, Pflaumen und Johannisbeerstämmen kommen gar viele Räuber aus den Wurzeln herfür, und gemeiniglich an solchen Stämmen, die das Okuliren nicht annehmen wollen, und die auch sonst kein gutes Gewächs, kein Ansehen haben. Diese Art Räuber kann man an solchen Stämmen stehen lassen, und sie mit Vortheil als Bruten gebrauchen, womit sie doch ihren Platz bezahlen. Damit sie aber desto besser Wurzeln fassen, muß man die Erde um die Stämme ein wenig aufhäufen.

Das Anbinden der heurigen Schosse wird alle sechs Wochen wiederhohlt, und bey dieser Gelegenheit die Räuber auch aufgesucht und abgenommen. Sollten sich einige Bäume finden, deren Zweige gar zu lange wachsen, umher schweifen, und dem Durchgehen der Arbeiter hinderlich werden; so dürften sie im Julius gar wohl bis auf 6 Zoll vom Stamm verkürtzt werden. Sie machen hierauf neue Triebe, und dadurch gewinnt das Dickerwerden der Stämme. Es können auch einige, welche ohnehin ein pyramidenartiges Gewächs haben, auf solche Art rund um eingestutzt werden, damit mehrere Seitenzweige ansetzen, und es kann geschehen, daß man von diesen Bäumen schon einige aufs nächste Frühjahr ausnehmen, und an ihre bleibende Stelle versetzen kann.

§.142 Von einigen besondern Eigenschaften der Bäume Bey der Baumzucht im Großen ist es sehr nöthig zu wissen, welche Sorten ein schnelles und starkes, oder nur ein langsames und schwaches Gewächs haben; welche in die Höhe steigen, oder deren Äste nur umher schweifen und herabhängen, und ob sie bald tragbar werden, oder ob es lange ansteht, bis sie ihre Früchte ansetzen.

Die gemeinen Baumpflanzer, welche sich vom Verkauf ernähren müssen, legen sich sehr auf diese Kenntniß, und bekümmern sich nicht groß um die Güte des Obstes; denn es macht bey ihnen viel aus daß zum Beyspiel ein Pauliner Apfelbaum, in längst 4 Jahren vom Okuliren an, wenn das Erdreich gut ist, einen mehr als Zoll dicken Stamm und eine Höhe von 8 Fuß und darüber bekommt, da hingegen ein Borsdorfer Apfelbaum seine 8 Jahre Zeit haben muß, bis er so groß wird.

Da die auf Quitten, Weisdorn und Johannisbeerstämmen gemachten Sorten, niemals zu hochstämmigten und nur selten zu Buschbäumen, allermeist aber zu Pyramiden und Spallieren bestimmt werden, so muß man schon hierzu solche Sorten erwählen, welche nicht sehr in die Höhe gehen, und deren Gewächs nicht zu rasch ist. Wiederum giebt es Sorten, deren Stämme gerne brandigt, oder deren Äste ganz krätzig werden; Pfersiche, deren Reiser sich krümmen, und damit das ganze Gewächs verunstalten; und andere, die dem Gummi-Ansatz unterworfen, bald zu Grunde gehen. Mit alle diesen Sonderbarkeiten im Gewächs der Bäume, welche blos von den besondern Eigenschaften der darauf gesetzten fremden Sorten herkommen, muß man sich in einer großen Baumschule bekannt machen, und ich will dasjenige, was ich aus meiner langen Erfahrung hievon angemerkt habe, anjetzo fortsetzen. Man verzeihe mir aber, wenn ich viele Sorten nur mit den hiesigen Provinzial-Nahmen angeben kann, weil ich trotz aller angewandten Mühe, ihre eigentlichen pomologischen Benennungen noch nicht habe so sicher ausfinden können, daß ich mir getraute, sie dafür aus zu geben.

§.143 Bäume welche schnell und stark wachsen Von den Äpfeln habe ich folgende angemerkt, als:

1) Zwiebel-Apfel. *Court pendu rouge d'Eté.*
2) Rother Bachapfel. *Rembour rouge.*
3) Margarethen Apfel. *Pomme de Citron.*
4) Englischer *Carolin.*
5) Kostanzer. *Summering-Apfel.*
6) Pauliner.
7) Luigen. *Pomme de Rose.*
8) Winterstreifling.
9) Einfache Grethe.
10) Leder-Apfel. *Renet grise double.*
11) Königs-Apfel. *Parmain royal.*
12) Straßen-Apfel.

Von den Birnen.

1) Franz *Madam. L'Epargne.*
2) Langbirn. *Clairville longue.*
3) August-Birn. *Robine.*
4) Große Cassolet. *Cassolet friolet.*

5) Königs-Birn.
6) Knaus-Birn.
7) Böhmische Birn.
8) Zweybutzen.
9) Heilbronner. *Poire sans peau d'Autumne.*
10) Reifen Äcker. *Amadote.*
11) Solitüder. *Solitaire.*
12) Schäfers-Birn. *Musette d'Autumne.*

Von Kirschen.

1) Frühe May-Kirschen. *Cerisier natif.*
2) Frühe Glas-Kirschen. *Cerisier royal.*
3) Braune und schwarze Herzkirschen. *Guigniers.*
4) Harrisons-Kirschen.

Von Pflaumen.

1) Frühe schwarze Damaszener. *Damus noire hatif.*
2) Hafer-Pflaume. *St. Catherine.*
3) Rothe Reinekloden. *Perdigron violet.*
4) Kaiser-Pflaume. *Bonum magnum.*

§.144 Bäume deren Äste empor steigen Von Äpfelbäumen sind deren nur wenige, als:

1) Hafer-Apfel. *Calville blanche d'Eté.*
2) Hängbeer-Apfel. *Framboisse.*
3) Süße Schaafnasen.
4) Fleiner. *Salmon-Apple.*
5) Winter Taurich.
6) Großer Scharlach-Apfel.

Von Birnen.

1) Frühe Gold-Bergamotten. *Poire de Madaline.*
2) Geißhirtchen. *Chere à Dames.*
3) Sommer Paradies-Birn. *Cuisse Madame.*
4) Bisam-Birn. *Bourdon musque.*
5) Langstieler. *Blanquet à longue queue.*
6) Kleine Russelet. *Rousseline.*
7) Sommer Russelet. *Roy d'Eté.*
8) Die gute Luise. *Louise bonne.*
9) Augustiner Birn. *St. Austin.*
10) *Virgoleuse.*
11) *St. Germain.*
12) *Dauphine.*

§.145 Bäume welche bald tragbar werden

Äpfelbäume.

1) Früher Splitt-Apfel. *Codlin.*
2) Rother Bachapfel.
3) Margarethen-Apfel.
4) Jakobs-Apfel. *Pairmain d'Eté.*
5) Rother Herbst-*Calville.*
6) Kostanzer.
7) Luigen.
8) Königs-Apfel.
9) Kleine Apis-Apfel.
10) Süße Renetten. *Weent jes-Appel.*

Birnbäume.

1) Kleine Frühbirn. *Petit muscat.*
2) Schnabels-Birn. *Green chisel.*
3) Gold-Bergamotten. *Poire Madeline.*

4) Rothe Muscat. *Bellissime.*
5) August-Birn.
6) Geißhirtchen.
7) Bisam-Birn.
8) Langstieler.
9) Kleine Nusselet.
10) Knaus-Birn.
11) Schneiders-Birn.
12) Runde Herbst-Bergamotten.
13) Schweizer-Hosen. *Verdeé longue panacheé.*
14) Weiße Butterbirn. *Beurreé blanche.*
15) *St. Germain.*

Kirschen.

1) Frühe May-Kirschen.
2) Frühe Glas-Kirschen.
3) Amarellen.
4) Halb rothe Herzkirschen. *Carnatice cherry.*
5) Kurzstieligte Amarellen.
6) Langstieligte Amarellen. *Grand-Triomphaud.*

Pflaumen.

1) Frühe Dattelpflaume.
2) Hafer-Pflaume.
3) Mirabellen.
4) *Fortheringham.*
5) Grüne Reinekloden.
6) Kaiser-Pflaume.

§.146 Bäume welche sich zu Pyramiden und Spallieren schicken Alle Äpfel-Sorten, wenn sie auf Johannisbeerstämme okulirt werden, bleiben in ihrem sonst gewöhnlichen Gewächs zurück, und können zu Pyramiden und Spallieren gebraucht werden: aber es giebt auch Sorten, welche auf Wildlinge okulirt sich hierzu schicken, und diese sind:

1) Früher Splittapfel.
2) Jakobs-Apfel.
3) Tauben-Apfel. *Pigeon.*
4) Blumensauer.
5) *Nelguin.*
6) Franz-Renetten.
7) Süße Renetten.
8) Apis-Apfel.
9) Stern-Apfel.

Birnen.

1) Eyer-Birn.
2) Pomeranzen-Birn. *Orange rouge.*
3) Sommerdorn. *Epine rose d'Eté.*
4) *Certeau d'Eté.*
5) *Bergamotte Crasane.*
6) *Beurre blanche.*
7) *Bergamotte d'Hollande.*
8) *Bergamotte foulers.*
9) Glas-Birn.
10) *Beurre grise.*
11) *Ambrette d'Hyver.*

Wenn hingegen Birn-Sorten auf Quitten-Bruten gesetzt werden sollen, so muß man ja hierzu keine harte und steinigte, sondern lauter schmelzende Sorten erwählen, und da finden sich:

1) Frühe Schnabels-Birn. *Aurate.*
2) Kleine *Cassolet. Poire de Windsor.*
3) Geißhirtchen.
4) *Orange Bergamotten.*
5) Sommerdorn.
6) Grüne Zuckerbirn. *Sucreé verde.*
7) *Petit Blanguet.*
8) *Crasane.*
9) *Verde longue*
10) *L'Echasserie.*
11) *Bergamotte de la'Hiliére.*
12) *Mouille bouche d'Eté.*

§.147 Bäume welche gerne brandigt oder krätzig werden Unter den Äpfeln sind vornehmlich die Cavillen, deren Stämme gerne hie und da Brandflecken bekommen, die, wenn sie nicht zeitig bis auf das gesunde Holz und Rinde ausgeschnitten und mit Kühekoth und Leimen oder der Forsytischen Baumsalbe beschlagen werden, darüber zu Grunde gehen können. Derowegen lasse ich schon einige Jahre her, diejenigen Wildlinge, welche im Okuliren nicht gerathen, so groß wachsen, daß man in der gehörigen Höhe die Krone bilden, und auf ihre Äste Cavillen okuliren kann, wenigstens bleibt hierdurch der Stamm vom Brand frey, und da derselbe nach meiner Vermuthung blos aus Stockung des Baumsafts entsteht: so kann dieser sich in den Ästen besser als im Stamm ausbreiten, und der Brand verhindert werden. Der kleine Scharlach-Apfel und der süße Silberling sind ebenfalls zum Brandigtwerden geneigt, mithin auch eben so, wie die Calvillen zu behandeln.

Unter den Birnen finde ich die *Dauphineé* und *Bergamotte de la Hiliére*, daß deren Äste mit einer Art von Krätze fast immer bedeckt sind, doch sehe ich nicht, daß ihnen solche am Wachsthum hinderlich wäre, lasse aber diese Krätze von Zeit zu Zeit abreiben.

§.148 Bäume welche vorzüglich zu Besetzung der Straßen zu erwählen Jedermann wird mit mir erkennen, daß es sehr unüberlegt gehandelt wäre, wenn man an die Strassen solche feine Obstsorten pflanzen wollte, die nur in den besten Gärten zu ihrer Reife und Vollkommenheit gebracht werden können. Weder frühe noch ganz späte Sorten, sondern nur solche schicken sich an die Straßen, welche in den Monaten September und October abgenommen und zu Nutze gemacht werden können. Demnächst muß auch auf das starke Wachsthum dieser Bäume, und auf ihre Dauerhaftigkeit gesehen werden. Dieser Absicht werden unter den Äpfeln die Kernbäume (§.46). am besten entsprechen, und alle diejenigen, welche in selbigen Gegenden auf freyem Felde gut fortkommen. In hiesigen Gegenden würden zu wählen seyn:

Von Äpfeln.

1) Sommer Zitron-Apfel.
2) Englischer *Carolin*.
3) Der Blumensauer.
4) Luigen oder Rosen-Apfel.
5) Roth gestreifter Margarethen-Apfel.
6) Weißer Stettiner.
7) Fleiner-Apfel.
8) Weißer Rippert.
9) Schwanen-Apfel.
10) Winter-Taurich.
11) Leder-Apfel.
12) Kupfer-Apfel, Bastard *Calwill*.
13) Winterstreifling.
14) Enkhäuser Apfel.
15) Welsche Fleiner.
16) Straßen-Apfel.
17) Zürcher-Apfel.

Von Birnen.

1) *Jargonelle.*
2) *Clairville longue.*
3) Zweybuzer.
4) *Halle mine.*
5) *Admiral.*
6) *Caillot rosat.*
7) Grünbirn.
8) Rietbirn.
9) Königsbirn.
10) Knaus-Birn.
11) Böhmische Birn.
12) Wadel-Birn, Würge-Birn.
13) Weinbirn.
14) Bratbirn.
15) Brakenbirn.
16) Reiffenacker-Birn; *Amadote.*
17) Carmeliter-Birn.

Von Kirschen, sind einzig die aus Herzkirschkernen gezogenen wilde Stämme, als die besten Twieselbeere; und von sauern Kirschen die sogenannten Weinkirschen oder gemeine Weichseln und Amarellen zu erwählen. Von den Pflaumen-Sorten hingegen, sind die Hafer oder gelbe Hundspflaume; die *Perdrigon violette; Bastard Reine claude*, Hahnenhoden, Zwetschgen, Julians-Pflaumen, und alle andere nicht okulirte Pflaumen-Bäume anzurathen.

§.149 Vom diesjährigen Okuliren Ehe die Zeit zum Okuliren herankömmt, muß die ganze Baumschule rein gemacht werden (§.125) damit man von diesem Geschäft frey bleibt, und ganz allein das Okuliren abwarten kann, denn es wird allem Vermuthen nach diesen Sommer noch mehreres als im vorigen damit zu thun seyn; und nur erstlich dasjenige nachzuhohlen, was in den vorjährigen Beeten, etwa wegen Mangel an Reisern zu den bestimmten Sorten zurück geblieben ist, werden etliche Parthien dahin angestellt werden müssen.

Das Okuliren selbst betreffend, wird eben so, wie im vorigen Jahr vorgenommen, es wäre denn, daß man mehrere bestimmte Obstsorten in eigene Beete machen wollte. Von den Spallieren am Zaun wird man jetzt viele Reiser bekommen, auch von den Bäumchen in den Beeten, welche diesen Sommer ihren zweyten Trieb, ihr zweytes Laub gemacht haben, können einige gebraucht werden, besonders auf die Letzte und beym Nachokuliren. In den zuletzt okulirten Beeten kann man jetzo sehen, wer am besten okulirt hat, und die es nicht gut gemacht haben, müssen es besser lernen, denn hier ist schlechte Arbeit oder Unfleiß nicht mehr gut zu machen. Deswegen lasse ich auch lieber Zwey, als nur ein Auge einsetzen, besonders bey Anfängern, oder wenn die Reiser und Stämme nicht mehr gut lösen.

Mit Lust wird man die Beete ansehen, worin die jungen Bäume ihren zweyten Trieb machen. Jedes hat sein eigen einerley Gewächs, einerley Laub. Aber man wird auch wahrnehmen, wie sehr die Sorten in ihrem Wachsthum unterschieden sind, und eine um zwey Jahre eher, als die andere versetzbar wird. Dieser Unterschied kann dereinst den Preis bestimmen, und dem Baumerzieher noch viele Speculationen an die Hand geben.

§.150 Nach dem Okuliren Welches eine Zeit von 6 Wochen hat dauern können, wird das erste seyn, nachzusehen, wo man angefangen hat, ob die Augen eingewachsen sind, ob sich einige schon getrieben haben, und etwa die Okulirbänder einschneiden, denn wenn der Boden gut ist, so wird das letztere zuverläßig geschehen seyn. Man fängt also bey dem ersten Beet an, schneidet die Bänder durch, und okulirt nach, was ausgeblieben ist. Nach den heuer gepfropften Stämmen wird ebenfalls gesehen, die Räuber abgenommen, die Bänder aufgeschnitten, Pfähle darzu gesteckt, und angebunden.

Unterdessen wird auch in der Baumschule Gras und Unkraut wieder überhand genommen haben und das Säubern nöthig machen. Sowohl in denjenigen Beeten, wo junge Bruten Wildlinge und *Bouturen* reihenweis eingelegt sind, auch in den Buchsbeeten muß das Unkraut, welches dem Stämmen zu nahe steht, mit der Hand ausgezogen werden, damit es nicht nöthig wird, mit der Felghaue so nahe zu kommen, denn dadurch könnten leicht die Stämme beschädigt werden. Auch die Strauchgewächse und Weidenanlagen; die Spalliere am Zaun; die Magazin-Haufen, alle Haupt- und Zwischengänge, und überhaupt allenthalben wo Gras und Unkraut zu sehen ist, muß gesäubert, und die ganze Baumschule beständig so reine als möglich gehalten werden.

§.151 Fernere Geschäfte des vierten Jahrs Die Saamenländer und Reihenbeete sind nunmehro genau zu untersuchen, ob auch für die künftige Anlage des vierten Haupttheils genugsam starke Pflanzen und in gehöriger Anzahl heran gewachsen seyen. Findet man dies, so sind keine Bruten mehr nöthig.

Was von Kernstämmen (§.46) angemerkt worden, auf dies wird noch indessen geachtet worden seyn, denn wenn der Erdboden in der Baumschule gut ist, so können viele von solchen aufs künftige Jahr versetzbar werden. Jetzt ist also Zeit, diesen Kernbäumen von unten auf bis zu 7 Fuß Schafts Höhe, die Nebenzweige genau am Stamme wegzuschneiden, auch die allzulangen Zweige der Krone einzustutzen.

Geschieht solches im Julius, so setzen sich noch frische Triebe an, und die Krone wird dichter mit Laub und Ästen. Auch vom Steinobst sollten jetzo schon viele zum Versetzen aufs nächste Jahr herangewachsen seyn, die man auf eben diese Art zurichten muß.

§.152 Besetzung der Rundungen in den Mittelgängen Der Durchmesser einer großen Rundung ist 32 Fuß, und in einer Mittelrundung 24 Fuß (§.7) und also können auch diese noch wohl mit Pyramiden besetzt werden, deren Abstand immer noch fünf Fuß beträgt, welches für Pyramiden hinlänglich ist. Nun befinden sich in der Baumschule 11 Haupt- und Mittelgänge, die überzwerch laufen, und in solchen 51 ganze und 16 halbe Rundungen als Ruheplätze. Des guten Ansehens wegen müssen unter den Pyramiden solche seyn, welche den Winter über grün bleiben, und alle übrigen so geordnet werden, damit nie einerley zusammen komme, sondern immer eine Abwechslung zu sehen ist. Wenn ich diese Pyramiden anzulegen hätte, so würde ich oben links anfangen, und immer von der linken Hand gegen die rechte setzen lassen:

1) oben 4 Halbrundungen mit Birn, Pflaumen, Pflaumen, Birn.
2) 1 Halbrundung mit Äpfel und 7 ganze Rundungen mit Wachholder, Azerolen, Buchs, Dierlitzen, Buchs, Azerolen, Wachholder, noch eine Halbrundung mit Äpfel.
3) 4 ganze Rundungen mit Pflaumen, Kirschen, Kirschen und Pflaumen.
4) Eine Halbrundung mit Kirschen, 7 ganze Rundungen mit *Taxus*, Kleebaum, Äpfel, Sevenbaum, Äpfel, Kleebaum, *Taxus*; und noch eine Halbrundung mit Kirschen.
5) 4 ganze Rundungen mit Äpfel, Birn, Birn, Äpfel.
6) 1 Halbrundung mit Birn; 7 ganze mit Sevenbaum, Kirschen, Buchs, Dierlitzen, Buchs, Kirschen, Sevenbaum und die Halbrundung mit Birn.
7) 4 ganze Rundungen mit Äpfel, Birn, Birn, Äpfel.
8) 1 Halbrundung mit Kirschen; 7 ganze Rundungen mit Kirschen, mit *Taxus*. Kleebaum, Äpfel, Sevenbaum, Äpfel, Kleebaum, *Taxus*, und die andere Halbrundung mit Kirschen.

9) 4 ganze Rundungen mit Pflaumen, Kirschen, Kirschen, Pflaumen.

10) 1 Halbrundung mit Äpfel, 7 ganze mit Wachholder, Azerolen, Buchs, Dierlitzen, Buchs, Azerolen, Wachholder, die Halbrundung mit Äpfel.

11) Unten gegen die Seite des Wohnhauses 2 Halbrundungen mit dem Kleebaum.

Hierzu würden an Pyramiden erfordert 32 Buchs, 32 *Taxus*, 32 Sevenbaum, 32 Wachholder, 32 Kleebaum, 24 Dierlitzen, 32 Azerolen, 80 Kirschen, 80 Äpfel, 48 Pflaumen und 48 Birn. Dadurch bekömmt man Gelegenheit genug, alle mögliche Gattungen und Sorten Obst in der Baumschule selbst anzuziehen, und alle Pfropf- und Okulirreiser davon zu nehmen.

§.153 Der Beschluß dieses Jahrs Sey eine bloße Erinnerung dessen, was bey dieser Gelegenheit schon gesagt worden, wobei nur noch zu empfehlen ist, dafür zu sorgen, daß es auf das künftige Jahr an Baumstängelchen oder Pfählen nicht fehlen möge, welche hier zu Lande gemeiniglich von den Lieferanten des Winters hindurch verfertigt werden.

Der Kostenaufwand wird in diesem Jahre eben so hoch steigen, als in dem vorigen, weil die sämmtlichen Arbeiten sich eher vermehrt als vermindert haben. Daß ich mich in dem vorhergehenden §. mit Austheilung der Pyramiden abgegeben habe, wolle man mir verzeihen. Es ist ein Theil der Vorstellung meines Ideals von einer recht großen und schönen Baumschule, welche gewißlich den meisten Menschen, selbst Kennern des guten Geschmacks eben so wohl oder noch besser gefallen würde, als irgend eine der neuen englischen Anlagen; denn hier wäre mit dem Schönen, auch das Nützliche, das Einträgliche verbunden.

SIEBENDER ABSCHNITT

Das fünfte Jahr der Anlage betreffend

§.154 Ob das Bedüngen *(simo saturare)* in einer Baumschule schädlich sey? Ich habe in dieser meiner Anleitung zur Baumzucht von Anfang bis hieher fest gesetzt, daß man Dung- und Erdenmagazine in einer Baumschule errichten müsse, ohne eine Ausnahme zu machen, daß es bey einem an sich guten Erdboden unterbleiben könne. Es wollen auch viele behaupten, daß es nicht gut sey, wenn junge Bäume in einem allzu fetten Boden erzogen werden, und ich gebe selbst zu, daß solche, wenn sie hernach in ein schlechtes Erdreich versetzt werden, in ihrem Wachsthum nachlassen, und zurück gehen. Überfluß und Mißbrauch sind und bleiben immer schädlich. Da ich aber sicherer vermuthen kann, man werde zu einer so großen Baumschule von 100 hiesigen Morgen Platz keine Gemüsländer, und höchstens nur ein gutes Ackerfeld erwählen können; da ich aus Erfahrung weiß, daß junge Bäume in ihrer ersten Jugend in einem magern Boden dergestalt verbutten, daß man sie auch nachher, wenn sie auf eine bessere Stelle kommen, nur ganz langsam wieder zum Gewächs bringen kann; daß gar viel daran liegt, dem Baum viele Wurzeln zu verschaffen, welches nicht allein durch öfteres versetzen, sondern hauptsächlich in einem guten Boden geschehen muß, und da mir endlich nur allzu oft begegnet ist, daß, wenn meine Bäume auch etliche Jahre gut fort gewachsen sind, sie doch, so zu sagen, auf einmahl aufgehört, und so lange stille gestanden, bis ich den Erdboden wiederum habe bessern lassen: so muß ich allerdings das Bedüngen einer Baumschule mehr an- als abrathen, nur daß damit kein Mißbrauch gemacht werde. Mit einer Baumschule ist es ganz anders, als mit einem Acker, oder einem andern Felde. Die Bäume bleiben stehen, zehren immer aus dem Boden, die Feldfrüchte hingegen werden abgenommen, der Acker bleibt brache liegen, und wird bedüngt wenn er wieder tragen soll. Überdies, so ist auch ein sehr großer Unterschied unter dem Erdboden, selbst, wenn er schon gebaut worden ist. Nicht in allem Erdreich macht der Dünger gleiche Würkung. Ich habe eine Art Sandboden, wenn ich dahin dreymahl so viel Dünger als anders wohin fahren lasse, so ist doch im zweyten Jahr nichts mehr davon zu merken.

Und wenn die Erden- und Dungmagazine in einer Baumschule sonst keinen Nutzen hätten, als durch ihre Mischung eine gute zarte und fette Setzerde zu bekommen, so wäre dies schon Beweggrundes genug sie anlegen zu lassen, denn wenn junge Bäume in ihrer ersten Jugend gut gehalten werden, so gedeyhen sie, wachsen schön und stark, bekommen viele Wurzeln, und wenn sie ihren Bezirk ausgesogen haben, dann werden sie schon fester, härter und dauerhafter, und da muß man sie auch recht erstarken lassen, ehe sie anders wohin versetzt werden. Es ist nichts schädlicher, als junge Bäume aus der Baumschule zu nehmen, ehe sie einen bis anderthalb Zoll dicken Stamm haben, wozu sie aber in dem besten Boden ihre 5 Jahre, und in einem schlechten wohl 7 bis 8 Jahre brauchen.

§.155 Von den Haupt- und Mittelgängen in der Baumschule
Durch das bisherige Säubern der Gänge, müssen dieselben etwas niedriger geworden seyn, als die Abtheilungen, und auch deswegen, weil diese durch Zusatz von besserer Erde und Dünger um etwas erhöht werden. Sollte auch dieser Unterschied in etlichen Jahren nur einige Zoll betragen; so wird er doch in der Folge immer größer, das Regenwasser zieht sich in die Gänge, und kommt den Beeten nicht zu gute. Man muß also die Gänge von Zeit zu Zeit wieder um etwas erhöhen; den Abgang, der durch das Säubern verursacht worden, ersetzen. Damit aber auch die Schönheit und das gute Aussehen befördert werde, so sollten die Gänge eine andere Farbe haben, als die Abtheilungen. Nun wird es darauf ankommen, ob in der Nähe der Baumschule, entweder eine andere Erdart, oder Sand von weißer oder gel-

ber Farbe, anzutreffen ist. Eines von diesen sollte man beyfahren, und den Boden wenigstens der Haupt und Mittelgänge, etwa 2 bis 3 Zoll hoch bedecken lassen.

Die Ausführung dieses Vornehmens würde freylich eine weit bessere Würkung machen, wenn zwischen dem Sand und Erdboden noch eine besondere Farbe zu sehen wäre, und dies erhält man, wenn alle Hauptgänge und Ruheplätze mit niederem Buchs ausgesetzt werden. Dann erst wird diese Anlage ein fürstliches, ein königliches Ansehen gewinnen, besonders wenn für beständig alles in der besten Ordnung und Reinlichkeit erhalten wird; wenn die jungen Bäume schön heran wachsen; die Pyramiden hervor ragen, theils blühen und Früchte tragen, und die andern mit ihrem Grün auch des Winters den Platz zieren. Es gehört zwar dies alles eigentlich nicht zur Baumzucht, aber wenn hierzu große Kosten aufgewandt werden, so kann man wohl auch verlangen und erwarten, daß mit dem Nützlichen zugleich das Anständige, das Schöne verbunden werde, um so eher, als dieses an jenem wenig hindern wird; nicht zu gedenken, daß an dem Buchs in Zeit von 6 bis 8 Jahren mehrere hundert Centner heran wachsen können. Etwa vier Fuß vom Zaun ab wird rund um auch eine Buchslinie gezogen, wodurch eine Rabatte entsteht, in der sich die Spallierbäume befinden, und worinnen noch allerley Schönes und Nützliches angepflanzt werden kann.

§.156 Von Arbeiten im Winter Diese sind nach §.116 und §.134 anzustellen, und vornehmlich das Rejolen so zu betreiben, daß der ganze Platz nunmehro fertig werde, und der letzte Hauptheil im heurigen Frühjahr besetzt werden könne. Sind Vorräthe von Dünger und Erde beyzufahren, so geschieht solches bey gefrornem Boden im Winter um die Gänge mit Fuhrwerk zu schonen, außer diesem müßte vor der Baumschule abgeladen, und Erde oder Dünger eingetragen werden. Leidet es die Gelegenheit und Nachbarschaft, so kann auch neben der Wohnung des Aufsehers eine Thüre angebracht werden, um näher zu dem Magazin zu haben. Bastbänder müssen sehr viele verfertigt werden (§.50) welches auch im Winter geschehen muß; desgleichen Pfähle spitzig machen und Dünger auf die Beete tragen, die es nöthig haben. Zu Fertigung der Bastbänder könnten auch, wenn die andern Arbeiter mit Rejolen oder sonsten wo zu schaffen hätten, die Okulirknaben angestellt werden. Auch zum sämmtlichen Ausjäten kann man diese gebrauchen, nur daß dieses zur Zeit vorgenommen werde, wo mit dem Okuliren nichts mehr zu thun ist.

§.157 Frühlingsarbeiten, insbesondere das Behacken der ältern Baumstöcke Wenn aller Winterfrost aufgethaut, und der Erdboden ganz abgetrocknet ist, werden erstlich die im Spätjahre gesetzten Sachen angetreten: alle über Winter umgebrochenen, oder sonst schadhafte Pfähle frisch eingesteckt; die Bäume daran gebunden, und hernach die alten Baumstöcke behackt, das ist, mit der Haue (Hacke) einen starken halben Fuß tief umgearbeitet, welches aber mit großer Vorsicht geschehen muß, damit die Wurzeln nicht beschädigt werden. Während dem Behacken werden die sich allenfalls vorfindende Steine und die Graswurzeln ausgelesen, in die Durchgänge geworfen und weggeschaft. Dieses Behacken ist eine sehr große Arbeit, die viel Zeit und Leute erfordert, wenn es recht gemacht werden soll, aber damit wird auch das nächste Säubern erspart; der Erdboden gut aufgelockert, und die Kosten kommen an dem bessern Wachsthum der Bäume wieder ein, denn man wird es ihnen stark ansehen. Wenn der Unrath weggeschaft worden, müssen auch die Durchgänge zwischen den Beeten gehackt werden, damit die Wurzeln, welche sich dahin gezogen haben, die Regenfeuchtigkeit besser bekommen.

Man muß diese große Arbeit so veranstalten, daß man damit fertig wird, ehe sich die Bäume treiben, denn wenn es bis dahin ansteht, werden viele Triebe abgestoßen, und da der Saft schon stark eingetreten ist, dürfte eine solche Bewegung der Erde, den Wurzeln nicht zum Besten bekommen. Es wird also nöthig seyn, das Rejolen so lange aufzugeben, damit alle Arbeiter zum Hacken angestellt werden können. Der Unrath wird von den Okulirknaben weggeschaft, denen man außer der Okulirzeit auch etwas zu arbeiten geben muß, um ihr Brod zu verdienen.

§.158 Besetzung des vierten Haupttheils mit Wildlingen In diesem Jahr häufen sich die Arbeiten so an, daß man wenigstens im Frühjahr eine gedoppelte Anzahl Arbeiter wird aufstellen müssen. Es können vielleicht noch 3 hundert tausend Wildlinge anzulegen seyn, um allen übrigen Platz zu besetzen, und dies muß ein vor allemal im fünften Jahr der Anlage geschehen. Das Behacken der ältern Baumstöcke kann nicht unterlassen werden, weil durch das bloße Felgen, der Erdboden seit dem Rejolen noch niemahl umgearbeitet worden; und die Hackezeit fällt gerade in die Zeit, da man die Wildlinge in ihre Beete setzen muß. Nächst diesem sollten jetzt auch alle Saamenländer ganz ausgeleert, mit Dünger verbessert, und umgeschort werden, damit man solche auf den Herbst mit Wildlingen aus den Reihenbeeten noch anlegen kann. Auch in diesen dürfte es einige geben, welche leer gemacht würden, und aufs neue mit den kleinen Wildlingen, die in den Saamenländern noch übrig geblieben, besetzt werden könnten. Aber hieher kann man keinen Dünger brauchen, sondern wenn sie vorerst frisch umgeschort worden, dann werden die Baumreihen beym Einlegen der jungen Wildlinge mit guter Erde aus dem Magazin versehen. Hieraus siehet man, wie nöthig es sey, immer auf einen Vorrath von guter Erde zu denken, denn ohne Besserung kann auf dem nehmlichen Platz ein und eben dasselbe Gewächs nicht immer gleich gut fortkommen. Das Setzen sowohl der größern als kleinern Wildlinge ist schon (§. §.25, 26, 27, 119, 135) genugsam vorgekommen, und also hier nicht weiters zu wiederhohlen.

§.159 Fortsetzung der Arbeiten Nach dem Behacken und Besetzen des vierten Haupttheils, wird nunmehro der Trieb in die Bäume kommen wollen, und da muß man eilen, diejenigen Abtheilungen noch vorhero säubern zu lassen, wo die vorigen okulirten Bäume abgeschnitten werden sollen, weil man hernach, wenn sie anfangen ihre Triebe zu machen, nicht in diesen Abtheilungen und Beeten ohne etwas abzustoßen felgen kann. Hierauf folgt das Abschneiden, Beystecken der Pfähle, Anbinden und Räuberabnehmen.

Wären außer dem Stein- und Kernobst, auch Schaalenfrüchte von süßen Kastanien, Mandeln, Wallnüsse; desgleichen von Waldbäumen, Eicheln und Bucheckern; ferner die Saamen von Akazien, Lerchbäumen, Dierlietzen, Mehlbeere und dergleichen in den Saamenländern angelegt worden; so gilt von solchen alles dasjenige was bishero bey den Saamenbeeten beobachtet werden mußte, und sind alle diese Pflanzen durchs Ausjäten rein zu halten, nach ihrem Wachsthum entweder in Beete zu 1½ Fuß Abstand, oder in Reihenbeete zu versetzen, welches insbesondere bey den Eichen und Buchen geschehen muß, um ihnen viele Wurzeln zu verschaffen. Was von §.54 bis 60 desgleichen in §.127 und 128 vom Okuliren angebracht worden, das alles, und was noch darauf folgt, nachzusehen, wird hier nur wieder erinnert, um einerley Sache nicht mehreremale wiederhohlen zu müssen.

§.160 Von den Kirschenstämmen Unter dem Steinobst sind zwar bishero auch die Kirschen verstanden, aber nie besonders davon gehandelt worden. Wenn Steinobstbruten im Spätjahre des ersten Jahrs in die Baumschule gesetzt worden: so können sie im zweyten Jahr okulirt und im dritten Jahr gepfropft werden. Beyderley bekommen im fünften Jahre ihr drittes Laub, und wenn das Gewächs gut fortgegangen, sind sie im selbigen Spätjahr zu versetzen.

Die Kirschenstämme sind bekanntlich entweder zu sauren oder süßen Kirschen, doch giebt es auch Sorten, die man ihrem Laub, ihrer Rinde und ihrem Gewächs nach, nicht wohl erkennen kann, ob sie zu den sauren oder süßen gehören. An den eigentlichen süßen Kirschen ist die Rinde am Stamm weißlicht; die Schosse gerad in die Höhe; die Nebenzweige beysammen, die Blätter groß, hellgrün, faltig und stark ausgezahnt. Auf die jungen Stämme kann man süße Kirschen weder okuliren noch pfropfen, aber die süßen nehmen beyderley auf, doch die süßen lieber als die sauren.

Inzwischen geht doch das Veredeln beym Steinobst nicht so glücklich von statten, als beym Kernobst, und deswegen lasse ich fast an alle Stämme zwey Augen einsetzen. Die Kirschen haben ohnehin auch das Besondere, daß wenn sich im Frühjahr die guten Augen anfangen zu treiben, so kommen neben dem Hauptschoß zugleich etliche, öfters viele Nebenäste heraus, und da entsteht ein dicker Knoten, welcher den Stamm verunstaltet, wenn man die Nebenschosse wachsen ließe. Erst seit einigen Jahren bin ich darauf gekommen, diese Seitentriebe gleich Anfangs mit einem scharfen Okulirmesser vorsichtig wegzuschneiden, und nur das mittelste Hauptschoß stehen zu lassen. Nun bekommen die Bäume zwar noch ihren Knoten, aber dieser ist im zweyten Jahr beynahe verschwunden, und dem Stamm gleich geworden. Die Nebenschosse haben zuviel Baumsaft dahin geführt, und jetzt geht dieser in das Hauptschoß, welches oft in einem Sommer 5 bis 6 Fuß hoch wachsen kann. Bey den Aprikosen, Pfersichen und Pflaumen findet sich der nehmliche Umstand, und wenn man sie hochstämmigt haben will, so müssen gleich Anfangs die aus dem guten Auge herfür kommenden Nebenschosse weggemacht werden.

Ich kann nicht umhin, hier anzuzeigen, daß ich die Bemerkung gemacht, wie bey den spanischen Weichseln, wenn sie nicht unter dem Schnitt gehalten, sondern der Natur überlassen werden, mitten im Sommer viele Zweige von selbst verdorren. Im Sandboden blühen zwar diese Bäume herrlich, aber die Früchte wollen nicht halten, wenn sie auch schon gut angesetzt haben. Man sollte demnach hieraus die Regel abziehen, daß die spanischen Weichselbäume immer unter dem Schnitt gehalten werden müssen, und daß sie nicht in einen sandigten Boden taugen.

§.161 Von Quittenbruten oder Stämmen In dem vorigen Frühjahr hab ich 18 Beete mit Quittenbruten anlegen lassen. Da ich in der Okulirzeit an den jungen Trieben noch nicht unterscheiden konnte, ob auch Äpfelquitten darunter seyn möchten, und gleichwohl wünschte, Äpfelgewächs auf Quitten zu bringen: so ließ ich in jeden Stamm ein Auge von Äpfeln, und ein Auge von Birn, welche in meinem Catalog einerley Nummer haben, einsetzen. Da ich nun im heurigen Frühjahr eine Untersuchung vornahm, fand sichs, daß zwar im Ganzen wenig Äpfelaugen eingewachsen, in einem Beete aber, von der Sorte *Petit apis*, 9 Augen gut geblieben sind. Ich schreibe dies im Februar, und muß also das weitere erwarten; inzwischen ist es doch sehr wahrscheinlich, daß diese Äpfelsorte am besten auf Quitten zu bringen sey, und dies ohne Unterschied, denn ich kann nicht glauben, daß just in diesem Beet so viel Äpfelstämmchen gewesen, weil eines dieser Beete überhaupt nur 30 Stämme enthält, wovon nur etwas zwey Drittheile okulirt werden konnten. Ob schon die Quittenstämme an sich lange nicht so dauerhaft sind, als die Kernstämme: so sind sie doch dauerhafter, als die Johannisstämme, und bekommen auch starke Wurzeln. Es wäre demnach gut, wenn mehrere Äpfelsorten auf Quittenstämme gebracht werden könnten, und dies wird mich veranlassen, in Zukunft die Äpfel- und Birnquitten genau zu unterscheiden und die Bruten von jenen zu Äpfeln zu gebrauchen.

§.162 Von wilden Pflaumen und Kriechen Alle vom Stein erwachsene Pflaumenstämme sind eigentlich wild, und müssen durchs Pfropfen und Okuliren veredelt werden: aber auch unter den wilden finden sich brauchbare Sorten, welche nicht nur wohl eßbar und zu Brantewein zu gebrauchen sind; sondern es entstehen auch ganz neue Sorten, die man noch verbessern kann, wenn sie auf andere Stämme, oder auf Kriechenstämme okulirt werden.

Die eigentlichen Kriechen sind hier zu Land nicht bekannt. In der Gegend um Cassel hab ich sie in Hecken angetroffen, wie etwa hier der Schwarzdorn. Der Unterschied zwischen beyden ist dieser, daß die Kriechen ein geschlachteres Gewächs haben, mehr in die Höhe steigen, nur an den Enden der Zweige spitzig, die Früchte größer und genießbarer sind als die Schlehen. Da einige Baumliebhaber schon oft bey mir angefragt, ob man nicht Pflaumenpyramiden haben könne, deren Gewächs eben so klein bleibe, wie das Gewächs der Johannisstämme, um sie in einem Lustgarten an solche Orte setzen zu können, wo sie sich nicht sehr ausbreiten und Schatten verursachen; so habe ich hierauf mit Schwarzdornen Versuche gemacht, ob sie zu Okuliren seyen, es wollte mir aber nicht gelingen. Das Auflösen der Rinde am Stamm und das Braunwerden des Innern ist eins, und das mag die Ursache seyn, daß die Augen nicht einwachsen. Doch werde ich dieses Frühjahr mit treibenden Augen nochmals Versuche machen, und wenigstens Mirabellen, deren Gewächs an sich nicht stark ist, auf Schwarzdorn setzen lassen.

In einer großen Baumschule sind zwar im Anfang so viele Steinobstbruten anzulegen, als man bekommen kann, um doch einem Theil derselben bald ein Ansehen zu verschaffen; aber in der Folge muß man mehr auf die Pflanzen, von Steinen erwachsen, bedacht seyn, weil solche geschicktere Wurzeln ansetzen und bessere Stämme geben. Hierzu sind die Steine von den schlechtesten Pflaumen am besten, und da diese ohnehin wenig taugen, so giebt man lieber ganze Körbe voll an Kinder, und läßt sich die Steine wieder bringen.

§.163 Von Weißdornbruten Es ist bishero schon etlichemal der Weißdornbruten gedacht worden, und es wäre möglich, daß man in einer großen Baumschule einige Beete damit angelegt hätte, dahero ich meine eigenen Erfahrungen, die ich davon gemacht habe, hier anbringen will.

Ich erfuhr vor einigen Jahren von einem Bauersmann, daß er einen Birnbaum habe, welcher auf Weißdorn gepfropft, oder okulirt seyn müsse, weil er Ausschläge davon angetroffen habe. Ich lies mir das nächste Frühjahr 40 St. Weißdornbruten von der Dicke eines kleinen Fingers sammeln, in die Baumschule setzen, und selbigen Sommer mit Birn und Azerolen okuliren.

Im folgenden Jahr kamen etwa 20 Augen in ihren Trieb, und machten Schosse von 5 bis 6 Fuß in die Höhe, so schön als ich sie immer von Wildlingen erwarten konnte. Indessen sind diese Bäume so weit heran gewachsen, daß ich sie an ihre bleibende Stelle versetzen konnte, und einer derselben hat die Birn *St. Germain* von eben so gutem Geschmack und nicht steinigter als die auf Wildlingen okulirten, getragen. Vor zwey Jahren wollte ich von Weißdornen Pyramiden anziehen mit verschiedenen Sorten. Birn, Azerolen und Mespeln sind gekommen; auch die Äpfelaugen gut geblieben, diese aber haben nur ein paar ganz kleine Blättchen gemacht, sind zwar immer noch grün und schön eingewachsen, ich glaube aber nicht, daß Schosse daraus werden.

Unter allen wachsen die Azerolschosse am stärksten auf Weißdornbruten.

Nun ist dies zwar allerdings ein halsstarrig, unartig und dornichtes Gewächs, dem seiner spitzigen Dornen wegen, eben so beschwerlich als den Berberitzen und Stachelbeeren beyzukommen ist: ich finde aber doch, daß es Vorzüge vor den Quitten hat, und die man in einer großen Baumschule benutzen sollte; denn erstlich wachsen die darauf gemachten Birn, Azerolen und Mespeln stärker; zweytens können auch steinigte Birn darauf okulirt werden, und drittens sind die Weißdorn dauerhafter, als die Quittenstämme. Weißdorn, die in Wäldern stehen, können 100 Jahre alt werden.

Das Einzige, was man beym Okuliren beobachten muß, ist dieses, daß die Augen so weit unten als möglich eingesetzt werden müssen.

Denn da das Weißdornholz das härteste nach dem Buchs ist, viel härter, als das Holz der Birnazerolen und Mespelbäume: so machen diese sich dicker, geben einen Wulst, Absatz, und würden den Stamm verunstalten, wenn dieser Absatz sollte ins Gesicht fallen. Ganz unten aber wird man solchen nicht sonderlich gewahr, auch kann in dieser kurzen Strecke der Weißdornstamm sich wohl auch eher auseinander dehnen, und mit dem Andern zugleich dicker werden.

§.164 Vom Beschneiden der jungen Bäume Die im Herbst des ersten Jahres eingesetzten Bruten, machen heuer ihr viertes Laub, und die vom zweyten Jahr das dritte. Wenn also der Boden in der Baumschule nur einigermaßen gut ist, so können diese Bäume so weit heran gewachsen seyn, daß man sie theils im Herbst und theils im Frühjahr auf ihre bleibende Stellen versetzen kann. Sie müssen also im Anfang Augusts beschnitten werden. Jetzo schneidet man von unten auf bis zu 7 Fuß Schaftshöhe alle Äste am Stamm genau hinweg, und selbst die langen Zweige der Krone werden abgestutzt nehmlich an denjenigen, welche hochstämmigt sind.

Was hingegen die okulirten Bäume betrift, da wird es darauf ankommen, ob man in dieser großen Baumschule von irgend woher gleich im ersten Jahre Wildlinge bekommen habe (§.68), welche mit den Bruten im Herbst hätten eingesetzt und im Sommer des zweyten Jahrs okulirt werden können.

Diese würden heuer das dritte Laub machen, und stark genug seyn, zu hochstämmigten Bäumen beschnitten zu werden. In dieser Vermuthung ist schon im vorigen Jahr (§.149) solcher Bäume gedacht worden, welche damals das zweyte Laub gemacht hätten. Wäre aber dieses nicht möglich zu machen gewesen, so können diejenigen Pflanzen, welche von der eigenen Ansaat aufgewachsen sind, erst im dritten Jahr in Beete versetzt und okulirt worden seyn, und dann machen sie heuer erst ihr zweytes Laub, mithin wäre an denselben lediglich nichts zu beschneiden.

Die Kernbäume hingegen die durchs Okuliren nicht zurück gekommen, und also ihr drittes Laub machen, können zu hochstämmigten Bäumen zugeschnitten werden, denn darzu muß man sie richten, weil sie sonst nirgendshin, als an die Straßen taugen.

§.165 Von den übrigen Geschäften bis zu Ende des fünften Jahrs Wenn alles dasjenige, was bishero in jedem Jahr und fast in jedem Monat zu verrichten angewiesen worden, nachgesehen, und selbst noch darüber gedacht wird: so dürfte nicht viel weiters zu erinnern seyn. Nun kann sich diese große Baumschule schon in einem ansehnlichen Stande befinden, es können vielleicht schon hochstämmigte Bäume dieses Spätjahr ausgehoben, und an ihre bleibenden Stellen versetzet werden; andere werden im folgenden Frühjahr versetzbar seyn, und besonders müssen unter den Pfersichen und Mandeln schon viele versetzbar geworden seyn; denn die darf man in der Baumschule nicht zu stark werden lassen, und ich halte die Pfersiche schon versetzbar, wenn sie nur den ersten Trieb gemacht haben, vornehmlich wenn der Boden gut ist, und die Schosse auf 2. 3 und 4 Fuß hoch gewachsen sind. Auch Kirschen und Pflaumen wachsen im ersten Jahr schon so weit heran, daß man sie zu Spallieren brauchen kann; was aber die Spalliere von Kernobst anbetrift, da will ich doch nicht anrathen, daß sie nach gemachten ersten Trieben versetzt werden, denn wenn sie noch ein Jahr in der Baumschule bleiben, kann man ihnen durch den Schnitt eine bessere Gestalt geben, als wenn sie auf ihrer nachherigen Stelle erst anwachsen müßten, denn in jenem Fall ist noch die ganze Kraft vorhanden, neue Triebe zu machen, und die leeren Seiten auszufüllen.

§.166 Beschluß des fünften Jahrs Wo irgendwo in der Baumschule ausgeleerte Saamenländer oder Reihenbeete, oder andere unbesetzte Stellen noch anzutreffen seyn sollten; müssen sie mit Dünger übertragen, und vor dem Winter umgearbeitet werden, um sie im nächsten Frühjahr mit Pflanzen aus den Reihenbeeten besetzen zu können. Was wegen dem Winterfrost eingebunden oder zugedeckt werden muß, das geschieht so bald das Laub abgefallen ist, oder so bald man den Frost besorgt. Giebt es einige ledige Stellen in den Beeten, so können diese ersetzt werden, doch muß man sie wegen dem Antreten im Frühjahr, bemerken. Wenn genugsam starke Pflanzen vorhanden sind: so können auch einige Beete damit angelegt werden.

Die ganze Baumschule mit ihren Gängen vor dem Winter, besser aber im October noch einmal durch zu säubern; die Magazine stürzen; Weiden abschneiden; Dung und Erden beyführen; für die Lieferung der Baumstängelchen oder Pfähle, Beyschaffung der Bastmatten, Reparation der Arbeits-Werkzeuge und dergleichen zu sorgen, das ist hier noch zu erinnern, nebst dem, daß alles, was, wann, und durch wen etwas gethan wird; wohin alle Kosten verwandt werden, genau aufzuschreiben, auch immer dasjenige zu notiren, was in Zukunft geschehen soll. Dies ist dem Aufseher seine Sache, und von dem erwartet man Aufmerksamkeit, Fleiß, Geduld, Redlichkeit und Ordnung in allen Dingen.

Die diesjährigen Kosten werden sich wo nicht höher doch eben so hoch belaufen, als im vorigen Jahr, denn man wird abermal zwey hunderttausend Baumstängelchen oder Pfähle anschaffen müssen, auch sind weit mehrere Arbeiter nöthig gewesen, und wenn die Pyramiden in die Ruheplätze erkauft worden, so können sie ein Ansehnliches gekostet haben.

ACHTER ABSCHNITT

Was vom fünften bis zum zehenden Jahr in einer großen Baumschule noch anzuordnen und zu verrichten seyn möchte

§.167 Von einer Baumrechnung Es ist nicht genug, nur über den Aufwand eine Rechnung zu führen, man muß auch den Ertrag berechnen, um damit zugleich beweisen zu können, daß von alle dem, was in der Baumschule angezogen worden, ohne Befehl oder Erlaubniß des Inhabers oder Direktors nichts weggegeben worden sey.

Damit man aber den jedesmaligen Vorrath wissen möge, darzu ist nöthig, daß alle Jahr, wenn das Wachsthum der Bäume aufhört, etwa im September, alle Abtheilungen und Beete durchgesehen, und genau aufgeschrieben werde, wie viel veredelte Bäume; von welcher Gattung und Sorte; und wie viel darunter als hochstämmigt, zu Pyramiden oder Spallieren versetzbar, vorhanden seyen. Hierdurch erhält man die Summe aller veredelten Bäume. Eben dies versteht sich auch von Bäumen und Strauchgewächsen, die zwar nicht veredelt werden dürfen, die aber doch ihren Werth haben. Auch alle vorhandene Arbeitswerkzeuge und Vorräthe müssen beschrieben, und das – im laufenden Jahr neu angeschaffte sowohl, als das, was durch den Gebrauch abgegangen, bemerkt werden.

Von allem, was in der Baumschule mit den Unterhaltungskosten gepflanzt worden, kann der Aufseher ohne schriftliche Anweisung vom Direktor, nichts abgeben lassen, denn mit diesen Anweisungen muß er seine Baumrechnung belegen. Alles, was abgegeben wird, es mag bezahlt werden oder nicht, muß nach den laufenden Preisen in selbiger Gegend berechnet werden, damit man immer wissen kann, was die

Baumschule einbringt. Wenn das Jahr um ist, dann wird die Baumrechnung gestellt; dasjenige was abgegeben worden, oder sonst abgegangen, von dem, was zu Anfang des Jahrs vorhanden gewesen, abgezogen, und der Rest muß noch vorhanden seyn, sammt dem Zuwachs der neu veredelten Bäume, oder was sonsten neu angeschafft worden seyn mag.

Kommt ein Unglück, von Frost oder Gewitterschaden über die Baumschule, dann wird der Abgang, wie billig ebenfalls in Rechnung gebracht. Für kleine Diebereyen durch Tagelöhner muß der Aufseher haften; die Baumschule nach der Arbeit verschließen, und gegen nächtliche Entwendungen einen wachsamen Hund halten.

Diese Baumrechnung wird zwar dem Aufseher Mühe verursachen, und ein eigen Buch erfordern: sie ist aber der guten Ordnung wegen unentbehrlich, auch kann man immer daraus ersehen, wie viel von jeder Gattung und Sorte und welcherley versetzbare Bäume vorhanden sind.

§.168 Das Einfassen der Haupt und Mittelabtheilungen mit niedrigem Buchs Ist zwar eine ziemlich kostbare Sache, und es wird darauf ankommen, ob sich der Inhaber der Baumschule darzu entschließen will. Wären gleich im ersten Jahr der Anlage in dem fünften Hauptheil der Baumschule, als wohin die Saamenländer und Reihenbeete angewiesen sind, etwa 200 Centner Buchs angelegt worden: so könnte sich, wenn der Erdboden gut gewesen, das Gewicht desselben verdoppelt haben, und hinreichend seyn, die 80 Mittelabtheilungen nebst den Rabatten am Zaun, damit einzufassen. Alle diese Buchslinien betragen zusammen 72000 Fuß, und da 1 lb Buchs, so wie er ausgenommen wird, nachdem er eingestutzt, und zertheilt worden, kaum hinreichend wird, eine Länge von 2 Fuß zu besetzen: so dürfte zu dieser Einfassung drey- bis vierhundert Centner nöthig seyn.

Da aber mit dem fünften Jahr alle Rejolkosten aufgehört haben: so könnte doch die Anschaffung dieses Buchses, wovon hier zu Lande der Centner zwey Thaler kostet, mit sechs bis achthundert Thaler anzuschaffen seyn, wenn allenfalls die Anlage in der Baumschule unterlassen worden wäre. Man siehet hieraus, daß eine selbst gemachte Anlage doch immer von beträchtlichem Vortheil gewesen seyn würde.

Das Einsetzen des Buchses, die Einfassung der Mittelabtheilungen und der – sich in den Haupt- und Mittelgängen befindlichen Ruheplätze, ist nur einem erfahrnen Kunstgärtner anzuvertrauen, welcher den Mittelpunkt der Rundungen vor sich hat, wenn das, was (§.152) gesagt worden, geschehen ist.

Übrigens dünkt es mich, daß wenn man eine so große Unternehmung einmal angefangen, und so weit gebracht habe, man es schwerlich werde an dieser Auszierung fehlen lassen, die doch in Betracht der dazu bestimmten Kosten, von keinem so großen Belang ist, und etwa den Erlös aus verkauften 2000 Bäumen betragen würde. Wollte man zu mehrerer Verschönerung statt der Pyramidenstängelchen, Stäbe von Eichenholz, 12 Fuß lang, unten 1½ Zoll, oben 1 Zoll dick, rund abgehobelt mit grüner Ölfarbe angestrichen, und oben mit vergoldeten Knöpfen versehen, beysetzen; so würde das Stück 20 gr. und also dieser Artikel über 500 Rthlr. kosten.

§.169 Besetzung des letzten Haupttheils Die zweyte Ansaat ist im zweyten Jahr der Anlage geschehen, und im dritten haben die Pflanzen aufkeimen können, mithin vorigen Sommer das dritte Laub bekommen. Wenn der Erdboden in der Baumschule nur einigermaßen gut ist, so sollten diese Pflanzen allesamt im heurigen Frühjahr in Beete gesetzt werden können.

Nun ist nichts mehr zu besetzen übrig, als im fünften Haupttheil diejenigen Abtheilungen, welche noch nicht gebraucht worden. Aber es kann noch mehr Gelegenheit zur Beeten-Anlage und Besetzung mit Wildlingen gemacht werden. Vorerst muß man die leeren Abtheilungen mit den stärksten Pflanzen aus den Saamenländern und Reihenbeeten nach der Ordnung und mit Hinzuthun guter Magazinerde besetzen. Hernach werden diese, die Saamenländer ganz, und diejenigen Reihenbeete, wo die Pflanzen schon genugsame Wurzeln gemacht, ebenfalls ganz ausgenommen, die Pflanzen sortirt, abgezählt und eingeschlagen. Der Boden worauf sie gestanden; wird jetzo tief umgeschort, und zugleich mit einem Rechen eben gezogen. Nun sieht man nach, wie viel größere und kleinere Wildlinge vorhanden sind, und macht seine Rechnung, wie man sie alle, und darunter soviel als möglich seyn wird, in Beete zu 1½ Fuß Abstand, die übrigen aber in Reihenbeete unterbringen kann.

Wäre niedriger Buchs in dem fünften Haupttheil angelegt worden, so geschiehet das nehmliche mit demselben, er wird bis zum nächstfolgenden Gebrauch eingeschlagen, und unter 64 Unterabtheilungen, woraus ein Haupttheil besteht, wird noch immer Platz genug seyn, etwas einzuschlagen. Da man bey dem Umarbeiten der Saamenländer deswegen keinen Dünger auftragen lassen kann, weil solcher beym Setzen wieder zum Vorschein kommen würde: so muß alles mit Zuthun guter Magazinerde gesetzt werden, ohne welches kein gutes Wachsthum zu hoffen wäre, weil der Boden von den Saamenpflanzen ausgesogen worden.

§.170 Die folgenden Geschäfte im sechsten Jahr Der erste Haupttheil kann diesen Sommer zum Theil das fünfte, und zum Theil das vierte Laub machen, und also sollten die meisten Bäume auf den Herbst an ihre bleibenden Stellen versetzt werden können. Es ist also in diesem Theil das Behacken überflüßig, und solcher nur durch Säubern rein zu halten.

Der zweyte Haupttheil hingegen muß behackt, und alle andere, wo etwas zu pfropfen ist, oder im vorigen Jahr okulirte Wildlinge abzuschneiden sind, vorhero gesäubert, und hierauf beydes vorgenommen werden. Nach diesem läßt man entweder nur die Hauptgänge, oder wenn genug Buchs vorhanden wäre, die 80 Mittelabtheilungen, sammt der Rabatte am Zaun, mit Buchs einfassen. Alles was los geworden, oder wo es nöthig ist, wird angebunden, und wenn die Zeit kommt, das Okuliren vorgenommen. In diesem Sommer wird das Okuliren in allem Betracht das größeste und wichtigste Geschäft seyn, denn jetzt kann außer den Reihenbeeten in der ganzen Baumschule alles genommen werden, was nur die Dicke eines starken Federkiels hat, denn die Erfahrung hat mich belehrt, daß Stämme von dieser Art, am allerschönsten werden; denn der zahme Trieb überwältiget bald den wilden, und erstreckt sich sogar auch auf die Wurzeln. Nach dem Okuliren werden alle versetzbare Bäume nach §.164 beschnitten, und von denjenigen, die sich ohne Besorgniß vom Wind umgerissen zu werden selber tragen, die Pfähle hinweggenommen.

Eine neue Ansaat von Obstkernen, wenn solche indessen nicht etwa im Kleinen schon gemacht worden, wird doch nicht länger, als bis in den Herbst des fünften Jahrs anstehen können. Denn da eine so große Unternehmung weiter hinaus, als nur auf die ersten zehen Jahre fortgesetzt werden muß, um nicht nur alle aufgewandte Kosten wieder zu bekommen, sondern sich ein lange daurendes reichliches Einkommen zu verschaffen: so muß die Ansaat alljährlich, aber nur in der Maße vorgenommen werden, als man von Zeit zu Zeit junge Pflanzen unterbringen kann. Wenn also in diesem Herbst etwa 20 bis 30 Säcke voll Obstträber, und eine hinlängliche Anzahl Steinobstkerne angesäet werden: so dürfte damit schon auszulangen seyn. In der Folge richtet man sich nach den Umständen, und pflanzt immer nur am meisten von dem an, was am besten zu gebrauchen ist.

Es sind zwar seither viele Wiederholungen dessen, was schon gesagt worden, vorgekommen; da aber doch auch verschiedene Abänderungen und Zusätze nöthig gewesen, die ich an gehörigen Orten einzuschalten versprochen habe; so konnte ich auch die Wiederholungen nicht unterlassen.

§.171 Das Ausnehmen der versetzbaren Bäume Schon eine geraume Zeit vorher, ehe man im Herbst Bäume zu versetzen pflegt, muß der Aufseher in seinen Catalogen und der Baumrechnung nachsehen, und sich herausschreiben, wie viel und welcherley Bäume als versetzbar aus der Baumschule abgegeben werden können. Dies Verzeichniß muß er um diese Zeit immer bey sich führen, und so viel Raum zum Beyschreiben darinne übrig haben, daß er Bestellungen bemerken, und sich bey allen Gelegenheiten auf der Stelle gut benehmen kann.

Sollen hierauf wirklich versetzbare Bäume ausgenommen werden: so wird der erste Haupttheil derjenige seyn, wo die größesten zu haben sind. Das Ausnehmen, Ausgraben der Bäume erfordert ungemein viele Vorsicht, wenn die Wurzeln so viel möglich geschont werden sollen, und die Beschaffenheit des Erdbodens macht hierin einen großen Unterschied.

Wenn der Boden milde, sandigt und ohne Steine ist, so geht man am sichersten, mit besonders hierzu gefertigten starken eisernen Spaden, unten mit Stahl versehen und scharf gemacht, um den auszugrabenden Baum, etwa 8 Zoll vom Stamm, rundum einen Kreis, so tief die Spade reichen kann, durchstechen zu lassen, damit in dieser Weite die Wurzeln abgestochen werden; und hernach kann man den Baum mit der Haue leicht vollends ausheben. Es müssen immer bey einem Baum zwey Arbeiter seyn, wovon der einen den Baum anhält, und auf die Seite drückt, der andere aber ausgräbt. In einem festen und starken Boden, können die Bäume nur mit guten scharfen Hauen ausgegraben werden, und da wäre es am besten, wenn ganze Beete zugleich könnten genommen werden.

§.172 Fortsetzung So lange ich mich mit der Baumzucht abgebe, ist mir nur einmal der Fall eingetroffen, daß ich ganze Beete zugleich konnte ausnehmen lassen. Ausser diesem wurden immer nur die größten und schönsten Bäume hie und da ausgesucht, und dadurch entstunden allenthalben Lücken. Ich lies sie in den ersten Jahren immer wieder mit Wildlingen besetzen und diese okuliren; allein sie wollten niemal so frisch heranwachsen, als jene, die in andern Abtheilungen von gleichem Alter beysammen stunden. Es mangelte ihnen an genugsamer Luft und Sonne. Es wurde zwar, weil der vorige Baum die beste Nahrung schon ausgesogen hatte, zum Setzen des neuen, gute Magazinerde genommen, aber es half wenig. Endlich ließ ich die ledigen Stellen unbesetzt, und da man jetzt mit dem Behacken der Bäume besser beykommen konnte; da sie auch selbst mehr Luft hatten: so gieng auch das Gewächs stärker und oft so, daß im folgenden Jahre die meisten versetzbar wurden und ausgenommen werden konnten. Ich lies aber im Herbst alle ausnehmen; die noch unversetzbaren anders wohin zusammensetzen; die Abtheilungen mit verwestem Dünger bessern; vor dem Winter einen Fuß tief umarbeiten, und im Frühjahr mit Wildlingen von einer andern Gattung besetzen. Durchgehends habe ich gefunden, daß, wenn in einem Beete vom Okuliren an, die Bäume schon das zweyte Laub gemacht hatten, die im folgenden Frühjahr zum Ausbessern dahin gesetzten Wildlinge, immer zurücke blieben. Man muß also, wenn man nicht sehr starke Wildlinge in solche Beete zum Ausbessern haben kann, die leeren Stellen lieber unbesetzt lassen. In einer jeden Baumschule kann man als Regel annehmen, die Bäume ja nicht zu nahe beysammen, oder gar ohne Zwischengänge anzulegen, denn die jungen Bäume müssen genugsam Luft und Sonne haben, wenn sie frisch heranwachsen, Seitenäste treiben, und dadurch ihre Stämme verhältnißmäßig dicke werden sollen.

§.173 Von dem nöthigen Umwechseln der Anpflanzung Ein und dasselbe Baumgewächs auf einer und ebenderselben Stelle pflanzen, ausnehmen und wieder dahin anpflanzen, will nach einer Zeit von 8 bis 10 Jahren nicht mehr wohl angehen, ob auch schon der Erdboden verbessert wird. Die Abwechslung mit Äpfel und Birnen, mit Kirschen und Pflaumen oder mit Kernobst- und Steinobstbäumen, kann zwar bey Besetzung der leer gewordenen Stellen mit einigem Vortheil angenommen werden, wo aber ganze Abtheilungen, worauf etwa 6 bis 8 Jahre lang Bäume gestanden haben, ganz leer geworden: so lassen sich im nächsten Jahre nicht wohl wiederum Bäume dahin pflanzen. Wenn ich nicht selbst durch die Erfahrung davon überzeugt worden wäre: so würde ich es einem andern kaum glauben, denn es tragen ja die Felder, wenn sie gebessert werden, immerhin ihre Früchte.

Wollte man hinzusetzen, daß großgewachsene Bäume immer auf ihrer Stelle bleiben, wachsen und Früchte tragen: so hab ich doch dabey zu bemerken, daß das jährige Gewächs an solchen, wenn sie nicht unter dem Schnitt gehalten werden, sehr gering ist, und was die Früchte anbetrift, so glaub ich daß die Bestandtheile zu ihrem Wachsthum immer nur durch die äussersten Ende ihrer Wurzeln in den Baum kommen. Diese aber verbreiten sich auf alle Seiten hinaus, alle Jahre weiter, finden immer wieder andern neuen Erdboden, der auch noch, wenn diese Bäume in gebautem Boden stehen, durch Dünger verbessert worden ist.

Über alle dieses ist bey den jungen Bäumen, welche in einer Baumschule so nahe beysammen stehen, zu bedenken, daß sie einander die nöthigen Theilchen zu ihrem Wachsthum wegnehmen, weil ihre Wurzeln zusammen reichen, und daß diese den ganzen Erdboden noch viel eher auszehren, als große Bäume, die auch mehr mit den Wurzeln in die Tiefe gehen.

Sollte demnach im Herbst des sechsten oder im Frühling des siebenten Jahres nach der Anlage, der erste Hapttheil in der großen Baumschule ganz leer gemacht werden können: so wollte ich anrathen, solchen mit Sommerfrüchten anzusäen, oder mit Küchengewächsen zu bepflanzen. Ich denke, daß dadurch neue Theilchen zum Baumgewächs aus der Luft angezogen werden, und daß auch, besonders beym Gemüßbau der Erdboden verbessert und öfters auch tiefer gearbeitet wird, als es bey den Bäumen nicht hat geschehen können. Auf solche Art könnte alle Jahr eine Hauptabtheilung zu dieser Veränderung bestimmt werden, und man würde sich gewiß nicht übel dabey befinden.

§.174 Das siebente Jahr der Anlage Neben andern gewöhnlichen Winter- und Frühlingsarbeiten wird das Behacken des ganzen zweyten Haupttheils, das erste Hauptgeschäft ausmachen. Denn da mit denen durch die Ansaat selbst erzeugten Pflanzen, im Herbst des dritten, und im Frühling des vierten Jahrs, dieser Theil hat besetzt und okulirt werden können: so müssen die Bäume heuer das dritte Laub bekommen. Wären aber gleich im ersten und zweyten Jahr der Anlage, Wildlinge von anders woher zu erhalten gewesen: dann könnten die indessen daraus erwachsenen Bäume versetzbar seyn. In beyden Fällen muß gleich nach dem heurigen Okuliren das Beschneiden der Bäume in diesem Haupttheil vorgenommen werden, damit die Schnitte noch verhärten können.

Aprikosen, Pfersiche, Kirschen und Pflaumen können schon seit 3 Jahren eine Menge zum Versetzen heran gewachsen und ausgenommen worden seyn. Sind andere, als Kern- und Steinobstbäume angezogen worden, deren Stämme stärker werden müssen: so kann man diese, die Kastanien und Wallnüsse ausgenommen, erst beschneiden, wenn sie ihr fünftes Laub gemacht haben. Aus dem bisherigen ist auch leicht zu beurtheilen, wie die Strauchgewächse zu behandeln sind.

Das Okuliren der noch übrigen oder mißrathenen Wildlinge, wird für heuer noch viel Geschäfte machen, unterdessen das Säubern der andern Abtheilungen fortgesetzt wird. Alljährlich müssen die Spalliere am Zaun geschickt angebunden, und so geordnet werden, daß sie bald zusammen reichen. Wären einige darunter, deren Gewächs allzufrech ist, so kann man den Mittelzweig zu dem Stamm eines hochstämmigten Baums in die Höhe steigen lassen. Das diesjährige Ausnehmen der versetzbaren Bäume im zweyten Haupttheil, geschiehet ganz eben sowie in dem vorigen Jahr (§.171).

Wenn anjetzo dasjenige, was in dem ersten Haupttheil der Baumschule im Frühjahr eingesäet oder angepflanzt worden, nach Hause gebracht ist: so wird der ganze leere Platz mit Dünger übertragen und solcher ausgebreitet. Nach etwa 8 Tagen, oder wie es die Witterung zuläßt, fängt man an, den Platz mit starken 15 Zoll langen eisern Spaden umarbeiten zu lassen. Dies muß, ohne jedoch eine Schnur zu brauchen, Linienweise geschehen, eine gleiche Tiefe gehalten, und der Dünger gut eingebracht werden. Der erste Stich wird rückwärts geworfen, damit man Platz bekömmt, und wenn die Abtheilungen mit Buchs eingefaßt sind, muß dieser ja nicht beschädiget werden. Über Winter kann der Dünger in der Erde verwesen, und diese wird durch den Frost milder.

Ohne beträchtliche Dünger- und Erdenmagazine würde diese große Unternehmung bey weitem den Ertrag nicht gewähren, den man sich mit derselben sicher versprechen kann; denn es sind sogar viele Fälle, wo man sich schlechterdings mit guter Erde und Dünger helfen muß.

Die Unterhaltungskosten des fünften und sechsten Jahrs, dürften wohl nicht viel weniger als in den vorigen Jahren betragen, denn es sind wenigstens 3 bis 400,000 Baumstängelchen oder Pfähle; 200 Centner Buchs zur Einfassung der Haupt- und Mittelabtheilungen nöthig; vielleicht werden auch Stäbe mit vergoldeten Knöpfen zu den Pyramiden angeschafft; es ist die Dünger- und Erdensammlung fortzusetzen, und da nunmehro die ganze Baumschule besetzt worden: so sind alle Arbeiten beträchtlich vermehrt worden.

Nun kann freylich auch mit dem Erlös aus verkauften Bäumen an den Kosten wiederum etwas eingebracht werden, und in den folgenden Jahren, da dieser Erlös weit größer ist, wäre es möglig, daß nur noch einige tausend Thaler dürften zugelegt werden, ja es kann und wird geschehen, daß endlich mit dem Erlös aus verkauften Bäumen nicht nur alle Unterhaltungskosten bestritten: sondern noch ein solcher Überschuß gemacht werden kann, daß alle bisherigen Auslagen sich gänzlich rembousiren.

§.175 Was im achten Jahr der Anlage vorzunehmen Immer muß ich in Berechnung des Anwuchses der jungen Bäume, neben der eigenen Ansaat zugleich den Fall setzen, daß man schon im ersten oder zweyten Jahr der Anlage, von anders woher soviel Wildlinge habe bekommen können, als zu Besetzung der beyden ersten Hauptheile nöthig gewesen sind. Denn wenn auch schon der erste Theil etwa zur Hälfte mit Steinobstbruten hätte angelegt werden können: so würde es doch in Ansehung des zu erwartenden Versetzbarwerdens der Bäume, eine große Lücke in der Zeit verursachen, wenn man sich nur allein auf die von der eigenen Ansaat erwachsende Pflanzen verlassen müßte.

Es sey demnach vorausgesetzt, daß vom ersten Jahr an, alle Jahre ein Haupttheil mit Bruten und Wildlingen angelegt worden, und daß im fünften Jahr die im ersten Haupttheil okulirten Bäume das vierte Laub bekommen haben, mithin versetzbar geworden sind. Zu Pyramiden und Spallieren können schon Bäume genommen werden, die erst das dritte Laub gemacht haben. Nach dieser Voraussetzung könnte vom sechsten Jahre an, alle Jahr ein Haupttheil leer gemacht und wie schon oben gedacht ist, zur Abwechslung ein Jahr lang mit etwas andern bepflanzt werden.

Im achten Jahre wäre demnach der erste Haupttheil mit Wildlingen neu anzulegen, und der zweyte mit Früchten oder Gemüßarten anzupflanzen. Aus den noch übrigen Pflanzen in den Reihenbeeten, und von der im fünften Jahr gemachten neuen Ansaat, werden genug Wildlinge zu der neuen Besetzung vorhanden seyn.

Aus den bisherigen Verkauf kann man jetzo schon wissen, welcherley Gattungen und Sorten von Bäumen vorzüglich gesucht werden, und außer dem Selbstgebrauch an die Landstraßen, muß man sich mit dem Okuliren darnach richten, und nur dasjenige am meisten anpflanzen, was am besten abgeht.

Das Behacken der Bäume, Abschneiden der Wildlinge, Anbinden, Okuliren, Säubern und alle übrigen Geschäfte in der Baumschule, wird jedes zu seiner Zeit vorgenommen, wie es bisher angegeben worden, und wird sowohl der Aufseher als die beständigen Arbeiter anjetzo mit der Baumzucht schon so bekannt seyn, daß sie das Nöthige von selbst einsehen, und zu jeder Zeit dasjenige vornehmen, was keinen Verzug leiden kann, wenn ich sie auch nicht bey allen Gelegenheiten daran erinnert hätte.

Zum Ausleeren eines Haupttheils hat man drey verschiedene Versetzzeiten, und da man nicht nur lauter hochstämmigte, sondern auch Pyramiden und Spallierbäume wird anbringen können: so dürfte der Überrest nicht allzugroß ausfallen. Es sind aber die Versetzzeiten zum Beyspiel in diesem achten Jahre, da die Bäume im dritten Haupttheil das vierte Laub bekommen, erstlich im heurigen Herbst; zweytens im künftigen Frühjahr, und denn drittens im künftigen Spätjahr, da die Bäume ihr fünftes Laub gemacht haben. Diejenigen, welche nachokulirt worden, und also um ein oder zwey Jahre jünger sind, können zu Pyramiden und Spallierbäumen gebraucht werden. Im Herbst des neunten Jahrs, kann also der dritte Haupttheil ganz ausgenommen, der Platz mit Dünger übertragen, umgearbeitet, und sogar mit Winterfrüchten angesäet werden.

§.176 Vom neunten Jahr der Anlage Im heurigen Frühjahr ist der zweyte Haupttheil mit Wildlingen neu anzulegen, und auf den Sommer zu okuliren. Im vierten Haupttheil bekommen die okulirten Bäume das vierte Laub und werden versetzbar. Die Zeiten zum Ausnehmen sind das heurige Spätjahr und das künftige Früh- und Spätjahr. Die von den ganz ausgeleerten Haupttheilen übrig gebliebenen und anders wohin zusammengesetzten Bäume (§.172), können im zweyten und dritten Jahr hernach, auch versetzbar werden. Man bekömmt also vom sechsten Jahr an, aus verschiedenen Arten der Baumschule versetzbare Bäume. Zum Beyspiel das neunte Jahr

im Frühjahr:

1) im dritten Haupttheil das zweytemal.

2) von den übrigen aus dem leer gemachten ersten Haupttheil, welche im sechsten Jahr zusammengesetzt werden, und indessen haben versetzbar werden können.

Im Spätjahr aber:

1) im dritten Hapttheil der Rest;

2) im vierten Theil das erstemal;

3) den Rest von denen aus dem leer gemachten ersten Theil zusammengesetzten Bäumen.

Aus allen diesen Stellen sollten wohl gegen 100 tausend versetzbare Bäume genommen werden können.

§.177 Im zehenten Jahr der Anlage Bleibt der dritte Theil zur Baumzucht unbrauchbar, indem solcher zur Abwechslung auf ein Jahr lang mit etwas andern angepflanzt worden. Im vierten Theil werden im Frühjahr und Herbst die versetzbaren Bäume ausgenommen, hernach auch die übrigen anderswohin versetzt, und somit dieser Theil ganz ausgeleert. Man wird in diesem Jahr abermal sehr viele versetzbare Bäume bekommen, weil sie auch schon im fünften Haupttheil das vierte Laub bekommen haben, und also versetzbar geworden sind. Nun ist der Stand oder die Beschaffenheit der grossen Baumschule also, daß der erste Haupttheil, welcher im achten Jahr neuangelegt worden, vom Okuliren an das zweyte Laub, und der zweyte Theil das erste Laub kann gemacht haben. Der dritte Theil ist zur Abwechslung mit etwas anderm besetzt: der vierte Theil wird auf den Herbst ganz ausgenommen, und der fünfte Theil das vierte Laub machen, also versetzbar werden. In diesem Theil müssen auch noch Reihenbeete, und Saamenländer an der dritten und vierten Ansaat anzutreffen seyn.

In diesem zehenten Jahre können die Spalliere am Zaun soweit heran gewachsen seyn, daß sie zusammen reichen; die Pyramiden um die Ruheplätze können eine ansehnliche Höhe und Gestalt haben, Früchte tragen und die ganze Baumschule verschönern. Auch der Buchs muß jetzt seine Linie ganz ausfüllen und die noch weiters angepflanzten Strauchgewächse allenthalben in gutem Stande sich befinden.

§.178 Beschluß Nun hab ich alle dasjenige, was ich seit 20 Jahren aus eigener Erfahrung von der Baumzucht angemerkt, getreulich niedergeschrieben, und dabey mich bemüht, es nach meinen besten Einsichten auf das Große anzuwenden. Es kann seyn, daß hie und da meinem Gedächtniß etwas entgangen ist, oder daß dasjenige, was ich hier angebracht habe, nicht allenthalben Beyfall findet.

Landessitte, Sprachgebrach, Vorliebe zu dem alt hergebrachten und verjährte Gewohnheiten, ich will nicht sagen Vorurtheile, machen freylich immer viele Ausnahmen; und nie wird Gleichheit im Denken und Einigkeit im Handeln unter den Menschen einen festen Punkt gewinnen; nie einer den andern so gut verstehen, daß sie gleiche Begriffe von dem Möglichen einer Sache und vom Thunlichen irgend einer Handlung sollten auffassen, und gleiche Urtheile darüber fällen können.

Inzwischen sind doch viele Dinge in der Welt zur Wirklichkeit gekommen, die kaum möglich geschienen haben, und es beruht auch hier bey der Baumzucht im Großen einzig darauf, daß man seinen Plan unermüdet verfolge, sich durch keine Hindernisse abschrecken lasse, sondern denselben auf die beste Art entgegen arbeite. Ein Schiff kann durch Sturm von seinem Laufe, nach einer bestimmten Gegend, abkommen; aber wenn der Sturm vorbey, und das Schiff noch behalten ist, wird es seinen ersten Lauf wieder suchen, fortsetzen, und obschon etwas später, doch endlich in den bezielten Hafen einlaufen.

Die zur Anlegung und Fortsetzung der hier beschriebenen großen Baumschule berechnete Unterhaltungskosten, werden freylich die meisten von der Unternehmung abschrecken, aber sie sind nur auf eine Zeit von sieben oder acht Jahren gleichsam vorgeschossen: denn nach dieser Zeit können die damit erzogenen Bäume alle Auslagen ersetzen. Vom zehenten Jahr an, wenn die Baumschule fortgesetzt und durchgehends gut behandelt wird, ist immer die Hälfte des Werths oder Erlöses ein Gewinn, und dieser kann noch höher getrieben werden, wenn eine gesunde Spekulation, über Zeit und Umstände, alle vorkommende Gelegenheiten gut zu benutzen weiß.

In den vorläufigen Gedanken ist zwar angegeben daß mit jährlichen 8000 Thlr. Kosten, in einer Zeit von 10 Jahren dritthalb Millionen Bäume erzogen werden können. Zu der hier beschriebenen Baumschule würde man nach der bisherigen Berechnung in Zeit von 10 Jahren kaum 40,000 Thaler brauchen. Also bleiben noch 40,000 Thaler übrig. Wenn aber auch am Ende der zehen Jahre nur eine halbe Million Bäume versetzbar wird: so kömmt ein Baum nicht einmal auf zwey Groschen.

Wollte man aber darauf beharren, in zehen Jahren 2½ Million Bäume versetzbar zu machen: so müßte die Baumschule größer angelegt werden. Dies ist ein für allemal zuverläßig gewiß, daß je größer die Anlage gemacht wird, je größer ist der Gewinn, und es wird alsdenn ein versetzbarer Baum kaum auf einen Groschen zu stehen kommen. Was also mehr daraus erlößt wird, ist ein Gewinn, und je mehr Tausende, je größer ist der Ruhm.

TEIL II

DIE BAUMZUCHT IM GROSSEN

ZWEITER THEIL,

ENTHÄLT EINE BESCHREIBUNG

VIELER OBSTGATTUNGEN

UND SORTEN NACH DER NATUR

AUFGENOMMEN VON J. C. SCHILLER,

HZ. WIRT. MAJOR UND DIREKTOR

EINER GROSSEN BAUMSCHULE.

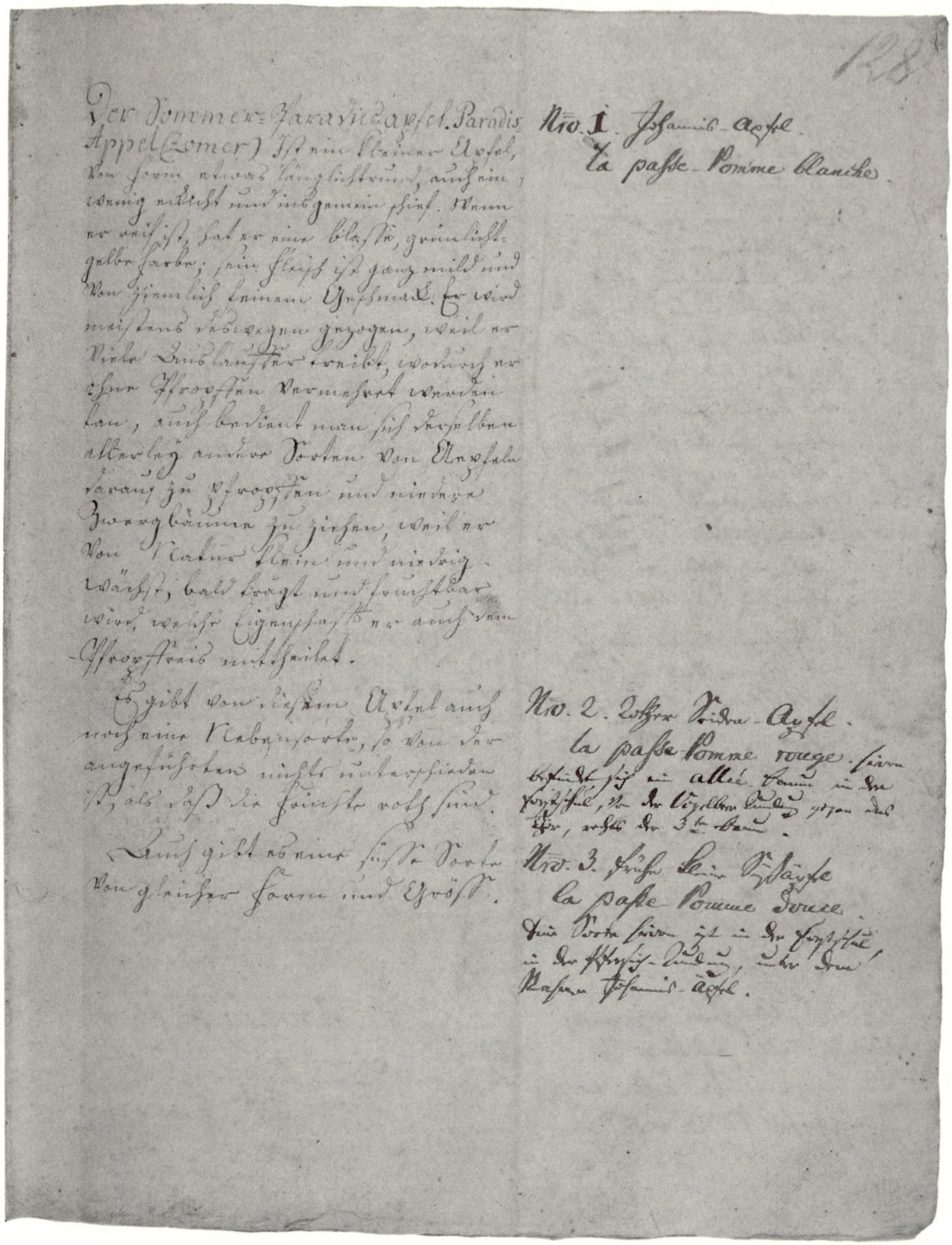

Reinschrift der ›Baumzucht im Grossen‹, Teil II, Seite 1, mit den Texten von Schreiberhand und den Marginalien von der Hand Johann Caspar Schillers.

Der Sommer-Paradiesapfel. *Paradis Appel (Zomer)* Ist ein kleiner Apfel, von Form etwas länglichtrund, auch ein wenig eckicht und insgemein schief. Wenn er reif ist,hat er eine blasse, grünlicht-gelbe Farbe; sein Fleisch ist ganz mild und von ziemlich feinem Geschmack. Er wird meistens deswegen gezogen, weil er viele Ausläuffer treibt, wodurch er ohne Pfropffen vermehret werden kan, auch bedient man sich derselben allerley Sorten von Äpfeln darauf zu pfropffen und niedere Zwergbäume zu ziehen, weil er von Natur klein und niedrig wächst, bald trägt und fruchtbar wird, welche Eigenschafft er auch dem Pfropffreis mittheilet.

Nro. 1. Johannis-Apfel.

la passe-Pomme blanche.

Es gibt von diesem Apfel auch noch eine Nebensorte, so von der angeführten nichts unterschieden ist, als daß die Früchte roth sind.

Auch gibt es eine süsse Sorte von gleicher Form und Gröss.

Nro. 2. Rother Seiden-Apfel.

la passe-Pomme rouge. Hiervon befindet sich ein alleé-Baum in der Forstschul, von der VogelbeerRundung gegen das Thor, rechts der 3te Baum.

Nro. 3. Frühe kleine Süßäpel. la passe-Pomme douce. Eine Sorte hievon ist in der Forstschul, in der Pfersich-Rundung, unter dem Nahmen Johannis-Äpfel.

Gewürzapfel. (der weisse) *Kruid-Appel (vvitte)* ist ein zimlich grosser, glatter, länglichter und etwas eckichter Apfel; seine Farbe ist weiß, und an der einen Seite siehet er manchmalen etwas röthlich aus. Sein Fleisch ist milde, voll Safftes und von angenehmen etwas räßtem, aber doch nicht gar zu feinem Geschmack; weßwegen ich ihn den auch unter die mittelmäßige Sorte seze. Er ist ein recht guter Kochapfel: und weil der Baum sehr starck trägt, und seine Früchte früh kommen; so verdienet er gar wohl gepflanzet zu werden. Siehe auch *Palästiner Apfel.*

Gewürzapfel. *(Bouweris) Kruid Appel (Bouvveris)* ist von dem vorigen, was die Form, die Farbe und den Geschmack anbelanget, in nichts unterschieden; nur fällt er etwas kleiner, und taugt also fast bloß alleine zum Kochen.

Tab. I. Nro. 4.

Dieser Baum hat ein gutes Gewächs, das sich zu allen Figuren schickt, die man ihm geben will; Wenn er noch jung, so ist die Rinde durchaus glatt und gelblicht, die Reiser stehen gerad, die Blätter sind groß, länglicht zugespizt und eingebogen. Die Verschiedenheit der Früchten kommt von den Wildlingen her, auf die er gepfropft oder oculirt worden; an jungen Bäumen werden sie viel grösser als an alten, an diesen aber um desto balder reif.

Dergleichen Bäume die ich mit eigener Hand auf Holz-Äpfel Stämmlen oculirt, haben mir im dritten Jahr schöne Früchten getragen, und da überhaupt diese Gattung sehr fruchtbar, die Frucht angenehm säuerlich ist, und früh kommt: so ist ihre Pflanzung jedermann anzurathen.

NB alles, was hier angemerkt worden, gilt ad. Nr.um 14. denn ich habe den ächten weissen Gewürzapfel 1783. erst am Bretheimer Hof gefunden. *Palestiner* ist der hiesige frühe Fleiner-Apfel.

Palästinerapfel *Pomme de Palaestina.* Ist ein ziemlich grosser Apfel, von länglichter Form; und kommt mit dem weissen Gewürzapfel viel überein, wann er nicht gar derselbe ist, wie ich fast glauben solte, nur mag er in einem guten Boden zu mehrerer Vollkommenheit gelanget seyn. Seine Schale ist glatt; wenn er reif ist, hat er eine schöne gelblichte Farbe, und vielmals ist er an der einen Seite schön blasröthlicht. Sein Fleisch ist mild und von angenehmen herben Geschmack, daher er denn auch einer der besten Äpfel seiner Zeit ist.

Tab. I. Nro. 5 Die Blätter an diesem Baum sind gros, länglicht zugespizt, steif und dunkelgrün, auch hängen sie an den künfftigen Trag-Knospen in Büscheln beisammen.

Rother Sommercalville. *Calville rouge d'Ete.* Ist ein ziemlich grosser Apfel, von Form rund, etwas platt und spizig, auch mehr oder weniger eckicht und mit Rippen versehen. Seine Schale ist glatt, und wenn er reif ist, hat er eine schöne rothe Farbe, auch vielmals kleine blasrothe Flecken; wenn er noch am Baum hangt, oder nicht viel betastet worden, bedeckt die Schale ein weißlichter Duft. Sein Fleisch ist ziemlich zart, von einem recht angenehmen herben Geschmack, und also ist er auch einer der besten Sommeräpfel.

Der Baum treibt viel Holz und trägt sehr starck, daher er denn insgemein nicht gar groß wird.

Tab. I. Nro. 6.

Weisser Sommercalville. *Calville blanche d'eté.* Ist ein ziemlich grosser Apfel, von Form etwas platt, und hat dabey Ecken oder Rippen. Wann er reif ist, hat er eine gelblichtweisse Farbe; sein Fleisch ist sehr zart, von so ziemlichen aber nicht gar zu feinem Geschmack, deswegen er kaum unter den mittelmäßigen Sorten einen Plaz verdienet. Siehe auch *Gewürzapfel (einfacher)*

Der Baum treibet wacker Holz, und ist sehr tragbar.

Tab. I. Nro. 7. Umkehrling.

Citronenapfel. (Sommer) *Citronen-Appel (Soomer)* Ist ein ziemlich grosser Apfel, von länglichter und etwas eckichter Form. Wenn er reif ist siehet er Citronengelblicht aus, und wenn er etwas gelegen hat, wird er durchaus etwas fettig. Seine Schale ist glatt, und sein Fleisch mild, hat aber keinen feinen Geschmack, daher er kaum verdienet unter die mittelmäßigen Sorten gesezet zu werden.

Der Baum treibt gutes starckes Holz und ist sehr tragbar.

Kronapfel. (Sommer) *Kroon-Appel (Soomer)* Wird nicht gar groß und ist von rundlichter Form. Seine Schale ist glatt, von Farbe blasgrünlichtweiß und blaßroth gestreift. Sein Fleisch ist mild, von ziemlichen herben, angenehmen Geschmack, und ist also ein sehr guter Sommer oder Herbstapfel. **Tab. I. Nro. 8.**

Der Baum treibt gutes feines Holz, und trägt sehr starck.

Hiefenapfel. (der rothe sauere) *Joopen-Appel. (roode zuire.)* Ist ein Apfel von mittelmäßiger Grösse, und länglichter Form, insgemein etwas schäf oder unförmlich, auch ein wenig eckicht. Seine Schale ist glatt, von Farbe durchaus Blutroth, doch auch manchmalen an der einen Seite etwas grünlicht, und zuweilen hier und dar rothgestreift. Sein Fleisch ist zart, von ziemlich angenehmen, weinichten doch nicht zu feinem Geschmack, weswegen er denn nur den zweyten Rang verdienet, oder unter die mittelmäßigen Sorten gehöret. **Tab. I. Nro. 9.**

Der Baum treibt viel Holz, wird ziemlich groß, und ist fruchtbar.

Rosenapfel. *Roos-Appel.* Ist ein ziemlich grosser plattrunder Apfel. Wenn er reif ist, hat er an der einen Seite eine gelblichtweiße, vielmals aber, fast rundum, eine schöne hellrothe Farbe, wobey er durchaus schön dunckelroth gestreift ist, hat einen gemeinen, ziemlich guten, aber nicht gar feinen, herben Geschmack, daher er denn unter die Mittelsorten gehöret, und fast nur alleine zum Kochen taugt.

Der Baum treibt gutes starckes Holz, wird groß, und ist recht tragbar.

Tab. I. Nro. 10. Luigen-Apfel, Sommerstreifling. Das Gewächs dieses Baumes zeichnet sich vor allen andern dadurch aus, daß die Reiser und nachherigen Äste gar lang und fast in einer Dicke wachsen, welches verhindert, daß man ihn nicht zu Piramiden oder Zwerchbäumen, nehmen kan, weil sich diese langen Äste nicht bekleiden. In Ansehung des wirthschafftlichen Nuzens ist diese Gattung eine der Besten, denn die Bäume tragen wo nicht alljährlich, doch übers andere Jahr gewiß

Tab. II. Nro. 10½. **Herbststreifling.** *Striepeling. (Herbst.)* Ist ein Apfel von mittelmässiger Grösse und etwas plattrunder Form; nach dem Buzen zu, der nicht tief aber klein ist, wird er etwas spizig. Seine Schale ist glatt, von Farbe gelblicht und mit schönen bluthrothen Streifen, durchaus ringsherum gestreift, welches ihm ein feines Ansehen gibt. Sein Fleisch ist nahe an der Schale, und auch in etwas nach innen zu, ebenfalls durchgehends etwas blutroth und dabey ziemlich mild; es ist voll starcken, ziemlich angenehmen, aber nicht gar feinen sauern Saftes, daher er nur unter den gemeinen Äpfeln den Rang haben kan.

Der Baum treibt wacker Holz, und trägt sehr wohl.

Tab. I. Nro. 11. **Englischer Carolin.** *Engelsche Carolin.* Ist ein grosser Apfel, von Form nach dem Aug oder Buzen zu, welcher etwas tief eingesuncken ist, ein wenig zugespizt, auch hat er durchaus viel Ecken oder Rippen. Seine Schale ist glatt, und wenn er reif ist, von Farbe gelblichtweiß; im Liegen wird er etwas fettig. Sein Fleisch ist mild, und dabey angenehm sauer, aber von keinem gar feinem Geschmack, daher er mehr für die Küche als für die Tafel dient. Von innen hat er ein grosses holes Kerngehäuse, auch mangeln öffters die Kerne.

Der Baum treibt gutes, starckes Holz, wird groß und trägt starck.

Tab. II. Nro. 12. Kostanzer. **Der Himbeerapfel.** *Framboos-Appel.* Ist eine Sorte mit von den *Calvillen*; ein ziemlich grosser Apfel, welcher der Form nach, an den nehmlichen Baum gemeiniglich sehr ungleich ist: denn einige Äpfel sind länglicht, einige runder, doch durchgängig alle etwas kantig oder eckicht. Seine Schale ist glatt, die Farbe, an der einen Seite, grünlichtgelb, an der andern, oder auch wohl rundum, hell- oder Blaßroth, und dabey durchaus etwas dunckler roth gestreift. Sein Fleisch ist sehr mild, und hat einen recht angenehmen gewürzhaften Geschmack, fast wie die Himbeeren, wovon er auch seinen Namen hat, daher er den auch einer von den besten Sommer- oder Herbstäpfeln für die Tafel ist.

Der Baum treibt wacker Holz, und trägt starck; bekommt aber gern den Krebs.

Der Blumensüsse. (Der Sommer- oder Herbst) *Bloem-Zoete. (Zoomer of Herbst.)* Ist ein Apfel von mittelmäßiger Grösse, rundlichter Form, nach dem Buzen aber wird er spiziger, und ist gleichsam pyramidenförmig abgekürzt. Wenn er reif ist, hat er an der einen Seite eine Lichtgelbe, an der andern aber, und auch manchmalen ringsherum, eine schöne, rothe Farbe, wobey er zuweilen rothe Streifen hat. Sein Fleisch ist mild, von recht angenehmer, köstlicher Süsse, daher er auch einer der besten süssen Äpfel zu seiner Zeit ist. **Tab. II. Nro. 13.**

Der Baum kan groß werden, treibt wacker Holz und ist sehr tragbar, dieses Leztere aber verursachet, daß er zuweilen nicht gar groß wird.

Sommerparmain. *Parmain d'été.* Ist ein mittelmäßig-grosser Apfel, von etwas länglichter, viereckichter Form. Wenn er reif ist, ist er von Farbe gelblicht, und dabey durchaus bräunlichtroth. Sein Fleisch ist mild, gelb, und von einem sehr angenehmen, feinen und besondern Geschmack; weßwegen er denn auch einer der besten frühen Äpfel zu seiner Zeit ist, den man so wohl aus der Hand, als gekocht essen kan, weil er auch alsdenn sehr schmackhaft ist, und also wohl gepflanzt zu werden verdienet. **Tab. II. Nro. 14. sie die Anmerkung bei Nro. 5. indem solche hieher und nicht dorthin gehöret**

Der Baum treibt gut, wird ziemlich groß und ist sehr tragbar.

Der graue Birnsüsse. *(Peer-zoete grauvve).* Ist ein ziemlich grosser Apfel, von rundlichter und oben etwas platter Form. Wenn er reif ist, hat er eine gelblichte Farbe, und dabey ist er mehr oder weniger mit grauen oder braunen Punckten und Strichen, gleich den gelben Renetten, bezeichnet; auch ist er manchmalen an der einen Seite etwas röthlich. Sein Fleisch ist mild, von sehr angenehmen süssen Geschmack; daher er denn ein sehr guter süsser Apfel, zu seiner Zeit, zu nennen. **Tab. II. [Nro.] 15.**

Der Baum treibt wacker Holz, wird groß, und trägt sehr wohl, wird aber manchmalen vom Krebs befallen.

Der weisse oder blancke Birnsüsse. *Peer-Zoet. (vvitte of blanke)* Ist von dem vorhergehenden nur darinnen unterschieden, daß er wenig oder gar nicht braun gefleckt, und nur etwas gelblicht ist.

Tab. II. [Nro.] 16. **Martensapfel.** *Doeke Martens.* Ist ein mittelmäßig grosser Apfel, von plattrunder Form, mit einem ziemlich tiefen Buzen. Seine Schale ist glatt, und wenn er reif ist, gelblicht, im liegen aber wird er etwas fettig. Sein Fleisch ist mild, von ziemlichen aber nicht gar feinem Geschmack. Daher er fast nur einig und allein ein Kochapfel ist.

Der Baum hat ein gutes Gewächs, wird groß und trägt sehr starck, weswegen er bey vielen in Achtung stehet.

Tab. IV. [Nro.] 17. **Der Jungfern-Gewürzapfel.** *Kruid-Appel.* (Juffers.) Ist ein ziemlich grosser Apfel, von rundlichter und etwas eckichter Form, und an der einen seite des Butzens, der nicht gar tief ist, durchgehends etwas höher. Seine Schale ist glatt, und von blasser grünlichtgelber Farbe; auch haben viele dieser Äpfel, welche an einem Baum wachsen, öffter vom Butzen an, gerade nach unten zu, einen oder mehr erhabene Streifen, gleich einer zarten Nath, oder ein scharfes erhabenes Ecke, wodurch sich dies Sorte ins besondere von andern unterscheidet. Wenn er reif ist, gibt er einen starcken angenehmen Geruch von sich; sein Fleisch ist mild, safftig, und von einem angenehmen recht lieblichen Geschmack, und ist also einer der besten Äpfel seiner Zeit, man mag ihn gleich frisch oder gekocht essen.

Der Baum hat gutes, starckes Holz, wird groß, ist aber nicht gar tragbar; wenigstens trägt er nicht starck so lange er noch jung ist.

Tab. II. [Nro.] 18. **Süsser gelber Silberling.** *Silverling. (zoete geele)* Ist ein ziemlich grosser Apfel, von runder Form, und nach dem Buzen zu, welcher klein, und nicht tief ist, etwas getüpfelt. Seine Schale ist glatt, und wenn er reif ist, von gelblichter Farbe, auch manchmalen, aber selten, an der einen Seite etwas Blutroth. Sein Fleisch ist ziemlich mild, von sehr angenehmen süssem Geschmack, daher er denn einer von den besten, süssen Kochäpfeln ist.

Der Baum treibt feines Holz, wird groß und trägt sehr starck.

Der süsse Holaart. *Zoete Holaart.* Ist ein mittmässig grosser Apfel. Von rundlichter Form, Wenn er reif ist, hat er eine gelblichte Schale, welche an der einen Seite durchaus schön roth ist; auch hat er einen feinen Buzen, und manchmalen mehrere oder wenigere braune Puncten und Flecken. Sein Fleisch ist mild, von sehr angenehmen, feinem, süssem Geschmack, daher er ohne Widerrede einer der besten süssen Äpfel seiner Zeit genennet zu werden verdienet, und zwar um so viel mehr, weil er lange, und so gar biß in den April, dauret. **Tab. II. [Nro.] 19.**

Der Baum treibet wacker Holz, trägt aber nicht gar starck, und ist dem Krebs unterworffen.

Sommer-Erveling. *Erveling (Zomer)* kan ein grosser Apfel werden, bleibt aber vielmals kleiner als ihn unsere Abbildung vorstellet. Von Form ist er etwas platt, und nach dem Buzen zu etwas spizig, auch um solchen herum eckicht, und manchmalen hat er eine tiefe Grube vom Buzen nach dem Stiel zu. Seine Schale ist glatt und, wann er reif ist, von gelblichter in das grüne fallender Farbe; manchmalen, wiewohl selten, ist er auch an der einen Seite etwas blasroth, oder etwas starck rothgestreift. Sein Fleisch ist ganz mild, von gemeinen unfeinem Geschmack, daher ihm denn auch nur unter den Kochäpfeln ein Plaz anzuweisen ist. **Tab. III. [Nro.] 20.**

Der Baum treibt gutes starckes Holz, wird groß, und trägt gut.

Zuckerapfel. *Zuiker Appel.* Ist von mittelmässiger Grösse, von Form etwas länglicht, und nach dem Buzen zu spizig, auch vielmals etwas eckicht. Seine Schale ist glatt, und wenn er reif ist, von Farbe gelb, auch manchmalen an der einen Seite etwas röthlicht. Sein **Tab. III. [Nro.] 21.**

Fleisch ist mild, von ziemlich angenehmen und etwas Gewürzhaften Geschmack, daher er denn für den mittelmässigen Sorten einen Vorzug Verdienet.

Der Baum hat ein feines Gewächs und trägt ziemlich.

Tab. III. [Nro.] 22. **Princessenapfel.** *Princes-Appel.* Ist ein mittelmässiger grosser Apfel länglichtrund, oder Eyförmig. Der Buzen ist klein und nicht tief. Seine Schale ist glatt, und wenn er reif ist, grünlichtgelb, auch an der einen Seite durchgängig etwas röthlich, oder hell gestreift. Sein Fleisch ist mild, von ziemlich gutem doch nicht sehr feinem Geschmack, weswegen wir auch diesen Apfel zu den mittelmässigen Sorten zählen.

Der Baum hat ein feines Holzgewächs, wird groß und trägt sehr starck.

Süsser Princesapfel. *Princes. (zoete.)* Hat so wohl der Form als Farbe nach viel Ähnlichkeit mit dem vorigen; doch hat sein Fleich einen süssen nicht gar feinen Geschmack, daher er denn eigentlich unter die gemeinen süssen Äpfel gehöret.

Der Baum treibt zimlich Holz, und ist auch ziemlich tragbar.

Tab. II. [Nro.] 23. grosse Schafnasen. **Der Delphin.** *Dolphyn.* Ist ein schöner grosser, ansehnlicher Apfel, von etwas länglichter Form, und grünlichtgelber Farbe an der einen Seite; an der andern aber, und manchmalen rings herum, rothvioletfarb, und wenn er noch am Baum hangt, ist er wie die Pflaumen, mit einem Dufft oder Wasem bedecket, wovon er ein liebliches Ansehen bekommet. Sein Fleisch ist vest, von einem angenehmen, feinen, süssen Geschmack, und folglich ist er einer von den besten süssen Winteräpfeln.

Der Baum treibt viel Holz, wird ziemlich groß, trägt aber nicht gar starck.

Der Brandapfel. *Brand-Appel.* Ist ein mittelmäßig grosser eyförmiger Apfel. Sein Buzen ist nicht tief, der Stiel aber ziemlich lang. Wenn er reif ist, hat er an der einen Seite eine gelblichte und an der andern eine blasse oder lichtrothe Farbe, wobey er über und über schön hellroth gestreift ist. Auch hat er vielmals mehr oder weniger schwarze Flecken, welche, wie gebrannt scheinen, wovon er seinen Namen bekommen. Sein Fleisch ist mild, von ziemlich lieblichen, doch nicht sehr feinem Geschmack, daher er denn kaum unter den Mittelsorten einen Plaz verdienet.

Tab. V. [Nro.] 24. ein solcher Baum steht am unteren Rosen Garten, links am Ek, und hart am Canapeé, rechts in der Hecke.

Der Baum hat gutes Holzgewächs, und ist sehr tragbar.

Süsser Sonnenapfel. *Son-Appel (Zoete)* kommt an Grösse, Form und Farbe ziemlich mit dem vorigen überein, so daß man zwischen beeden wenig, oder keinen Unterschied wahrnimmt, ausser im Geschmack, welcher süß und ziemlich angenehm, aber nicht gar fein ist, daher er denn unter die Mittelsorten der süssen Äpfel gehöret.

Tab. VI. [Nro.] 25.

Der Baum hat ein gutes Holzgewächs, trägt aber nicht starck.

Der weisse Blumensüsse. *Bloem Zoete (vvitte.)* Ist ein Apfel von mittelmässiger Grösse. Der Form nach kommet er gar viel mit dem *Blumensüssen* der II. und VII. Tafel überein, und nach oben zu ist er fast eben so mit Punckten besezet. Seine Schale ist glatt und von Farbe gelblichtweiß. Sein Fleisch ist mild, von mittelmäßig gutem süssen Geschmack, daher er denn auch nur unter den mittelmässigen Sorten, der süssen Äpfel, einen Plaz verdienet.

Tab. III. [Nro.] 26. süsse Schafnasen

Der Baum wächst gut und ist ziemlich tragbar.

Der Schwannenapfel. *Svvaan-Appel.* Ist ein ziemlich grosser Apfel, von runder Form und durchgehends etwas kantig oder eckicht und schief. Seine Schale ist glatt, und wenn er reif geworden, gelblicht; an der einen Seite aber durchgehends etwas blutroth, oder Blutfarb gestreift. Das Fleisch ist mild, von ziemlich angenehmen, doch eben

Tab. III. [Nro.] 27.

nicht gar feinem Geschmack; daher er kaum unter die mittelmässigen Sorten gezählet zu werden verdienet.

Der Baum hat ein feines Gewächs, und ist sehr tragbar.

Der süsse Schwannenapfel. *Svvanen-Appel. (zoete)* Ist ein ziemlich grosser Apfel, von runder Form, und zu weilen auch etwas ekicht und schief; der Grösse und Form nach kommt er mit dem Vorhergehenden ziemlich überein. Wenn er reif ist, hat er eine gelbe Farbe. Sein Fleisch ist mild, von schlechtem, unfeinem Geschmack, daher ihm denn auch nur, unter den gemeinen süssen Äpfeln, ein Plaz anzuweisen ist.

Der Baum ist von gutem Gewächs und sehr tragbar.

Tab. III. [Nro.] 28. **Rother Herbst-Calville.** *Calville rouge d'Automne.* Wird insgemein ein grosser Apfel von länglicher gerippter Form. Der Buze steckt tief darinnen; die Schale ist roth und spielt in das gelbe; das Fleisch ist mild, und hat einen lieblichen Geschmack wie Rhein Wein, aber doch lange nicht so starck, wie der *rothe Sommer-Calville* der I. Tafel, daher ich ihn unter die mittelmäßigen Sorten seze, wie er denn auch gutter Kochapfel ist.

Der Baum treibt starkes, grobes Holz, wird groß und sehr tragbar.

Tab. XI. [Nro.] 29. **Pomme Madame,** *Pomme Madame.* Wird ein ziemlich grosser Apfel. Seine Form fällt an dem nämlichen Baum verschieden aus, indem einige rundlicht, andere aber mehr plattrund sind; an Farbe und Geschmack aber kommt er mit dem *langen Bellefleur,* viel überein; manchmalen aber wird er auch wohl etwas grau, oder braun gefleckt, wie die *Renetten,* und ist einer der besten Äpfel seiner Zeit.

Der Baum hat ein gutes starckes Holzgewächs, wird ziemlich groß und trägt starck, bekommt aber auch manchmalen gerne den Krebs.

Tab. XII. [Nro.] 30. **Doppelter Gulderling.** *Goelderling. (dubbelde)* Ist ein grosser Apfel, von etwas länglichter, viereckichter Form. Seine Schale ist glatt, und wenn er reif ist, grünlichtgelb. Sein Fleisch ist mild, von ziemlich lieblichen, nicht sehr feinem Geschmack, daher er denn kaum unter die Mittelsorten zu rechnen ist.

Der Baum hat ein gutes Gewächs, ist aber nicht gar tragbar.

Rother Gülderling. *Gulderling. (roode)* Ist ein mittelmäßig grosser Apfel, von Form etwas länglicht und viereckicht, manchmalen aber auch etwas mehr rund und eckicht. Die Schale ist glatt und, wenn er reif ist, von ganz dunckelbrauner, oder purpurfarbichtrother Farbe, wodurch hier und dar, sonderlich aber an der einen Seite, etwas grünes durchschimmert. Sein Fleisch ist mild und von angenehmen feinem Geschmack, daher er denn unter die besten Sorten der Äpfel gehöret. **Tab. III. [Nro.] 31.**

Der Baum hat ziemlich Holz und ist recht tragbar.

Die einfache Grethe. *Griet (enkelde)* Ist ein Apfel von mittelmässiger Grösse, von Form etwas länglicht, schief und eckicht, mit einem ziemlich tief gesunckenen Buzen. Seine Schale ist glatt und, wenn er reif ist, an der einen Seite gelb, an der andern aber roth. Sein Fleisch ist ziemlich mild, doch grob, von ziemlich guten, doch nicht gar feinem Geschmack; daher er denn auch nur unter die Kochapfel zu rechnen. **Tab. V. [Nro.] 32.**

Der Baum treibt wacker Holz und trägt starck.

Der Eyerapfel. *Eyer-Appel.* Ist ein mittelmässig grosser Apfel; von der Form eines Eyes, daher er denn auch seinen Namen bekommen. Der Buzen ligt etwas tief; seine Schale ist glatt, und wenn er reif ist, von Farbe gelblichtweis; zuweilen aber auch an der einen Seite etwas röthlicht. Sein Fleisch ist mild, von ziemlich angenehmen Geschmack; daher er den unter den Mittelsorten, zu seiner Zeit einen Plaz verdienet. **Tab. V. [Nro.] 33.**

Der Baum treibt viel Holz und ist recht tragbar.

Tab. V. [Nro.] 34. **Rosenapfel.** *Pomme-Rose.* Ist ein grosser Apfel, von viereckichter Form, manchmalen aber auch etwas länglicht, schief und höckericht. Er hat einen sehr grossen tiefen Buzen. Wenn er reif ist, hat er eine grünlichte, Citronengelbe Schale, wobey er insgemein hier und dar, etwas lichtbraun punctirt oder gefleckt ist. Vielmals hat er auch an der einen Seite etwas dunkelrothes, und zuweilen, hier oder dar, erhabene braune Flecken, wie Warzen. Sein Fleisch ist ziemlich mild, von angenehmen feinem Geschmack, weswegen er denn, zu seiner Zeit, einer von den besten Sorten der Tischäpfel ist. Es kan dieser Apfel wohl mehr andere holländische Namen haben, ich habe selbige aber noch nicht in Erfahrung bringen können.

Der Baum wächst wacker, und ist ziemlicht tragbar.

Tab. V. [Nro.] 35. **Rother, süsser Hiefenapfel.** *Joopen (roode zoete)* Er wird nicht gar groß; ist länglicht und fast Eyförmig; sein Buzen ist klein, und sizt ein wenig tief darinnen. Die Schale ist glatt und insgemein von Farbe dunckelroth; doch auch manchmalen, an der einen Seiten, etwas gelblicht. Sein Fleisch ist mild und lieblich süß. Daher er denn für einen guten süssen Kochapfel gelten kan.

Der Baum treibt wacker Holz und ist sehr tragbar.

Der doppelte, rothe, süsse Hiefenapfel. *Dubbelde rode Zoete-Jopen.* Ist von dem erst beschriebenen nur darinnen unterschieden, daß er etwas grösser ist, und manchmalen mehr Kanten hat.

Tab. VIII. [Nro.] 36. **Weiser, süsser Hiefenapfel.** *Joopen (vvitte zoete).* Ist ein kleiner Apfel, von länglichter Form, und nach dem Buzen zu, der wenig oder gar nicht tief ist, wird er spiziger, wobey er durchgehends etwas eckicht ausfällt. Seine Schale ist glatt, und wenn er reif ist, blaß grünlichtgelb. Sein Fleisch ist ziemlich mild, aber von schlechtem süssem Geschmack, daher er denn nur unter die schlechten süssen Äpfel gehöret.

Der Baum ist übrigens sehr tragbar.

Der rothe Weinapfel. *Wyn-Appel. (roode)* Ist ein ziemlich grosser Apfel von sehr ungleicher Form, in dem an dem nämlichen Baum einige rundlicht, andere etwas platt, und dabey schief und kantig, auch von groben Ansehen sind; an Form und Farbe aber viel mit dem *Wintererveling* übereinkommen. Seine Schale ist glatt, von rother Farbe, doch ist er auch manchmalen an der einen Seite etwas grün oder gelblicht. Sein Fleisch ist mild, voll Saftes, von ziemlich angenehmen, säuerlichem oder rheinischem, doch nicht hochfeinem Geschmack, daher er denn auch nur unter die Mittelsorten gehöret. Es ist ein guter Kochapfel, der *gedünstet* recht wohl schmackt, auch ist er sehr dienlich um *Äpfelwein* daraus zu machen. **Tab. VIII. [Nro.] 37.**

Der Baum hat ein gutes, starckes Holzgewächs, und wann er etwas alt geworden, ist er sehr tragbar.

Weisser Weinapfel. *Wyn-Appel. (vvitte)* Gleicht dem vorigen der Form und dem Ansehen nach, sehr viel, ausser daß er nicht roth, sondern weißlichtgrün ist. Auch kommt er im Geschmack viel mit ihm überein, ist aber doch nicht so lieblich, und also von minderem Werth. **[Nro.] 38.**

Der Baum hat gutes Holz, und ist ziemlich tragbar.

Süsser Kronenapfel. *Kroons-Appel (zoete)* Ist ein ziemlich grosser Apfel, von Form durchgehends etwas länglicht, und zuweilen auch ein wenig schief und kantig. Wenn er reif ist, hat er an der einen Seite eine gelbe Farbe, und an der andern ist er blaßroth und gestreift. Sein Fleisch ist ziemlich mild, von recht angenehmem süssem Geschmack, daher er denn unter den guten süssen Äpfel einen Plaz verdienet. **Tab. VII. [Nro.] 39**

Der Baum hat ein gutes Holzgewächs, wird groß, und ist ziemlich tragbar.

Das seidene Hemdgen. *Syden Hemdje.* Ist ein ziemlich grosser Apfel, von Form etwas hoch, oder länglicht rund. Seine Schale ist schön glatt und, wenn er reif ist, gelblicht, auch manchmalen an der einen Seite etwas blaßroth, mit einem feinen Buzen. Sein Fleisch ist **Tab. III. [Nro.] 40.**

mild, von ziemlich wohlriechendem angenehmen Geschmack, weßwegen er auch unter die Äpfel vom ersten Rang gehöret.

Der Baum hat ein feines Gewächs, und ist ziemlich tragbar.

Tab. VI. [Nro.] 41. **Winter Streifling.** *Striepeling. (Winter)* Ist ein ziemlich grosser Apfel, von runder und etwas blatter Form. Seine Schale ist glatt, und wenn er reif ist, von gelblichter Farbe, zugleich aber ringsherum, mit schönen rothen feinen Streifen, so ein liebliches Ansehen haben, durchzogen. Sein Fleisch ist mild, aber eben nicht gar fein vom Geschmack, daher er denn nur unter die gemeinen Sorten gehöret.

Der Baum hat ein ziemliches Holzgewächs, und ist sehr tragbar.

[Nro.] 42. **Süsser Streifling.** *Striepeling. (Zoete)* Der Form und Farbe nach ist er dem Herbst oder Winterstreifling sehr ähnlich, den Geschmack ausgenommen, als welcher süß, jedoch nicht gar fein, sondern schlecht ist, daher er denn nur, unter den gemeinen Sorten der süssen Äpfel, einen Plaz verdient.

Der Baum hat wacker Holz und ist sehr tragbar.

Tab. VII. [Nro.]43. **Doppelter süsser Gülderling.** *Gulderling. (dubbelde zoete)* Ist ein Apfel von ziemlicher Grösse, von länglichter Form, welcher doch auch manchmalen etwas rund ausfällt, wobey er insgemein ein wenig eckicht ist, und einen ziemlich tiefen Buzen hat. Wenn er reif ist, hat er eine gelblichte, und an der einem Seite etwas röthlichte Farbe. Sein Fleisch ist ziemlich vest, von angenehmen süssen Geschmack, da er auch überdem lange dauret, so gehöret er allerdings unter die guten Sorten der süssen Äpfel.

Der Baum hat ein gutes Holzgewächs und ist ziemlich tragbar.

Der Einfache süsse Gülderling. Ist vornehmlich von diesem darinnen unterschieden, daß er etwas kleiner ausfällt, doch ist er auch von Geschmack nicht so süß, trägt aber übrigens ziemlich wohl.

Französischer Gülderling. *Gulderling (Franse.)* Ist ein mittelmäßig grosser Apfel, von etwas länglichter und eckichter Form, auch wächst er meistens etwas schief, und hat ein kleines tiefes Aug, oder Buzen, wenn er reif ist hat er eine grünlichtgelbe Farbe, und manchmalen ist er auch hier und dar etwas gelblichtbraun gefleckt oder punctiret. Sein Fleisch ist mild, und von recht angenehmen Geschmack, daher er denn unter die guten Herbstäpfel zu zählen ist. **Tab. IV. [Nro.] 44.**

Der Baum hat ein feines Gewächs und trägt starck.

Süsser Erveling. *Erveling (zoete)* wird ein ziemlich grosser Apfel. Von Form ist er etwas plattrund, und nach den Buzen zu vielmals ein wenig spizig, auch insgemein etwas schief und mehr oder weniger eckicht. Seine Farbe ist gelblicht, und an der einen Seite mehr oder weniger hellroth. Sein Fleisch ist ziemlich mild, von gutem süssen und dabey etwas säuerlichem Geschmack, daher er denn ein guter Kochapfel ist. **Tab. VI. [Nro.] 45.**

Der Baum treibt wacker Holz, und trägt ziemlich starck.

Weisser Pepping. *Pepping. (blanche)* Ist ein mittelmässig grosser Apfel, von etwas länglichter Form, so, daß er nach dem Buzen zu, der nicht tief ist, ein wenig spiziger wird, auch ist er manchmalen etwas eckicht. Seine Schale ist glatt, und wenn sie reif ist, von Farbe weiß, an der einen Seite aber blaßroth, und manchmalen etwas dunckler rothgestreift; auch ist er vielmals ringsherum gleichsam blaßroth gefleckt. Sein Fleisch ist mild, von ziemlich gewürzhaften Geschmack, daher ich ihn unter die Mittelsorten seze. **Tab. VI. [Nro.] 46.**

Der Baum treibt wacker Holz, wird ziemlich groß, und trägt starck.

Der Danziger Kantenapfel. *Danziger Kantenappel* Ist ein sehr guter Apfel, und hat eine rundlichte, oder kantige, eckichte Form, von welcher er auch seinen Namen bekomen. Die Schale ist schön glatt, blinckend und von schöner hoch- oder blutrother Farbe. Der Form nach gleicht dieser Apfel gar viel einem rothen *Sommercalville*, nur ist **Tab. IV. [Nro.] 47.**

Von disem Apfel steht ein Basterre Bäumg: auf dem 5. Ausen Plaz, wo man hinunter geht, linker Hand.

er eckichter. Sein Fleisch ist mild, gelblicht, und von sehr angenehmen lieblichen Geschmack, daher er denn zu seiner Zeit, so wohl für die Tafel als für die Küche ein guter Apfel ist.

Der Baum hat ein gutes Gewächs, wird groß und trägt starck.

Tab. V. [Nro.] 48. **Der weisse platte Apfel.** *Witte platte.* Ist ein ziemlich grosser Apfel, von sehr platter Form, wobey er auch öffters schief und eckicht ist. Seine Schale ist glatt und von Farbe, wenn er reif ist, weißlicht, an der einen Seite aber auch etwas heller roth oder rothgestreift. Sein Fleisch ist mild, jedoch von schlechtem Geschmack, daher er denn nur ein gemeiner Kochapfel ist.

Der Baum hat ein gutes Gewächs und ist sehr tragbar.

Tab. V. [Nro.] 49. **Der Blumensauere.** *Bloem-Zuit.* Ist ein Apfel von mittelmäßiger Grösse. Seine Form ist rund, nach dem Buzen zu aber, welcher etwas vertieft ist, wird er etwas dünner, auch ist er manchmalen ein wenig eckicht. Wenn er zeitig geworden, ist seine Schale grünlichtweiß, an der einen Seite, und an der andern blasroth, in diesem blasrothen aber wieder etwas dunckler roth gestreift. Sein Fleisch ist mild und von ziemlich angenehmen Geschmack, daher ich diesen Apfel unter den guten Tischäpfeln einen Plaz einraume.

Der Baum hat gutes Holzgewächs und trägt ziemlich starck.

Tab. V. [Nro.] 50. **Sommerstreifling.** *Striepeling. (Zomer)* Ist ein mittelmäßig grosser Apfel, von runder und etwas eckichter Form. Seine Schale ist glatt, von gelblicht weiser Farbe, auch wohl in etwas ganz blasroth, und dabey blas carmesinroth gestreift. Sein Fleisch ist mild, aber nicht von gar feinem Geschmack.

Tab. VI. [Nro.] 51. **Grauer Rabau.** *Rabau (grauvve)* Ist ein mittelmässig grosser Apfel, von rundlichter Form, und nach dem Buzen zu etwas spiziger. Seine Schale ist von Farbe gelblicht, und dabey mehr oder weniger lichtbraun oder dunckel, zimmetfarbig gefleckt oder punctiret, auch durchgehends an der einen Seite etwas hellröthlicht. Sein Fleisch ist etwas zähe und trocken, von ziemlich lieblichem aber nicht sehr feinem Geschmack, daher er kaum unter die Mittelsorten zu zählen.

Der Baum hat gutes Holzgewächs und ist sehr tragbar.

Süsser Ribbert oder Rippenapfel. *Ribbling. (zoete)* Ist von Gewächs ziemlich eckicht und uneben. Der Buzen und der Stiel, der sehr kurz ist, ist ziemlich tief darinnen. Die Schale ist glatt, und wenn der Apfel reif ist, Citronengelb, fällt auch etwas in das grüne, und öffters ist er hier und dar, sonderlich um den Stiel herum, blaß zimmetfarb gefleckt. Sein Fleisch ist süß, aber von schlechten unfeinem Geschmack; daher er nur unter die gemeinen, süssen Äpfel zu rechnen ist.

Grauer Pepping. *Pepping (grauvve.)* Wird ein ziemlich grosser Apfel. **Tab. VI. [Nro.] 52.** Seine Form ist etwas länglicht, eyrund. Wenn er reif ist, hat er eine grünlichtgelbe Schale, welche dabey, wie die *Renetten*, braunlicht gefleckt, und vielmals, an der einen Seite, etwas röthlicht ist. Sein Fleisch ist etwas morsch, aber doch saftig und von angenehmen säuerlichem Geschmack, weswegen er unter den guten Äpfeln einen Plaz verdienet.

Der Baum hat ein gutes Holzgewächs und trägt starck.

Der Winter-Blumensüsse. *Bloem-zoete (Winter)* Ist ein ziemlich **Tab. VII. [Nro.] 53.** grosser Apfel, und kommt der Form nach so ziemlich mit dem *Herbst-Blumensüssen* der II. Tafel überein. An der einen Seite hat er eine gelblichte, und an der andern eine braunrothe Farb, auch ist er manchmalen etwas rothgestreift. Sein Fleisch ist etwas mild, von angenehmen süssem Geschmack, daher er unter den besten süssen Winteräpfeln einen Plaz verdienet.

Der Baum ist groß, hat ein gutes Holz; ist aber nicht völlig so tragbar, als der *Herbstblumensüsse*. Daher er denn auch nur unter die gemeinen Äpfelsorten gehöret.

Der Baum hat gutes Holzgewächs, und ist sehr tragbar.

Tab. VI. [Nro.] 60. **Edler Princessenapfel.** *Princesse noble.* Wird ein mittelmäßig grosser Apfel. Öffters ist er von Form länglicht, viereckigt und etwas schief, doch fällt er auch wohl manchmalen nach den Buzen zu etwas spiziger aus. Seine Schale ist glatt, und wenn er reif ist, von gelblichter Farbe, auch insgemein an der einen Seite etwas hellroth, oder gestreift. Sein Fleisch ist ziemlich mild, und von feinem gewürzhafftem Geschmack, daher er denn einer der besten Tischäpfel seiner Zeit ist.

Der Baum treibt feines Holzgewächs, wird ziemlich groß, und ist sehr tragbar.

Tab. VI. [Nro.] 61. **Der süsse Bobbert.** *Zoete Bobbert.* Kan ein sehr grosser Apfel werden. Von Form ist er etwas länglicht, und nach dem Buzen zu wird er ein wenig spizig. Seine Schale ist glatt, und wenn er reif ist, von gelblichter Farbe. Sein Fleisch ist mild, von ziemlich angenehmen, süssem, und dabey etwas säuerlichem Geschmack, daher er unter den Mittelsorten der süssen Äpfel einen Plaz verdienet.

Der Baum hat gutes Holzgewächs, und ist ziemlich tragbar.

Tab. XI. [Nro.] 62. **Pigeon.** *Pigeon.* Ist ein Apfel von mittelmässiger Grösse und länglichter Form; nach dem Aug, zu, welches nicht tief drinnen sizet, laufft er insgemein ziemlich spizig zu, manchmalen aber fället er auch, an dem nämlichen Baum, etwas kürzer aus. Die Schale ist glatt, und wenn er reif geworden, an der einen Seiten weißlicht, und an der andern, auch wohl rundum, blas- oder hellroth. Das Fleisch ist mild, voll wässerigen Saftes, welcher jedoch einen angenehmen besondern Geschmack hat, so dieser Sorte eigen ist, daher er denn, ohne Widerspruch, zu den besten Tafeläpfeln gehöret.

Der Baum treibt gutes feines Holz, trägt sehr starck und wird daher nicht groß.

Pigeon (der bunte) *Pigeon (bonte)* Ist von dem Vorhergehenden nur dadurch unterschieden, daß er, in einem weißlichten Grund, blas oder hellroth gestreifet ist, und um das Aug ein gar feines Ansehen hat; von einigen wird er auch für schmackhafter gehalten.

Der graue Hohlsüsse, *Grauvve hol-zoete.* Ist ein ziemlich grosser Apfel, von länglichter Form und manchmalen etwas eckicht. Seine Schale ist glatt, von weißlichtgelber Farbe, und an der einen Seite roth, welche wieder vielmals etwas stärcker roth gestreift oder hell gefleckt ist, und manchmalen ist er auch hier und dar etwas braungrau gefleckt. Sein Fleisch ist ziemlich mild, von angenehmen süssem Geschmack, daher er denn auch einer der besten süssen Äpfel zu seiner Zeit ist, der sehr wohl gekocht zu essen. **Tab. VII. [Nro.] 62.**

Der Baum treibt gut Holz, wird groß und sehr tragbar.

Rother Kronapfel. *Kroons-Appel (roode)* Er ist der Form und Grösse nach dem vorigen völlig ähnlich, seine Farbe aber ist Lichtroth, und in solcher dunkelroth zierlich gestreift oder geflammt, fast wie einige Tulpensorten, welches ihm eine liebliches Ansehen gibt. Seine Schale ist sehr glatt. Wenn man selbige mit einem trockenem Tuch starck abreibt, wird sie recht glanzend, so, daß man sich, wie in einem Spiegel, darinnen sehen kan. Ich habe sie zuweilen, so abgerieben den Herrschafften dargeboten, welchen sich beym ersten Anblick eingebildet, sie wären mit einem feinen Glanzfirnis überzogen. Sein Fleisch ist sehr gelblicht, und von noch angenehmeren feinerem Geschmack als des vorigen seines, daher er denn einer der besten Tischäpfel seiner Zeit ist; welchen einige für den besten unter allen hiesigen Äpfeln halten. **Tab. VII. [Nro.] 63.**

Diese beede Sorten sind, gedünstet oder gebacken, eben auch, wie der *Gülderling*, sehr angenehm.

Gelber Gülderling. *Gulderling. (geele)* Ist ein mittelmäßig grosser Apfel, von etwas länglichter Form, wobey er vielmals etwas eckicht und schief ist; sein Buze ist ein wenig tief darinnen. Die Schale ist glatt, und wenn er reif ist, hellgelb oder Citronenfarb. Sein Fleisch ist mild, fein und gelblicht, von feinem angenehmen, gewürzhafften Geschmack, weßwegen er einer der besten Tischäpfel seiner Zeit ist. **Tab. VII. [Nro.] 64.**

Der Baum treibt gutes, feines Holzgewächs, wird aber nicht sehr gros, jedoch trägt er starck.

Grauer Gülderling. *Gulderling (grauvve)* Diese Sorte ist von der Vorhergehenden in nichts unterschieden, als daß sie mehr oder weniger graue, oder braune Flecken hat, doch ist der Apfel auch wohl um das Aug oder den Buzen etwas platter, und einige halten ihn für schmackhafter als den Vorigen.

Beede Sorten sind zu ihrer Zeit, unter allen Äpfeln die besten zum Kochen oder Gebackenen, als welches sehr wohl geschmack, und von einer angenehmen gelblichten Farbe ist.

Tab. VII. [Nro.] 65. **Doppelter grauer Gülderling.** *Gulderling. (Dubbelde g[r]auvve)* Ist ein sehr grosser Apfel, von etwas länglichter viereckichter Form. Wenn er reif ist, hat er eine grünlichtgelbe Farbe, und durchgehends mehr oder weniger, graulichte, raue Flecken, sonderlich aber oben, oder nach dem Buzen zu, wodurch er sich von den vorigen hauptsächlich unterscheidet. Sein Fleisch ist mild, von ziemlich lieblichen aber nicht so feinem Geschmack, als die beeden vorigen Sorten haben, wie er denn auch durchgehends schlechter von Fleisch ist, weßwegen ich ihn unter die Mittelmäßigen Sorten seze.

Der Baum hat gutes Holzgewächs, wird groß, ist aber nicht gar tragbar.

Tab. VII. [Nro.] 66. **Kronapfel.** *Kroons-Appel.* Ist ein mittelmäßig grosser Apfel, von runder Form; doch wächst er auch vielmals schief. Seine Schale ist glatt und eben, und wenn er reif ist, von blaßgrüner gelblichter Farbe, und dabey mehr oder weniger blaßroth gestreift. Sein Fleisch ist mild genug, etwas gelblicht, und von sehr angenehmen feinem, gewürzhaftem Geschmack, so, daß er also ein sehr guter Tischapfel ist.

Der Baum hat ein feines Holzgewächs, wird ziemlich groß, und trägt sehr starck.

Tab. VII. [Nro.] 67. **Kantjes Apfel.** *Kantjes-Appel.* Ist ein ziemlich grosser Apfel, von sehr plattrunder Form. Wenn er reif ist, hat er eine gelbe Farbe und dabey hier und da, sonderlich um den Buzen und Stiel, wie die *Re-*

netten, braune Flecken und Streifen, an der einen Seiten aber ist er über und über schön roth. Sein Fleisch ist vest, safftig genug und von ziemlich angenehmen doch nicht sehr feinem Geschmack, daher er denn nur unter den guten Äpfeln den zweyten Plaz verdienet. Er wird von vielen deswegen geachtet, weil er ein guter Kochapfel ist, und weil der Baum, wenn er etwas alt geworden, sehr starck und groß wird, eben deswegen aber viele Früchte liefern kan. Ich habe einen grossen Baum dieser Art gesehen, der in einem guten Obst-Jahr mehr den fünfzig Viertelskörbe, oder bey fünf und zwanzig Tonnen Äpfel geliefert, und also seinen Boden reichlich verzinset hat.

Süsser Kantjes Apfel. Dieser komt, in Ansehung der Form und Farbe sehr viel mit dem vorigen sauren Kantjes Apfel überein, und unterscheidet sich von solchen nur darinnen, daß er nicht so platt ist, und sein Fleisch einen ziemlich feinen süssen Geschmack hat, daher er denn ein guter süsser Kochapfel zu nennen.

Der Baum hat ein gutes Holzgewächs und ist ziemlich tragbar.

Weisse Renette. *Reinette blanche.* Wird ein ziemlich grosser Apfel, von runder und öffters auch etwas platter Form. Seine Schale ist glatt, und wenn er reif ist, etwas gelblicht und mit schwarzen oder braunen feinen Tüpfelchen besprenget; manchmalen aber ist er auch wohl etwas braun gefleckt, und an der einen Seite öffters ein wenig blasroth. Sein Fleisch ist ziemlich mild, gelblicht und von angenehmen, feinem Geschmack, daher er einer der besten Winter-Tischäpfel ist. **Tab. VIII. [Nro.] 68.**

Der Baum hat ein gutes Gewächs, wird ziemlich groß, und trägt starck, ist aber dem Krebs unterworfen.

Nota. Man muß diese Sorte nicht mit dem *Nelguin* verwechseln, womit sie der Form und dem Ansehen nach viel überein kommet, doch fällt sie insgemein etwas platter aus, und ist nicht so fleckicht, aber fein getüpfelt.

Tab. VIII. [Nro.] 69. **Grüne Renette.** *Reinette verde.* Ist ein mittelmässig grosser Apfel, von etwas plattrunder Form. Wenn er reif ist, hat er eine grünlichte Farbe, und ist mehr oder weniger braun gedüpfelt und gefleckt. Sein Fleisch ist ziemlich mild, und von lieblichem feinem Geschmack, daher er denn unter die Äpfel vom ersten Rang gehöret.

Der Baum hat ein gutes Holzgewächs, und ist ziemlich tragbar.

Renette von Montbron. *Reinette de Montbron.* Ist ein ziemlich grosser Apfel, von etwas länglichter Form, und nach den Buzen zu ein wenig spizig. Seine Schale ist rauh, von Farbe gelb oder fuchsroth, und an der Sonnenseite manchmalen etwas bräumlichtroth. Sein Fleisch ist mild, von ziemlich angenehmen feinem Geschmack, wenn er recht reif ist, so, daß er also unter die guten Sorten gehöret.

Der Baum hat ein gutes Holzgewächs und trägt sehr starck.

Nota. Dieser Apfel kommt, der Form und Farbe nach, viel mit dem *Grauen Pepping* überein, wird aber insgemein grösser.

Tab. IV. [Nro.] 56. **Der Süßapfel.** *Pomme douce.* Ist ein kleiner runder etwas blatter Apfel, über und über von braungraulichter Farbe, gleich den grauen *Renetten*, manchmalen ist er auch etwas rothlicht. Seine Schale ist hart und dick; sein Fleisch hat einen angenehmen süssen Geschmack, daher er denn ein sehr guter süsser Kochapfel ist.

Der Baum hat ein gutes Holzgewächs, wird ziemlich groß, und trägt sehr stark.

Tab. IV. [Nro.] 55. **Der gelderische Kreuzapfel.** *Kruis-Appel (van Gelder)* Er gleicht, so der Form als Farbe nach, dem *Kronapfel* sehr wohl, so daß man ihn, dem ersten Ansehen nach, leichtlich davor halten solte; doch ist er vielmals etwas länglichter, auch findet man den Unterschied bald, wenn man ihn kostet: denn er hat keinen feinen, sondern gemeinen Geschmack, daher er mehr zum Kochen taugt.

Der Baum treibt gutes Holz, wird aber nicht groß, indem er sehr tragbar ist.

Wildjes Apfel. *Wildjes-Appel.* Ist ein Apfel von mittelmäßiger Grösse, von länglichter und fast eyerrunder Form. Seine Schale ist glatt, und wenn er reif ist, von grünlichter Farbe. Übrigens kommt er, seiner Form und Wesen nach, viel mit dem *Princessenapfel* überein, ausser daß er nichts rothliches hat. Sein Fleisch ist mild, vom ziemlich guten, aber nicht sehr feinem Geschmack, daher er denn kaum unter den Mittelsorten einen Plaz verdienet. **Tab. VIII. [Nro.] 72.**

Der Baum hat ein gutes Holzgewächs, wird groß und trägt sehr starck.

Winter-Citronenapfel. *Citronen-Appel. (Winter)* Ist ein mittelmäßig grosser Apfel, von länglichtrunder Form, und hat mit dem gelben *Gülderling* viel Ähnlichkeit. Seine Schale ist glatt, und wenn er reif ist, schön Citronengelb, das Fleisch ist mild genug, und von gutem angenehmen Geschmack, weil er auch lange dauert, so ist er einer von den besten Winteräpfeln. **Tab. IX. [Nro.] 73.**

Der Baum hat ein gutes Gewächs, und ist sehr tragbar.

Nota. Dieser Apfel kan in andern Orten, wahrscheinlicher weise, noch andere Namen haben, welche ich noch nicht entdecken können. Man muß ihn mit dem *gelben Gülderling* nicht verwechseln.

Ribbling oder **Ribbert.** *Ribbling* oder *Ribbert.* Ist ein mittelmässig grosser Apfel, von etwas länglichter Form, und durchgehends etwas eckigt oder geribbt. Sein Aug steckt ziemlich tief darinnen, seine Schale ist glatt, und wenn er reif ist, grünlichtweiß. Das Fleisch ist ziemlicht mild, doch etwas trocken, von säuerlichem, ziemlich lieblichen aber nicht sehr feinem Geschmack, daher ich ihn unter die mittelmäßigen Sorten seze. **Tab. IV. [Nro.] 57.**

Der Baum treibt gutes starckes Holz, wird groß, und wenn er etwas zu Jahren gekommen, sehr tragbar.

Die doppelte Grethe, *Griet. (Dubbelde)* Ist ein sehr grosser länglicht vierkantiger Apfel, fällt aber manchmalen auch, am nämlichen Baum, etwas kürzer und mehr rund aus. Seine Schale ist glatt, und **[Nro.] 74.**

wenn er reif ist, blasgrünlichtgelb, an der einen Seite aber durchgehends etwas röthlicht. Das Fleisch ist brüchig, grob, voll saueren oder herben Safftes, so keinen gar lieblichen Geschmack hat, und eben deswegen verdienet er nur unter den gemeinen Kochäpfeln einen Plaz.

Der Baum hat ein gutes Holzgewächs, wird groß und trägt wohl.

Tab. XI. [Nro.] 75. **Die komische Grethe.** *Griet (koomsche.)* Er ist dem vorigen viel ähnlich, fällt aber insgemein länglichter und gelber aus; auch ist er durchgehends etwas blasroth gestreift. Sein Fleisch ist ebenfalls grob, brüchig und von keinem feinen Geschmack, daher er denn nur alleine zum Kochen taugt.

Der Baum hat ein gutes, starkes Gewächs, und trägt auch starck.

Tab. XI. [Nro.] 76. **Weisser Wintercalville.** *Calville blanche d'Hyver.* Ist ein grosser Apfel, von etwas länglichter Form, und sehr starck geribbt, woran er leicht zu erkennen ist. Seine Schale ist glatt, von grünlichtweisser Farbe. Sein Fleisch ist mild, von sehr angenehmen, feinen, gewürzhafften Geschmack, weswegen er denn auch einer der besten Winter-Tafeläpfel zu nennen.

Der Baum treibt viel, starkes Holz, wird groß und trägt starck, ist aber dem Krebs sehr unterworffen.

Tab. VIII. [Nro.] 77. **Langer Bellefleur.** *Bellefleur. (lange)* Ist ein sehr guter Apfel, von Form durchgehends mehr länglicht als rund, und am Buzen, der sehr groß ist, wie auch am Stiel, vertieft und ausgehölet, doch aber auch einigermassen platt. Wenn er reif ist, hat er eine gelbe Farbe, und an der Sonnenseite ist er manchmalen etwas blaßroth, und dabey matt gestreift. Sein Fleisch ist mild, von angenehmen lieblichem Geschmack; so, daß er zu seiner Zeit, einer von den besten Tischäpfeln ist. Beym ersten Anblick hat er, der Form und Farbe nach, mit dem *Pomme Madame* viel Ähnlichkeit, ist es aber doch nicht, weil dieser insgemein kurzer und runder ausfällt.

Der Baum hat ein gutes starckes Holz, eine feine Form und ist sehr tragbar, wird aber manchmalen Krebsicht.

Orangeapfel. *Oranje-Appel.* Ist ein kleiner Apfel von rundlichter Form. Wenn er reif ist, hat er eine glatte, ebene Schale von gelber Farbe, welche vielmals rings herum mit blaßrothen, starcken und unterbrochenen Streifen durchzogen und gefleckt ist. Sein Fleisch ist mild, von gelber Farbe, und von angenehmen, gewürzhaften Geschmack, daher er denn auch ein Apfel, vom ersten Rang ist. **Tab. VIII. [Nro.] 78.**

Der Baum hat ein gutes Gewächs und trägt starck.

Goldener Pepping. *Peppin d'Or.* Ist ein kleiner Apfel von rundlichter Form, und um das Aug und den Stiel aber etwas platt. Seine Schale ist glatt, und am Baum von grünlichter Farbe, wenn er aber reif ist, schön Goldgelb, wovon er denn auch seinen Beynamen bekommen. Sein Fleisch ist mild genug, voll Saftes und von sehr angenehmen hochfeinem Geschmack, wie er denn auch, von jedermann für den niedlichsten unter allen Äpfeln gehalten wird, und so wohl frisch als gedünstet sehr gut ist. **Tab. IX. [Nro.] 79.**

Es führen auch einige einen *Gedoppelten goldenen Pepping* an; alleine solches ist kein anderer als gegenwärtiger, wenn er an einem jungen Baum in einem guten Boden gewachsen, und also grösser als sonst geworden. Oder es ist die *Aurea Libertas*, welche mit dem Goldenen Pepping sehr viel überein kommt, aber grösser ist.

Graue Renette. *Grauvve Reinet.* Ist ein ziemlich grosser Apfel, von runder und etwas platter Form. Er hat eine rauhe braungraulichte Schale, woran sich vielmals ein hellgrüner Grund mehr oder weniger zeiget, auch hat er wohl hier und dar einige helle grüne Flecken oder breite Streifen. Sein Fleisch ist mild, vielmals von etwas grünlichter Farbe, und wenn er recht reif ist, von sehr angenehmen Geschmack, daher er denn auch ohne widerspruch einer der besten Äpfel ist. Weil er aber eine französische Frucht ist, so kommt er, in schlechten Jahren, und in einem kalten Boden, vielmals nicht zur gehörigen Reife, auch erhält er sodenn seinen rechten Geschmack nicht, und wird im liegen welck. **Tab. IX. [Nro.] 82.**

Tab. XII. [Nro.] 83. **Süsse graue Renette.** *Reinet. (zoete grauwe)* Er gleichet, so wohl in Ansehung seiner Grösse, als Form, und wegen seiner braungraulichten Schale, einer *grünen Renette*, und ist folglich von solcher wenig unterschieden, als nur durch sein süsses Fleisch, welches von sehr feinem, lieblichen, etwas biesamhaften Geschmack ist; daher er denn unter die süssen Äpfel vom ersten Rang gehöret.

Der Baum treibt wacker Holz, aber ist nicht gar tragbar.

Nota. Dieser Apfel fällt vielmals viel grösser aus, als ihn die Abbildung auf der XII. Tafel vorstellet.

Tab. IX. [Nro.] 84. **Gelbe Renette.** *Reinette jeaune.* Ist ein Apfel von mittelmäßiger Grösse, und etwas plattrunder Form, mit einem tiefen Buzen. Wenn er reif ist, hat er eine gelbe Schale, welche mehr oder weniger braunroth gefleckt und gezeichnet ist. Sein Fleisch ist mild, von sehr lieblichen, feinem Geschmack, wenn er recht reif ist, daher er unter die besten Winteräpfel gehöret.

Der Baum hat ein gutes Gewächs, und ist sehr tragbar.

Tab. IX. [Nro.] 89. **Nonparilrenette.** *Reinette Non Pareille.* Ist ein mittelmässiger grosser Apfel, von etwas platter Form; und nach dem Buzen zu ein wenig zugespizt. Seine Schale ist rauh und in einem grünlichtgelben Grund, mehr oder weniger Blasbraun getüpffelt und gefleckt, so, daß er durchgehends meistens bräunlicht aussiehet. Sein Fleisch ist mild genug, von grünlichtgelber Farbe, und von lieblichem feinem Geschmack; daher er denn für einen der besten Winter-Tischäpfel zu halten.

Der Baum hat ein gutes Holz-Gewächs, und ist sehr tragbar.

Tab. IX. [Nro.] 86. **Renette von Aizema.** *Renette van Aizema.* Ist ein mittelmäßig grosser Apfel, von runder und nach dem Buzen zu etwas zugespizter Form. Wenn er reif ist, hat er eine gelbe Farbe, und mehr oder weniger braune Flecken. Sein Fleisch ist mild, von ziemlich angenehmen und lieblichem Geschmack, daher er denn unter die besten Sorten der Tisch-Äpfel gehöret.

Der Baum hat ein gutes Holzgewächs, wird ziemlich groß, ist aber nicht gar tragbar.

Nota. Ich habe diesen Apfel unter angezeigtem Namen erhalten, wahrscheinlicher Weise aber ist es der Rechte nicht, denn ich noch nicht entdecken können.

Französische Renette. *Reinette Franche.* Ist ein Apfel welcher der *Weissen Renette* in allem sehr gleichet, wenn es nicht gar derselbe ist; doch fällt er öffters mehr rund aus, und hat, in einer gelblichten glatten Schale, grössere bräunlichte Flecken. Sein Geschmack kommt auch mit dem Geschmack der weissen *Renette* überein, und ist, wenn er recht reif geworden, recht lieblich und angenehm. **Tab. IX. [Nro.] 87.**

Der Baum trägt ebenfalls sehr wohl, und hat ein gutes Gewächs, ist aber leicht dem Krebs unterworffen, wenn er in keinem guten, trockenen, sondern in einem nassen, schlechten Boden stehet, wie solches mit vielen französischen Äpfelsorten bey uns zu geschehen pfleget, wenn sie in einem so schlechten, wässerigen kalten Boden stehen.

Renette von Sorgvliet. *Reinette van Zorgvliet.* Ist ein grosser plattrunder Apfel, von grünlichtgelber Farbe, mehr oder weniger braun getüpfelt und gefleckt, und manchmalen ist er auch an der einen Seite etwas rothlicht. Sein Fleisch ist mild, und von angenehmen lieblichem Geschmack, so, daß er den ersten Rang unter den Äpfeln verdienet. **Tab. IX. [Nro.] 88.**

Der Baum hat ein gutes Holzgewächs, und ist ziemlich tragbar.

Borsdorfer. Borstorffer oder *Borstorper.* Ist ein Apfel von mittelmäßiger Grösse, und runder etwas platter Form. Seine Schale ist glatt, eben, glänzend und wenn er reif oder eßbar ist, gelblicht, und manchmalen hier und dar mit einigen braunen, rauhen Flecken besezet, zuweilen auch an der Sonnenseite in etwas schön hellroth; überdem hat er manchmalen hier und dar einige kleine braune Warzen. Sein Fleisch ist ziemlich mild, von angenehmen, feinem Geschmack. In **Tab. X. [Nro.] 89.**

Deutschland, wo dieser Apfel urspringlich herkommet, ist er der erste und vornehmste von allen Winteräpfeln, indem er, nach vieler Meynung, auch so gar den hochfeinen und beliebten goldenen *Pepping* übertrifft; alleine hier zu Lande wird er nicht so vortrefflich, und sonder Zweifel kommet solches vom *Clima* her, weswegen er denn auch dem *Goldenen Pepping* den Vorrang lassen muß. Diese Art ist unter andern Äpfelbäumen sehr kennbar, indem sie glättere, glänzendere und rundere Blätter hat, als alle andere Sorten.

Der Baum hat ein gutes, feines Holzgewächs, wird ziemlich groß, und ist, wenn er alt geworden, über alle Massen tragbar.

Es gibt noch eine andere Sorte dieses Apfels, welche von der beschriebenen nur darinnen unterschieden ist, daß sie einen längeren Stiel, und selten, oder auch wohl gar keine Warzen hat, auch etwas kleiner ausfällt, und früher eßbar ist.

Rother gelderischer Kreuzapfel. *Kruis-Appel van Gelder (roode)* Es verhält sich mit diesem Apfel wie mit dem vorigen, indem er dem *rothen Kronapfel* in vielem ähnlich ist; doch ist er nicht so starck gestreift, sondern nur alleine hochroth, und manchmalen etwas länglichter, auch hat er eben keinen feinen Geschmack, daher er denn nur zum Kochen taugt.

Der Baum ist gleicher Art wie der vorige.

Tab. IV. [Nro.] 70. **Frauenapfel.** *Vrouvvtjes Appel.* Ist ein sehr grosser Apfel, von rundlichter etwas platter Form, auch ist er manchmalen schief, und dabey ungleich oder eckicht. Wenn er reif ist, hat er eine grünlichtgelbe Farbe, und zuweilen ist er hier und dar in etwas mit braunen, und auch wohl mit grösseren und kleineren, rundlichten schwarzen, oder braunschwarzen Flecken besezet. Sein Fleisch ist mild, von ziemlich lieblichen, doch nicht gar feinem Geschmack; daher ich ihn unter die mittelmässigen Sorten seze. Er steht als ein guter Kochapfel in ziemlicher Achtung.

Der Baum hat ein gutes starckes Holz, und ist tragbar genug.

I
No. 4. der weisse Gewürz apfel. Aug: Sep:
5.) Rother Sommer calville calville rouge d'ete Aug: Sept.
9. Der rothe saure Riesen apfel. Rode sopen. oct. Nov.
6.) Weisser Somer calville. Calvill blanche d'ete. Aug. Sept.
7.) Sommer citronen apfel. citron d'ete Aug. Sept.
8.) Somer Kron apfel. Cusi not d'ete. Aug. Sept.
11.) Englischer Carolin Caroline d'Angleterre Sept. oct.
10.) Rosenapfel. Pome Rose. oct. Nov.

Tafel I

II
12.
Der Himbeerapfel
Calville d'Automne raye
Sep. oct.
13.
Herbst blumensüsser
Sept. oct.
14.
Somer Parmain
Parmain d'Eté
Sept. oct.
15.
Der birnsüsse
Pome poire
Sept. oct.
28.
Der süsse Delphin
Parte bomme douce
Dec. Jan.
10½ Rother Herbst Streifling
oct. Nov.
18
Weisser Süsser
Silberling
Dec. Jan.
6
Martens. Apfel
Sept. oct.
19
Süsser Holoart
Dec. Jan.

Tafel II

III
40.
Das Seidene Hemdgen
Nov. Dec.
Somer Erveling 20.
oct. Nov.
21
Zuckerapfel.
oct. Nov.
22 Princessenapfel
oct.
Nov.
Der weisse 26 blumensüsse
oct.
Nov.
31 Rother Gulder.
28 Rother Herbst
Calville.
oct. Nov.
27.
Schwanenapfel.
oct. Nov.

afel III

IV
17.
Jungfern Gewürz apfel.
Sebt. Oct.
47
Danziger Kantenapfel.
Sept. Oct.
1.
Somer Paradies-
apfel. Jul. Aug.
Franzoesischen
Gulderling
Nov. Dec
56
Süsapfel
Pome douce.
Febr. Mart.
55.
Kreuz apfel.
Febr. Mart.
57.
Süsser Ribbert
Dec. Jan.
70. Frauenapfel.
Pome Notre Dame
Febr. Mart.

Tafel IV

V.
48. Weisser platter apfel. Sept. oct.
49. Blumen sauer Sept. Oct.
32. Einfache Grete oct. Nov.
24. Brandapfel Dec. Jan.
58 Herrnapfel. Nov. Dec.
33. Eyerapfel oct. Nov.
34. Rosenapfel Pome Rose. Oct. Nov.
50. Somerstreifling. Sept. Oct.
59. Der rothe Süsse Kiesenapfel. oct. Nov.

Tafel V

VI
45.
Süsser Erveling.
Nov. Dec.
41
Winterstreifling
Jan. Feb.
26.
Blancker Pepping
Nov. Dec.
Süsser Sonnen-
apfel. Dec.
Jan.
25.
36. Weisser
süsser
Kiesen-
apfel.
Oct. Nov.
60.
Edle Prinzessin.
Princesse
Noble.
Nov. Dec.
61
Süsser Bobbert.
Nov. Dec.
52.
Grauer
Pepping
Dec. Jan.
51.
Grauer-
Rabau
Dec. Jan.

Tafel VI

VII
43.
Doppelter süsser Gulderling.
Jan. febr.
53.
Der Winter Blumensüsse
Dec. Jan.
62.
Der graue
Holsüsse
Jan. febr.
64.
infacher Gulderling
Dec. Jan.
63.
Rother Kron oder
Agathapfel. Jan. febr.
65. Doppelter grauer
Gulderling. Dec. Jan.
67.
Kantjes Apfel
Jan. febr.
39.
Süsser Kron-
apfel.

fel VII

VIII
37.
Rother Weinapfel
Oct. Nov.
80.
Gelber süsser Silberling
Nov. Dec.
81.
Süsser Kurzstiel
Courtpendu douce
Febr. Mart.
77.
Bellefleur
Dec. Jan.
Orange apfel
78. Dec. Jan.
71.
Bruindeling
Febr. Mart.
69.
Grüne Renette
Reinette verte
Febr. Mart.
68.
Weisse Renette
Renette blanche
Jan. Febr.
72.
Wildjes Apfel
Febr. Mart.

Tafel VIII

IX
82.
Graue Renette
Reinette grise
Jan. febr.
84.
Gelbe Renette
Reinette jeaune
Jan. febr.
73.
Wintercitronen Apfel
Citron d' Hyver.
febr. Mart.
85.
Nonpareil Renette
Jan. febr.
86.
Renette von
Aizerna
Jan.
febr.
Anis oder Fenchelapfel
90.
Fenouillet
Jan. febr.
88.
Renette von
Sorgvlied.
Jan. febr.
87.
Franzoesische Renette
Jan. febr.
79.
Guldener
Pepping. Pepping
d'Or. Dec. Jan.

Tafel IX

X
89
Borsdorffer Apfel
Reinette Batarde
Jan. fete
98
Guldene Renette
Reinette doré
fete Mart.
95
Pome durant
of Krappe Kruin
Dec. Jan.
92
Nelguin
fete Mart
99
Renette von
Montbron
fete Mart
94
Süsser Veentje
fete Mart
93
Character Apfel
Drab d'er
fete Mart
91
Rother Kurzstiel
Courtpendu rouge
Jan. fete
96
Nelken Apfel
Dec. Jan.

Tafel X

XI
62.
Pigeon oder Paffe.
Pom. Nov. Dec.
67
Calville rouge
d'Hyver. Rother
Herbst oder Winter
Calville. Dec. Jan.
Weisser Ribbert.
Jan. Febr.
100.
Oster-Apfel.
Febr. Mart.
75.
Die Römische
Grethe.
Jan.
Febr.
39.
Pomme
Madame.
Dec. Jan.
76
Weisser Winter-
Calville.
Calville blanche
d'Hyver.
Jan. Febr.

Tafel XI

XII
105.
Pome d'Api
Jan. Febr.
104.
Spanischer Gulderling.
Febr. Mart.
102.
Doppelter Rother Winter-
Paradies-Apfel. Febr. Mart.
Winter-
103
Erveling
Febr. Mart.
83.
Süsse graue
Renette
Jan. Febr.
Süsse gelbe
Renette 106.
Jan. Febr.
30.
Doppelter
Gulderling.
Dec. Jan.
Enkhuiser Agath-
Apfel. Febr. Mart.
108.
107
Parmain
Rojal.
Febr. Mart.

Tafel XII

Im Originalmanuskript eingebundener Kupferstich (Format 18 × 23 cm), den Christophine Reinwald, die älteste Schwester Schillers, teilweise ausmalte.

Auf den folgenden Tafeln einzelne Aquarelle Christophine Reinwalds, die im großformatigen gebundenen Manuskript nicht aufgenommen worden waren. Sie kamen 1892 aus dem Nachlaß von Schillers Schwester Luise nach Marbach.

Das Doppelblatt (Format 20 × 11 cm) trägt von Christophines Hand die Kommentare:

»Sogenannter weißer SommerCalvil
von d. Solitüde 1794, heuer 1805 zum
erstenmahl tragend, aber zu Ende
Novbre noch nicht eßbar – Vielleicht
weißer HerbstCalvil. hat aber kein weites Kronhaupt.
Ist zu dunkel gemahlt.«

»gelbe Pomeranzenbirn, *orange jaune* 1803.
(ist nur zu ekicht gemahlt u.
sollte etwas rundlicher seyn)«

Abgebildet sind Vorder- und Rückseite eines Blatts im Format 10 × 13 cm, der Apfel ist näher beschrieben:

«Rhother HerbstCalvil von d. Solitüde
1794 gepflanzt. Zum erstenmahl er-
deutlich tragend 1805.
Das charakteristische Kennzeichen ist oben
an der Blume die dichten Fältchen oder das
kröpfichte Wesen. Die Blume sitzt hoch u. ein
Blättchen guckt heraus.«

Blattformat 17 × 23 cm

Süsser Kurzstiel. *Court pendu (zoete)* Ist ein mittelmäßig grosser Apfel, von Form ziemlich plattrund. Das Aug und der Stiel, welcher sehr kurz ist, sind etwas tief darinnen. Seine Schale ist glatt, und wenn er reif ist, grünlichtgelb, an der einen Seite aber braunroth, zuweilen auch blas braunroth gestreift. Sein Fleisch ist etwas vest, aber von angenehmen süssem Geschmack, weßwegen er denn auch unter die guten Sorten der süssen Äpfel gehöret.

Der Baum hat ebenfalls ein gutes Gewächs, und ist tragbar.

Der Bräunling *Bruindeling. Bruindeling.* Ist ein Apfel von mittelmäßiger Grösse, von Form etwas länglicht rund, und sein Aug ligt ein wenig tief. Seine Schale ist glatt, von dunckler, rothbrauner, ja fast schwärzlichter Farbe, welche hier stärker als irgend an einer andern mir bekannten Sorte ist, daher er an solcher leicht zu erkennen, und von derselben auch seinen Namen bekommen hat. Sein Fleisch ist morsch, von gemeinem nicht gar lieblichen Geschmack, weßwegen er denn auch nur unter die gemeinen Kochäpfel gehöret. Er dauret sehr lang. **Tab. VIII. [Nro.] 71.**

Der Baum hat ein gutes Holzgewächs wird groß, und trägt starck.

Anis- oder Fenchelapfel. *Fenouillet.* Ist ein Apfel von der kleinsten Art, von runder und nach dem Buzen zu etwas spiziger Form. Seine Schale ist rauch und dick, und wenn er reif ist, von gelber Farbe auch hier und dar, gleich der gelben *Renette*, gefleckt und getüpfelt, und manchmalen auch an der einen Seite etwas röthlicht. Wenn er am Baum hanget, solte man ihn von fernen für den *Pepping d'Or* ansehen, betrachtet man selbigen aber näher, so machen ihn seine Form, seine bräunlichte Flecken und rauhe Schaale, sogleich kennbar. Sein Fleisch ist vest, safftig genug und gelblicht, von lieblichem, feinem, gewürzhafftem Geschmack der etwas vom Geschmack des Fenchel- oder Anissamens hat, wovon er auch seinen Namen bekommen. Es ist also, ein zwar nicht grosser, doch solcher Apfel, der den ersten Rang unter den Äpfeln verdienet. **Tab. IX. [Nro.] 90.**

Der Baum treibt gutes, feines Holz, wird nicht sehr groß, trägt aber starck.

Es führen einige auch einen **weissen Anisapfel** *(fenouillet blanc.)* an, alleine selbiger ist von obigem nur in der Farbe unterschieden, indem er nicht so grau oder bräunlicht, sondern heller ist.

Tab. X. [Nro.] 91. **Rother Kurzstiel.** *Courtpendu rouge.* Gleicht der Form nach viel dem vorigen, ist aber kleiner und nicht so plattrund. Seine Schale ist glatt, von Farbe dunckel oder braunbroth, und wenn er reif ist, an der einen Seite, oder nach unten zu, durchgehends weniger oder mehr gelb, auch manchmalen, aber selten, etwas braun gefleckt oder gestreift. Sein Fleisch ist mild genug, von gelblichter Farbe und safftiger, als am vorigen, von angenehmen lieblichen Geschmack, so, daß er ein sehr guter Tischapfel ist.

Der Baum hat ein gutes Gewächs, und trägt starck, wird aber nicht gar groß.

Weisser Kurzstiel. *Courtpendu blanc, oder jeaune.* Er gleicht dem vorigen sehr wohl, ausser daß er insgemein etwas kleiner ausfällt, und wenn er reif geworden, gelblicht ist; auch hat er vielmals hier und dar einige raue, grünlichte Flecken, gleich den *Renetten.* Sein Fleisch und Geschmack kommt auch viel mit dem vorigen überein.

Der Baum hat ein gutes Holzgewächs und trägt starck, wird aber nicht gar groß.

Tab. X. [Nro.] 92. **Nelguin.** *Nelguin.* Wird ein sehr grosser rundlichter Apfel. Seine Schale ist glatt, eben, und wenn er reif geworden, gelblicht, auch hier und dar etwas braungeflecket und getüpfelt. Sein Fleisch ist vest, von gelblichter Farbe, und von sehr angenehmen feinem geschmack, daher er denn unter die Äpfel vom ersten Rang gehöret. Was seine Form betrift, kan man auch die *weisse Renette* nachsehen.

Der Baum hat ein gutes Holzgewächs, wird ziemlich groß, und trägt starck.

Characterapfel. *Drap d'Or.* Ist ein ziemlich grosser runder Apfel, von grünlicht gelber Farbe, und ringsherum mit braunen feinen Strichen, als mit einem Laubwerck oder mit Characteren bezeichnet, und davon hat er den Namen *Drap d'Or* oder *Characterapfel* bekommen; manchmalen ist er auch an der Sonnenseite etwas röthlicht. Sein Fleisch ist vest, gelblicht, und wenn er wohl reif geworden, von angenehmen Geschmack; wenn er aber nicht recht zeitig ist, ist er etwas säuerlich und trocken. **Tab. X. [Nro.] 93.**

Der Baum wird groß, hat ein gutes Gewächs, und trägt starck.

Veentjesapfel. *ventjes-Appel* Ist ein kleiner Apfel von plattrunder Form. Seine Schaale ist rauh, und gröstentheils dunckelgraulicht, wie die graue *Renette*, auch manchmalen an der Sonnenseite etwas braunroth. Sein Fleisch ist vest, von gemeinem nicht gar feinem Geschmack, daher er kaum unter den Mittelsorten einen Plaz verdienet.

Der Baum hat ein gutes Gewächs und ist ziemlich tragbar.

Süsser Veentjesapfel. *Ventjes-Appel (zoete)* Ist ein kleiner Apfel von plattrunder Form, wie der vorige. Seine Schale ist grob, und wenn er reif ist, gelblichtgrün, auch vielmals rings herum, oder gröstentheils grau, oder bräunlicht, wie die graue *Renette*; manchmalen ist er auch an der Sonnenseite braunröthlicht oder gestreift. Sein Fleisch ist mild genug, und von ziemlich feinem, süssem Geschmack. **Tab. X. [Nro.] 94. Zwei dergleichen Bäume befinden sich in Ihro Hoheiten Gartten, und sind die Früchten sehr schmakhafft, halten sich auch bis Ostern. Man könnte sie süsse kleine Renetten heissen.**

Der Baum hat ein gutes Holzgewächs und trägt starck.

Krappe-Kruin. *Krappe Kruin.* Ist ein sehr grosser Apfel von rundlichter Form, aber auch manchmalen etwas länglicht, und öffters schief und eckicht. Seine Schale ist rauh, von grünlichtgelber Farbe, und wie die Renetten blaßbraun oder grau, mehr oder weniger gefleckt, auch zuweilen an der einen Seite etwas röthlicht. Sein Fleisch ist mild, ziemlich saftig und von grünlichtweisser Farbe, wie auch von feinem lieblichem Geschmack, daher ihm der erste Rang unter den Apfeln gebühret; doch wird er gerne, wie die graue *Renette*, zuweilen **Tab. X. [Nro.] 95.**

etwas welck, und dieses geschiehet, wenn er nicht recht reif geworden.

Der Baum hat ein gutes starkes Holtzgewächs, und ist ziemlich tragbar, aber auch dem Krebs unterworffen.

Tab. X. [Nro.] 96. **Nelckenapfel.** Ist ein mittelmäßig grosser Apfel, von rundlichter Form, doch ist er durchgehends nach dem Buzen zu etwas spizig. Seine Schale ist glatt, und wenn er reif ist, von gelblichtweisser Farbe, auch dabey mehr oder weniger schön rosenroth gestreift, welches ihm ein sehr liebliches Ansehen gibt. Sein Fleisch ist mild, von ziemlich lieblichem, feinem Geschmack, weßwegen er denn unter den guten Äpfeln den zweyten Rang verdienet.

Der Baum hat ein gutes Gewächs, und ist ziemlich tragbar.

Tab. XI. [Nro.] 97. **Rother Wintercalville.** *Calville rouge d'Hyver.* Ist ein ziemlich grosser Apfel von etwas länglichtrunder Form, und ringsherum, vornehmlich aber um das Aug, welches nicht tief, und klein ist, weniger oder mehr eckicht und geribbt. Seine Schale ist glatt und von schöner Blutrother Farbe, durch welche doch manchmalen, da und dort, etwas Gelbes durchschimmert. Sein Fleisch ist mild, von sehr angenehmen besonderem Geschmack, welcher dieser Sorte eigen ist, und verdient also einer der besten Tafeläpfel genennet zu werden. Es gibt auch eine Sorte an welcher das Fleisch, mehr oder weniger, und sonderlich an der Schale blutroth ist, die sich aber sonst in nichts von dem vorigen unterscheidet; und dieses ist diejenige Sorte, welche man in einigen *ville rouge en dedans et dehors*, findet. Diese Röthe kommet vom Stamm her, worauf der Baum gepfropfet ist; auch trägt das Alterthum des Baumes und die Natur des Bodens viel darzu bey.

Der Baum hat ein gutes Gewächs wird mittelmässig groß; trägt aber nicht gar starck, und ist dem Krebs sehr unterworffen.

Tab. XI. [Nro.] 100. **Osterapfel.** *Paasch-Appel.* Ist ein ziemlich grosser Apfel, von etwas länglichter Form, und wie ein *Weisser Calville*, aus dessen Kernen er gewachsen, eckicht und geribbt. Seine Schaale ist glatt, und wenn er reif geworden grünlicht gelb, öfters auch, an der einen Seite, schön röthlicht. Sein Fleisch ist nicht vest, und von angenehmen lieblichen Geschmack, weßwegen er denn den besten Täfeläpfeln bey zu zahlen ist. Dieser Apfel dauert lang und bis Ostern, woher er denn auch seinen Namen hat.

Der Baum treibt gutes Holz, und trägt starck, welches öffters verursachet, daß er nicht groß wird.

Winterparmain, *Parmain d'Hyver.* Ist ein Apfel der die Form des [Nro.] 101.
Sommerparmain Parmain d'Ete, hat, doch fällt er durchgängig etwas grösser aus. Seine Schale ist glatt, und wenn er reif ist, von grünlichter Farbe, manchmalen aber auch an der einen Seite etwas bräunlicht gefleckt oder punctirt. Sein Fleisch ist mild genug, und von sehr lieblichem feinen Geschmack, daher er unter die Äpfel vom ersten Rang gehöret. Im liegen bekomt er endlich, öffters, faule Flecken, sonderlich wenn er in schlechten Jahren, nicht zur völligen Reife gekommen.

Der Baum ist von gutem Holzgewächs, wird mittelmäßig groß, und trägt starck.

Doppelter rother Winter-Paradisapfel, *Paradis-Appel. (roode dub-* [Tab. XII. [Nro.] 102.
belde) Ist ein grosser Apfel, von länglichter Form; nach dem Aug zu, welches nicht tief ist, wird er etwas spiziger, auch ist er insgemein etwas eckicht. Seine Schale ist glatt, von braunrother Farbe, und manchmalen fällt sie an der einen Seite grünlicht aus. Das Fleisch ist vest, von ziemlich lieblichem, doch nicht hochfeinem Geschmack, daher er meistens nur zum Kochen gebraucht wird, eben deßwegen stehet er auch in Achtung, sonderlich weil er groß ist, und gedünstet gar wohl schmecket.

Der Baum ist von gutem starken Gewächs, wird groß und ist sehr tragbar.

Es gibt von diesem Apfel eine Nebensorte, welche, in einem hellrothen, oder grünlichten Grund, grobe, rothe Streifen hat; doch ist sie von obiger sonst in nichts unterschieden, und scheinet nur alleine durch den Boden, oder den Stamm, darauf sie gepfropfet worden, entstanden zu seyn; ja man findet sie auch auf dem nämlichen Baum manchmalen gestreift und ungestreift.

Tab. XII. [Nro.] 103. **Wintererveling.** *Erveling (winter)* Ist ein ziemlich grosser Apfel; seine Form ist etwas platt, und insgemein ein wenig eckicht und schief. Die Schale ist glatt, und wenn er reif geworden, von Farbe gelblicht, und mit zarten, braunen Puncten ein wenig besprenget; öffters ist er auch an der einen Seite etwas blasrothlicht oder gestreift. Sein Fleisch ist ziemlich mild, aber von gemeinem Geschmack, daher er denn nur unter die gemeinen Kochäpfel gehöret. S. was die Form anbetrift, auch *Weinapfel.*

Der Baum hat ein gutes Gewächs und ist ziemlich fruchtbar.

Tab. XII. [Nro.] 104. **Spanischer Gulderling.** *Gulderling. (Spaanse).* Ist ein etwas grosser Apfel, von ziemlich länglichter Form, und nach dem Aug zu wird er etwas spiziger. Seine Schale ist glatt, und wenn er reif geworden, von blasser, grünlichtgelber Farbe, an der einen Seite aber auch vielmals etwas blasröthlicht, oder gestreift. Sein Fleisch ist mild, von ziemlich gutem, aber nicht sehr feinem Geschmack, weßwegen er denn unter die Tafeläpfel vom zweyten Rang zu sezen ist.

Der Baum treibt wacker Holz, und wenn er etwas zu Jahren gekomen, trägt er sehr wohl.

Man muß die Sorte nicht mit dem Ribbling verwechseln, dem er, der Form und Farbe nach, sehr ähnlich ist; doch fällt er insgemein grösser und länger aus.

Tab. XII. [Nro.] 105. **Pomme d'Apis.** *Pomme d'Apis.* Ist ein Apfel von der kleinsten Sorte, von ziemlich plattrunder Form. Seine Schale ist glatt und dünn, an der einen Seite grünlichtweiß, an der andern aber, nämlich an der Sonnenseite, welches auch allezeit bey den folgenden Beschreibungen zu mercken ist, durchgehends schön hellröthlicht. Sein Fleisch ist etwas brüchig, aber voll Safftes, von angenehmen, hochfeinen, etwas süssen, bisamhafften Geschmack, deswegen aber gehöret er, ob er schon klein ist, unter die Äpfel vom ersten Rang, und dieses um so viel mehr, weil der Baum ausserordentlich fruchtbar ist, der Apfel aber lange bleibt, und nicht leicht, auch bis auf die Lezte hin, seinen Geschmack verliehret, welches doch sonst bey vielen Äpfelsorten geschiehet, wenn ihre lezte Zeit heran nahet. Dieses ist übrigens der einzige Fehler desselben, daß er bey uns, in schlechten Jahren, oder in einem schweren nassen Boden, weil er ein Franzapfel ist, nicht recht reifet, folglich auch seinen rechten Geschmack nicht bekommet. In gutem Boden und in Sonnenreichen Jahren, können diese Äpfel wohl manchmalen völlig roth werden, alsdenn aber machen sie diejenige Sorte, welche man in einigen Verzeichnissen unter dem Namen von *Apis rouge*, oder *rother Apis* findet.

Süsse gelb Renette, *Reinet (Zoete geele).* Ist ein Apfel von mittelmäßiger Grösse; seine Form ist rundlicht, aber nach dem Aug zu, welches fast gar keine Tiefe hat, wird er etwas spizig. Seine Schale ist rau, grob und dick. Seine Farbe ist gelbgraulicht gefleckt, in einem gelben Grund, und öffters ist er auch an der einen Seite etwas röthlicht. Sein Fleisch hat einen angenehmen, hochfeinen, süssen Geschmack, weswegen er für einen guten, süssen Kochapfel gelten kan. **Tab. XII. [Nro.] 106.**

In Ansehung der Form, siehe auch **Anis-** oder **Fenchelapfel,** *Fenouillet (Zoete)*

Parmain Royal. *Parmain Royal.* Wird ein grosser ansehnlicher Apfel, der insgemein etwas kürzer und runder ausfällt, als der **Winterparmein.** *Parmain d'Hyver*, mit welchem er übrigens, so wohl der Farbe als dem Geschmack nach, ziemlich nahe überein kommet. Er ist fast allezeit etwas grob punctiret, und gehöret ohne Widerspruch, unter die Äpfel vom ersten Rang; weil er aber ein ausländischer Apfel ist, wie die übrigen *Parmains*, so erhält er in einem kalten, feuchten Boden, sonderlich in schlechten Jahren, seinen vollkommenen feinen **Tab. XII. [Nro.] 107.**

Geschmack nicht allezeit, auch bekommt er sodenn, im Liegen, gar leicht faule Flecken.

Der Baum hat ein gutes Gewächs, wird ziemlich gros, und trägt sehr wohl.

Enkuiser Agatapfel. *Enkhuiser Aagtje.* Ist ein mittelmäßig großer, länglichter oder eyerförmiger Apfel. Seine Schale ist glatt, und wenn er reif geworden, grünlichtgelb, an der einen Seite aber, insgemein, ein wenig dunckelröthlich. Sein Fleisch ist etwas fest, von ziemlich lieblichen angenehmen Geschmack. Wenn man auch seine Dauerhafttigkeit und ausserordentliche Fruchtbarkeit betrachtet, so kan man nicht umhin, demselben unter den besten Winteräpflen einen Plaz einzuräumen.

Dieser Apfel hat eine sehr dünne und zarte Schale, so, daß er vom geringstem Druck oder Stos sogleich faule Flecken bekommt, weßwegen man den, wenn man diese Äpfel pflücket und angreifet, mit ihnen sehr vorsichtig zu verfahren hat, will man sie anders gut und schön erhalten.

Der Baum treibt wacker Holz, wird groß, und trägt, wie bereits gemeldet worden, aus der Maßen starck.

Tab. XII. [Nro.] 108. **Süsser Enkhuiser Apfel.** *Enkhuiser Appel, (zoete)* Dem Ansehen nach kommt dieser Apfel mit dem vorigen sehr viel überein, und unterscheidet sich von selbigem fast nur alleine durch den Geschmack seines Fleisches, welches mild und ziemlich angenehm ist, daher er denn, zu seiner Zeit, einen guten süssen Kochapfel gibt.

Der Baum hat ein feines Gewächs, und ist ziemlich tragbar.

I
Nro. 1.
Frühe Zuckerbirn
Jul. Aug.
2.
Die Rothbackichte
Jul. Aug.
3.
Die schöne Cornelin
Jul. Aug.
4.
Muscatellerbirn
Petit Muscat
Jul. Aug.
7.
Grosse Zwiebelbirn
Gros Oignonnet
Jul. Aug.
St. Magdaline
Aug. Sept.
6.
Melonen birn
Aug. Sept.
8
9
Ananas birn
Aug. Sept.
Goldbirn Poire d'Or. Aug. Sept.
12.
11.
Zuckerbirn
Sept.
10. a et b
Herbst Zucker birn. oct. Nov.
13.
Brüsslerbirn.
Poire Madame. Aug. Sept.

Tafel I

II
Herbstbergamot
Sept. Oct. 14.
Vermillion
Sept. oct. 15.
Herbst. Bonchretien
Bon Chretien d'Automne
16. Nov. Dec.
Gros Britannien
Grand Bretagne
Aug: Sept. 17
Bergamot
Crassane.
Dec. Jan.
18.
19 Messire
Nov.
Jean
Dec.
20. Hallemine bonne
Sept. Oct.
21. Doppelte
Rietbirn
Sept. Oct.
22.
Runde Schweizer
Bergamotten.
Sept. Oct.
23.
Weisse butterbirn.
Beurre blanc Doijene
Sept. Oct.

Tafel II

III
Robine. 24 Aug. Sept.
Eÿer-birn. 25 Poire d'Oeuf. Aug. Sept.
26. Kalmerbirn. Sept. Oct.
Orange musque. 27. Aug. Sept.
28. Oct.
29 Diamant birn. oct. Nov.
30. Lange Schweitzer Bergamotten. Sept. oct.
31. Französische Zaneelbirn. Fondante. Aug. Sept.
Je länger je lieber. Tÿsjesbirn. 32. Sept. oct.
33. Calbas musque Nov. Dec.

fel III

34) Englische Königin Aug. Sept.
35) Birn ohne Schale Aug. Sept.
36) Weisse Princessbirn Aug. Sept.
IV
37. Sonder-Kern Poire sans Peppins Sep. oct.
Orange verde rouge 39. Aug. Sept.
38. Muscat Robert. Jul. Aug.
42. Goldberga Sept. oct.
Sommer Bonchretien Sept. Oct. 40.
41. Parfum Jul. Aug.
43. Jargonelle Jul. Aug.

Tafel IV

44.) Einfache Kaiserin. Jul. Aug.
45.) Epargne. Jul. Aug.
46.) Cuisse Madame. Jul. Aug.
V.
48 Cassolette. Aug. Sept.
47. Citron de Sirene Jul. Aug.
49 Bourdon Aug. Sept.
50. Admiral Aug. Sept.
51.
52. Chair a dame. Aug. Sept.
53. Frontignac Birn. Aug. Sept.

afel V

54. Gesegnete Birn
Belle fertille
Sep. oct.
55. Granat birn
Aug. Sept.
57.
Englische Butter birn Poire d'Angleterre
Sept. oct.
VI.
58.
Die Herbstbirn ohne Schale
Poire sans Peau d'automne
oct. Nov.
59
Langstiel
oct. Nov.
Rousseline
oct. Nov. 60
Marquise
oct. Nov. 61
62. Speckbirn
oct. Nov.
63.
Schmeerbirn
oct. Nov.
66.
Deutsche Muscat birn
64
Verte longe
Nov. Dec.
65.
Epine d'Hyver
Dec. Jan.

Tafel VI

Graue Butterbirn.
67 & 68. & 69.
Beurré gris.
oct. Nov.
Winter Ambrelle.
Dec. Jan. 71.
VII
Chasserij
70. Dec. Jan.
Louise Bonne.
Dec. Jan
72.
Besy d'Aery 73.
Dec. Nov.
74
Louwtjes.
birn. Jan.
febr.
75.
Bergamotte
Soulers.
febr. Mart.
76.
Angelique de Bourdeaux
febr. Mart.
78
Winter Zuckerbirn.
Jan. febr.
77.
Martin Sec d'Ajoer.
Dec. Jan.

fel VII

VIII
Beßÿ de chaumontel
febr. Mart. 79.
St. Germain
Dec. Jan. 80.
84.
Winter Bergamotten
Bergamotte d'Hÿver.
febr. Mart.
Vexirbirn
Poire la force. 81.
Jan. febr.
85
Winter Roußetel
Roußelet d'Hÿver.
Jan. febr.
86.
Colmar
Incomparable
Jan. febr.
87.
Grosser Mogel
Grand Morar
fue
febr.
Mart.

Tafel VIII

Frühe Zuckerbirn, *Sukerey-Beer. (vroege)* Ist eine kleine Birne, von etwas länglichter Form, und fast eyrund, um das Aug aber, welches nicht tief innen steckt, etwas platt, der Stiel ist kurz und, nach Proportion der Frucht, ziemlich dick. Ihre Schale ist glatt von gelblichter Farbe, und öffters an der einen Seite, sonderlich um das Aug, bräunlicht. Ihr Fleisch ist körnicht, doch mild und safftig, und von sehr lieblichem Geschmack, weßwegen sie denn, und weil sie eine der frühesten Birnen ist, in Achtung stehet, ob sie schon kleine ist.

Der Baum hat ein feines Gewächs und ist sehr tragbar.

Tab. I. Nro. 1. Frühe Mußkateller Birn. Diese Frucht fällt an vielen Bäumen verschieden aus, bald grösser bald kleiner, bald rundlecht, bald spizig, ist aber im Geschmak einerley, scharf süß, das Fleisch bricht, ist etwas steinigt und die Birne wird bald teig. Das Holz wächst stark, die reiser ganz gerade mit vielen kleinen breiten Blättern die sich rukwarts biegen.
Nach Ph: Miller. Nro. 1. Pirum aestivum parvum racemosum, è viridi albescens rabido pp flavescens.

Die Rotbakichte, *Rode Wangetjes.* Ist eine Birne von mittelmäsiger Grösse und länglichter Form, nach dem Stiel zu, welcher sehr lang und krumm ist, wird sie spizig, auch hat sie kein tiefes Aug. Ihre Schale ist glatt, und wenn sie reif ist, gelb, an der Sonnenseite aber schön hellroth, und manchmalen gestreift. Ihr Fleisch ist hart und körnicht, nicht gar safftig, doch aber von ziemlich lieblichem Geschmack. Sie hat ein feines Ansehen und verdienet um so vielmehr gepflanzet zu werden, weil der Baum starck wächset und träget. Siehe auch *Cher a Dame.*

Tab. I. [Nro.] 2. Frühe Gaißhirtlen, Frühe Franz-Birn. Diese Frucht ist nach der gegenwärtigen Beschreibung, bekommt aber hie und da Rost Flecken, und ist im Geschmack der vorigen weit vorzuziehen, besonders, wenn sie recht reif vom Baum hinweg genossen wird. Die Zweige am Baum haben zum Unterscheidungs-Zeichen dieses, daß sie sehr lang wachsen, mithin dünn bleiben und herunter hängen. Das Laub ist braungrün von mittelmässiger Grösse.

Die schöne Cornelia. *Moye Neeltje.* Ist eine mittelmäßig grosse Birne, hat einen runden Bauch, und nach dem ziemlich langen Stiel zu, ist sie kurz zugespizt. Sie hat fast die Form der *grauen Zuckerbirn*, ist aber etwas kürzer, und insgemein grösser, Ihre Schale ist schön glatt und, wenn sie reif geworden, von Farbe gelb; an der einen Seite aber,

Tab. I. Nro. 3. Peters-Birn, Weyler-Birn. Himmels-Gegend und Erdboden machen wie bei all andern Obst Gattungen, also auch bei dieser Birne, eine grosse Verschiedenheit. An jungen Bäumen, in fetten Boden und Haus-Gärten, wird die Frucht nach der Beschreibung an der Sonne sehr schön roth u gelb, auch ist der Geschmack und Geruch ganz angenehm: im Feld aber und magern oder starken Erdreich wird sie strenge und unschmakhafft. Kurz! sie ist mehr ins Geschäft, zum verkauffen, als für die Tafel zu pflanzen. Junge Bäume sind in der Forstschul 22.I.II. sub Nro. 7.

frühe Gaisshirtl: nach Ph: Müller Nro. 4. Pirum aestivum, partim speciose rubens, partim flavescens. Die rothe Muskatellerbirn. Muscadelle rouge.

durchgehends, schön hellroth, von lieblichen ansehen, weswegen sie denn auch den Namen, welchen sie führet, bekommen hat. Ihr Fleisch ist mild, saftig, und lieblichen angenehmen Geschmackes, alleine sie kan, gleich den meisten Sommerbirnen, nicht lange dauren, indem sie sehr bald mehlig und teig wird.

Der Baum hat ein schönes Gewächs und trägt sehr starck.

Tab. I. Nro. 4. Frühe Schnabelsbirn. Die Beschreibung dieser Frucht ist richtig, sie wird aber ehender reif als Nro. 2. und da der Baum ein gutes Gewächs hat und stark tragbar ist: so kan er von Leuten, welche den öffentlichen Obstmarkt besuchen, mit sehr grossem Vortheil gepflanzt werden. Ein solcher Baum steht neben dem Parterre in Ihro Hoheiten Garten, man über die neue Brüke gehen will, links im Staketten-Zaun.

Nach Phil. Müller Nro. 5. Pirum aestivum parvum, flavescens, moschatum.

Muscatellerbirn, *Muscat (petit)* Ist eine sehr kleine Birn, von runder Form und nach dem Stiel zugespizt. Ihre Schale ist glatt, und wenn sie reif ist, von Farbe schön gelb. Ihr Fleisch ist etwas mürbe und brüchig; doch voll Saftes, und von angenehmen, starckbisamhafften Geschmack. Weswegen sie denn auch, und weil sie eine von den Birnen ist, welche am ersten reifen, auch nicht leicht teig wird, gepflanzt zu werden verdienet, ob sie schon sonst klein ist, sie wird auch in Zucker ein gemachet, viel geachtet.

Der Baum hat ein gutes Gewächs, und wenn er etwas zu Jahren gekommen, trägt er sehr starck, indem die Früchte büschelweis beyeinander hangen. Er schlägt als ein hochstämmiger Baum wohl an, man kan ihn aber auch an ein Spalier sezen, als an welchem die Früchte grösser und wohl geschmackter werden.

Tab. I. [Nro.] 5. Kleine Jacobs-Birn. Die Frucht dieser Gattung ist zwar nach der Beschreibung ihrer Form und Grösse hier bekannt, hat aber eine rauhe grüngelbe Schale

Kurzstielige Zuckerbirn. *Suikerey (Kortstelige)* Ist eine mittelmäßige grosse Birn, von kurzrunder Form, und nach dem Stiel zu, der ganz kurz und dick ist, wird sie etwas dünner; das Aug sizt etwas tief innen, so wie auch insgemein der Stiel. Ihre Schale ist glatt und, wenn sie reif geworden, gelb, zuweilen auch, doch selten, an der Sonnenseite etwas blasroth. Ihr Fleisch ist etwas weich, doch mild, saftig, und von angenehmen zuckerhafften Geschmack, wenn sie nicht schon gar zu reif ist, so man sie isset: denn sie dauret nicht lange.

Der Baum hat ein gutes Gewächs, und trägt, wenn er etwas zu Jahren gekommen, sehr starck. Das junge Holz ist ganz gelblicht, und daran ist die Sorte zu erkennen.

über und über mit weissen Punkten besezt, welches jedoch auch vom Wildling herkommen kan, worauf der Baum den ich kenne, gepfropft worden, und der, etwa 3. Zoll dick im Stamm, schon etliche mal Früchte getragen, die eben den Geschmak und Eigenschafft haben, wie hier beschrieben ist.

Diese Sorte ist vermutlich die nemliche, welche unter Nro: 38. unter dem Nahmen, Muscat Robert vorkommt.

Nur ein einziger solcher Baum ist in Ihro Hoheiten Gartten zu finden.

Nach Ph. Müllern, Nro. 3. Pirum aestivum parvum, é viridi albidum. Poire hative, Citron de Carmes, grecu chifel. Frühe Birn.

St. Magdalena. *St. Magdalene.* Ist eine mittelmäßig grosse Birn, von kurzer rundlichter Form; am Aug ein wenig glatt, und nach dem Stiel wird sie etwas spizig. Ihre Schale ist sehr platt, von blasser gelblichtgrüner Farbe. Ihr Fleisch ist mild, schmelzend, safftig und von sehr lieblichem Geschmack, wenn sie nicht zur Unzeit gepflückt wird: denn es hat mit ihr gleiche Beschaffenheit, wie mit der *Brüsselbirn*; indem sie gar leicht überreif, und sodenn mehlig und unschmackhafft wird, daher man sie gerade zu der Zeit pflücken muß, wenn ihre grüne Farbe gelb zu werden anfängt, und das Fleisch dem Daumen fein nachgiebt; denn wenn sie starck gelb geworden, ist sie ganz ungeschmack.

Der Baum hat ein gutes Gewächs, und trägt sehr starck, weswegen er öffters nicht gros wird.

Tab. I. Nro. 6. Frühe Gold-Bergamotten. Dies ist eine Frucht, die zu den sauren Birnen gehört, eben wie die Brüßler-Birn, oder wie die graue Butter-Birn. Der Baum zeichnet sich vor allen andern damit aus, daß seine Früchten und Blätter mehrentheils büschelweis hangen, leztere lang und gerunzelt sind, und die Zweige gerad in die Höhe gehen.

Die Anmerkung, daß der Baum nicht groß u auch nicht alt werde, ist gegründet, und sind die Birn an einem alten Baum 14. Tage vor jenen an jüngern Bäumen, reif worden.

Solcherlei Bäume gibt es auf dem Orange-Gartten, vordem Spiel-Plaz VierEkigten Rosen-Parterre und auf der Mail, auch in der Forstschule. Pirum aestivum, formoso granditate, é viridi flavescens, grati saporis, modice subacidalum.

Grosse Zwiebelbirn. *Oignonnet. (gros)* Ist eine mittelmässig große Birn, von runder Form, und um das Aug, so nicht tief ist, etwas platt;

Tab. I [Nro.] 7. ***Roxale d'eté*** **Pirum aestivum globosum, è viridi purpuraficus. Ph: Miller Nro. 19.**

Ein Espalier ist in Ihro Hoheiten Gartten und eine Piramide im untern Rosen-Gärtlen.

nach dem Stiel zu, der kurz und ziemlich dick ist, wird sie ein wenig dünner. Ihre Schale ist glatt, von Farbe gröstentheils roth, oder braunroth, und an der Seite, so nicht gegen die Sonne gekehret ist, etwas grün oder graulichtgelb, auch manchmalen hin und wieder schwarz, oder schwarzb[r]aun gefleckt. Ihr Fleisch ist derb und körnicht, doch aber voll Saftes, und von angenehmen, süssen, lieblichen, etwas bisamhafften Geschmack.

Der Baum treib[t] schönes starckes Holz, und wenn er etwas zu Jahren gekommen, ist er sehr tragbar.

Tab. I. Nro. 8.

Melonenbirn. *Melonen-peer.* Ist eine mittelmäßige Birn, von länglichter Form; nach dem Stiel zu aber, der ziemlich lange ist, wird sie dünner, und macht oben keinen Bauch, sondern ist vielmehr schief und ungleich. Wenn sie reif ist, hat ihre Schale eine grünlichtegelbe Farbe, wobey sie mehr oder weniger dunckelbraun oder schwarz gefleckt ist, daher sie ein schlechtes Ansehen hat. Ihr Fleisch ist ein wenig derb und körnicht, auch saftig und wohlgeschmackt genug, aber nicht hochfein, wie ihr Name mit sich bringet.

Der Baum wächst gut und trägt starck.

Tab. I. [Nro.] 10. a. Nahrungs-Birn.

Langstielige oder weisse Zuckerbirn, *Suikery. (langstelige,* oder *blanke)* Ist eine mittelmäßige Birn, von kurzer Form, bauchig, und nach dem Stiel zu kurzgespizt. Ihre Schale ist glatt; von weisser oder gelblichtweisser Farbe, und an der Sonnenseite manchmalen etwas blassrothlicht. Ihr Fleisch ist einigermassen vest, aber voll Saftes, und von lieblichem zuckersüßen Geschmack.

Der Baum hat ein schönes, starckes Gewächs, und ist sehr tragbar.

Tab. I. [Nro.] 10.

Graue Zuckerbirn. *Suikerey (grauwe)* Ist von der vorigen in nichts unterschieden, als daß sie ihre Schale mit graubraunen Punckten und Flecken, mehr oder weniger besezet ist, welche Veränderung sonder Zweifel dem Stamm, worauf sie gepfropfet wird, zuzuschreiben ist, indem man diese graue Sorte mehr als die vorige findet. Man muß sie nur auf *wilde Stämme* pfropfen, weil die Bäume darauf besser bekommen, und die Früchte lieblicher als auf den *Quittenstämmen* werden, indem man sie allezeit hochstämmig ziehen muß. Diese beede *Zuckerbirnen*, sind zu ihrer Zeit, die besten Sorten, so wir haben.

Ananasbirn, *Ananas Peer.* Ist eine ziemlich grosse runde Birn, aber nach dem Stiel zu, welcher kurz ist, wird sie dünner; ihr Aug ist groß und ziemlich tief. Ihre Schale ist glatt, und wenn sie reif geworden, von gelblichter Farbe, auch grob dunckelgrün punctiret, und manchmalen, doch selten, hier und dar, etwas braungefleckt. Ihr Fleisch ist derb, doch voll Saftes, und schmelzend von angenehmen, etwas bisamhafften Geschmack; sie dauret aber nicht lange, und wird bald teig oder faul.

Tab. I. [Nro.] 9. Ananas-Birn

Der Baum hat ein gutes Gewächs und trägt wohl. Ich habe diese Frucht unter der angezeigten Benennung empfangen sie kan aber gar wohl, an andern Orten, noch andere Namen haben, welche ich noch nicht ausfändig machen können.

Goldbirn, *Goud-Peer.* Ist eine Birn von ziemlicher Grösse; von Form ist sie dick, kurz und fast rund, mit einem ganz kurzen Stiel; das Aug ist nicht tief. Ihre Schale ist glatt, am Baum, von weißlichtgrüner Farbe, wenn sie aber gepflückt worden und zur Reife kommet, wird sie starck gelb, und manchmalen ist sie auch an der Sonnenseite etwas roth gefleckt oder gestreift. Ihr Fleisch ist einigermassen körnicht, doch aber auch mild und safftig, von ziemlich angenehmen nicht aber hochfeinem Geschmack, sonderlich wenn sie in einem feuchten, steifen Boden wächst, daher ihr denn kaum ein Plaz unter den guten Birnen einzuräumen; für eine Sommer- oder Herbstfrucht dauret sie, im Liegen, ziemlich lange.

Tab. I. [Nro.] 12.

Ein solcher stark verwachsener Baum steht auf dem Bretheimer Hof, in dem Krautgarten rechter Hand von der Solitude aus.

Der Baum treibt gutes starckes Holz und trägt sehr starck.

Herbst-Zuckerbirn. *Suikerey (herfst)* Wer die *graue Zuckerbirn* kennet, wird auch diese bald zu nennen wissen, denn sie gleicht derselben

Tab. I. 10. b.

an Größe, Form und Farbe so ziemlich, nur wird sie spater reif; auch ist ihr Fleisch etwas vester, und nicht so zuckersüß und lieblich von Geschmack, sonderlich in schlechten Jahren, und in einem schlechten Boden.

Der Baum hat ein gutes Gewächs und ist sehr tragbar.

Tab. I. Nro. 13. Franz-Madam. Die Beschreibung hier ist vollkommen richtig, und dabei nur anzumerken, daß die Güte der Früchten von Gegend u. ErdReich gar sehr abhänget, und daß sie, die Früchten, von der sauren Gattung sind, auch auf dem Baum teig werden können, ohne abzufallen. Der Baum treibt starke Reiser, wovon die Rinde rothbraun, und die Blätter groß sind. Sehr fruchtbar ist diese Gattung Birn, denn ich habe die nemlichen Bäume von etwa 4. Zoll im Stamm Dicke, jezo 7. Jahr hintereinander mit mehr oder weniger Früchten besezt gesehen. Bäume davon sind auf der Mail und in der Forstschul.

Brüsslerbirn, *Brussel Peer.* Ist eine ziemlich grosse Birn, von länglichter Form und nach dem Stiel zu, der sehr lange ist, wird sie dünner. Ihre Schale ist glatt, von gelblichtgrüner, und manchmalen, an der Sonnenseite etwas blasbraunrother Farbe. Ihr Fleisch ist mild, schmelzend, safftig und von sehr angenehmen lieblichen Geschmack, so, daß sie, ohne Widerspruch, eine von den besten Sommerbirnen ist, so wir haben; sie muß aber zur rechten Zeit gepflückt und vom Baum gegessen werden, indem sie im Liegen den Geschmack nicht bekommet, so sie am Baum hat, und wenn man sie etwas zu früh pflückt, ist sie hart und ungeschmack, indem sie sich von der Zeit ihrer Reife, bis sie überreif wird, gar geschwind verändert. Daß sie ihre rechte Reife habe, ist daraus zu erkennen, wenn man siehet, daß die grüne Farbe der Schale etwas gelblicht zu werden anfängt, und daß das Fleisch, so man die Schale etwas mit dem Daumen druckt, leichtlich nachgiebt. Wenn sie starck gelb geworden, ist sie allezeit überreif. Die Früchte werden eine nach der andern reif, so, daß man solche etliche Wochen lang pflücken kan.

Der Baum hat starckes, aber krummes, niederwarts gebogenes und untereinander wachsendes Holz, woran solcher sehr kennbar ist. Er ist gar tragbar, und gibt sowohl einen hochstämmigen, als auch einen *Zwerg-* und *Spalierbaum*; aber man darf ihn nicht viel beschneiden: denn dadurch wird er unfruchtbar, auch ist er dem Krebs unterworffen.

Tab. II. Nro. 14.

Herbst Bergamotten. *Bergamot d'Automne.* Ist eine mittelmäßig große, plattrunde Birn. Ihre Schale ist glatt, und wenn sie reif ist, von Farbe gelblicht grün, und braun punctiret, auch öffters an der einen

Seite etwas rothbraun; der Stiel ist sehr kurz, und steckt, wie das Aug, tief innen. Ihr Fleisch ist mild und schmelzend wie Butter, von sehr lieblichem, angenehmen, hochfeinen Geschmack, daher sie denn unter diejenigen Sorten gehöret, so vornehmlich gepflanzt zu werden verdienen; doch muß ich hiebey anmercken, daß sie einen guten sandigen und keinen nassen Boden liebt, um recht schmackhafft zu werden; auch sind die grünen insgemein die besten, und die röthlichten öffters ungeschmack, indem sie insgemein von einem nassen oder kalten Boden roth werden. Am Spalier bekommt sie nicht wohl, besser aber als ein hochstämmiger Baum, und am besten wenn sie auf einen wilden Birnstamm gepfropfet wird.

Der Baum treibt gutes starckes Holz, und wenn er etwas zu Jahren gekommen, trägt er sehr stark.

Vermillon, *Vermillon.* Ist eine ziemlich grosse Birne von länglichter Form, dickbauchicht, und nach dem Stiel zu, wird sie dünner, Ihre Schale ist schön glatt, von Farbe lieblich gelb, und an der einen Seite starck, auch manchmalen fast ringsherum *Vermillion,* oder zinnoberroth, wovon sie auch ihren Namen hat. Ihr Fleisch ist etwas derb und körnicht, doch aber auch mild genug und voll Saftes, von süssem, lieblichen, angenehmen Geschmack.

Der Baum hat ein gutes Gewächs, wird gros und ist sehr tragbar.

Tab. II. [Nro.] 15. Paradis-Birn. Keine besondre Gattung, sondern eine Art von der Cuisse Madame die, nachdem sie auf einen besondern Wildling oder Quitten-Stamm adoptirt worden, solchergestalten ins roth u. gelbe fällt, ja sie kan auch in dem vermillon-Roth noch braune Streiffen bekommen. Die Reiser sind dik und steigen gerad in die Höhe, machen aber wenig laub.

Herbst-Bonchretien. *Bon Chretien d'Automne.* Sie gleicht der Form nach gar viel der **Sommer-Bonchretien**, S. die IV. Tafel, doch fällt sie um den Stiel insgemein dicker aus. Ihre Schale ist glatt, von wachsgelber Farbe, und manchmalen, an der einen Seite, etwas röthlicht; öffters ist sie auch mehr oder weniger Schwarz gefleckt. Ihr Fleisch ist halb brüchig und halb mild, saftig, und von sehr lieblichem, gewürzhafften Geschmack, wenn sie recht reif ist. Alleine, es gehet mit ihr, wie mit der **Sommer-Bonchretien**, daß sie nämlich nicht in je-

Tab. II. [Nro.] 16. Herbst Zuckerbirn.

dem Boden und Plaz wohl anschläget. In einem schweren, feuchten, leimichten Boden, werden die Früchte insgemein schlecht und ungeschmack.

Der Baum hat in vielen Stücken mit dem **Sommer-Bonchretien** einerley Beschaffenheit, und muß auf gleiche weise behandelt werden.

Tab. II. [Nro.] 17. **Grosbritannen,** *Grand Bretagne.* Ist eine ziemlich grosse Birn, gröstentheils runder, doch ovaler Form, auch wächst sie öffters schief. Ihr Stiel ist nicht gar lang, und das Aug sizt nicht tief innen. Ihre Farbe ist grünlichtgelb, und mit groben blasbräunlichten Puncten besprenget. Ihr Fleisch ist etwas grobkörnicht, doch mild, und voll sehr angenehmen, süssen, etwas bisamhafften Saftes; sie muß aber einen guten Boden und Lage haben, sonst ist sie schlecht und ungeschmack. Sie schickt sich sehr wohl an ein Spalier.

Der Baum ist von gutem Gewächs und trägt sehr wohl.

Tab. II. [Nro.] 18. **Bergamot Crasane,** *Bergamot Crasane.* Kan eine sehr grosse Birn werden; von Form ist sie rundlicht, und am Aug, welches tief innen sizt, zimlich platt; nach den Stiel zu aber, der lange ist und in einer Vertiefung stehet, wird sie etwas dünner. Ihre Schale ist rau und hart, die Farbe, wie sie die *Bergamotten* zu haben pflegen, das ist grünlichtgelb, und etwas fein mit braun punctiret oder gefleckt. Ihr Fleisch ist mild, schmelzend, sehr saftig, und von gar angenehmen Geschmack, wenn sie recht reif ist; um aber zur Reife zu kommen, muß sie in einem guten, lockern Boden und am *Spalier* stehen; in einem nassen, schweren Boden bleibt sie leichtlich ungeschmack, und zerplazet manchmalen gerne, sonderlich in nassen Jahren.

Ein solcher Baum stehet hinten in Ihro Hoheiten Garten.

Der Baum treibt starckes, freches Holz, ist aber nicht gar tragbar, sonderlich wenn er viel beschnitten wird; daher muß man ihn an einen Spalier sezen, für allen aber die guten Sprossen nicht beschneiden.

Tab. II. [Nro.] 19. **Messire Jean Gris,** *Messire jean Gris.* Ist eine mittelmäßig grosse Birn, von rundlichter Form, nach dem Stiel zu kurz zugespizt, und auch etwas ungleich oder uneben. Ihre Schale ist rau, von lichtbrauner Farbe, ihr Fleisch derb, körnicht, saftig, und von sehr lieblichem zu[r]ckerhafften Geschmack, wenn sie auf einen *Wilden* Birnstamm gepfropfet ist, und in einem guten lockern, aber nicht gar zu trockenem Boden wächst; auf *Quitten* hingegen gepropfet, und in einem starren strengen Boden, wird sie durchgehends hart, ungeschmack und untauglich. Der Baum schläget wohl an, man mag ihn als einen hochstämmigen, oder an das Spalier pflanzen.

Er hat ein gutes Gewächs und, wenn er etwas zu Jahren gekommen, trägt er sehr starck.

Die Weisse und **Grüne Messire Jean** sind von der beschriebenen grauen in nichts unterschieden, als daß erstere etwas grauweißlicht, und die andere grünlicht ausfällt.

Hallemine Bonne, *Halemin-Bonne.* Ist eine sehr grosse Birn, von länglichter Form, etwas bauchicht, und nach dem Stiel zu, wird sie ein wenig dünner. Ein gleiches geschiehet auch um das Aug herum, welches nicht tief innen sizet, und der Stiel ist nach *proportion* eben nicht lange. Ihre Schale ist glatt, und wenn sie reif geworden, von hellgrüner, etwas in das gelbe spielender Farbe. Ihr Fleisch ist einigermassen derb, aber mild und voll Saftes, von sehr lieblichem angenehmen Geschmack. Sie wird vom Baum gegessen, und will, wie die *Brüsslerbirn* zur rechten Zeit gepflückt seyn, wenn ihre grüne Farbe in das gelbe zu spielen anfängt, und das Fleisch dem Daumen nachgiebt: denn so sie länger hängt, wird sie ungeschmack, mehlig und teig.

Der Baum treibt gutes, starckes Holz und ist sehr tragbar.

Diese Sorte ist nicht gar alt, sie ist in Friesland, vor wenig Jahren, aus den Kernen der *Sommer-Bonchretien,* welcher sie an Form und Geschmack auch etwas gleich kommet, von einem Liebhaber, in einem nicht weit vom *Dorf Hallum* entlegenen Ort gewonnen worden, daher sie den auch ihren Namen bekommen.

Tab. II. [Nro.] 20. Grosse Wasserbirn. Pyrus sativa, fructu aestivo globoso, viridi, in ore liquescente. Gros Mouille bouche. Ongeendte Peer. Friesländer Birn.

Das Gewächß dieses Baums ist sehr stark mit groben dicken Schossen und breitspizig streiffen Blättern, fast wie bei der Bergamotte Crasane.

Ein Baum steht auf dem 4-ekigen Rosen Bas-terre und einer in der Forstschule, der erste in der obern schrägen Allée Rechterhand.

Tab. II. [Nro.] 21. braune Most-Birn.

Dergl: Baum steht beim grossen Vogel-Haus, und eine Piramide auf dem hintern Spiel-Plaz, auch sind etliche in der Forstschul.

Doppelte Rietbirn. *Riet-Beere (dubbelde)* Ist ein sehr grosse Birn, von länglichter Form, gegen den Stiel lauft sie spizig zu. Ihre Schale ist rau und grob von Ansehen, auch hat sie eine zimmetbraune Farbe. Ihr Fleisch ist mild genug und voll Saftes, aber von etwas strengem und herben Geschmack, daher sie nicht wohl aus der Hand zu essen ist, hingegen wird sie gekochet gar wohl geachtet, indem sie ein sehr gutes Gerichte gibt, auch ist sie gedürrt gut.

Der Baum hat ein gutes, starckes Gewächs, wird gros und ist sehr tragbar.

Die Einfach Rietbirn ist von der **Doppelten** fast nur alleine darinnen unterschieden, daß sie kleiner ausfällt; doch ist sie auch etwas bleicher von Farbe, und gekocht nicht so wohl geschmack.

Tab. II. [Nro.] 22.

Runde Schweizer Bergamotten. *Bergamot Suisse ronde.* Sie gleicht vollig einer *Gemeinen Herbst-Bergamotten*, bis auf die Farbe, welche gelb, manchmalen auch rothgestreif[t] schön anzusehen ist; ihr Fleisch aber ist nicht allzeit von so hochfeinem Geschmack, als das von der *Gemeinen*, auch ist sie etwas zärtlicher und will einen recht guten Boden und Lage haben.

In einem solchen Boden wächßt der Baum sehr wohl, und trägt, wenn er etwas zu Jahren gekommen, ziemlich starck; auch ist das junge Holz durchgängig etwas gelb und grün gestreift.

Tab. II. [Nro.] 23. An der Sonnen-Seite wird diese Birne braunroth, welches aber im Liegen sich ganz verliert, und ins Gelbe abändert, auch ist bei dieser Gattung als etwas besonders anzumerken, daß die Trag-Knospen sich gewöhnlich am End der Zweige ansezen, und beim Beschneiden, durch einen, der dieses nicht weißt, meist weg geschnitten worden. Dies ist eine der fruchtbarsten und besten Sommer-Birnen.

Weisse Butterbirn, *Beure blanc.* Ist eine mittelmässig grosse Birn, von rundlichter Form, und nicht gar bauchig, sondern wohl etwas länglicht; doch nach dem Stiel zu, der sehr kurz ist, nicht gar dünne. Ihre Schale ist glatt, dünne, am Baum von grünlichter Farbe; wenn sie aber gepflückt worden und etwas liegt, fällt sie starck in das *Gelbe*, so, daß sie blaß- oder Citronengelb wird, auch ist sie zart punctiret. Das Fleisch ist mild, sehr safftig, schmelzend und von angenehmen lieblichen Geschmack; aber in einem feuchten Boden wird sie manchmalen etwas ungeschmack, sonderlich in schlechten Jahren.

Der Baum hat ein gutes Gewächs, trägt aus der Massen starck, und wird deßwegen selten groß. Das junge Holz ist von Farbe ziemlich gelblicht.

Robine, *Robine.* Ist eine mittelmäßig grosse Birn, von plattrunder Form, gleich einer *Bergamotten*; doch ist sie um den Stiel nicht ausgeholet, sondern meistens kurz gespizt. Das Aug, welches ziemlich groß ist, steckt nicht tief drinnen, und ihr Stiel ist sehr lange, dünne und gerade. Ihre Schale ist glatt, und wenn sie reif geworden, über und über blaßgrünlicht, wobey sie etwas in das Gelbe spielet. Ihr Fleisch ist einiger massen derb, ziemlich mild, und von zuckerhafften, lieblichen etwas bisamartigen Geschmack.

Tab. III. [Nro.] 24. Averat-Birn.

Ein solcher junger Baum steht nicht weit vom Pagen-Bau, im Weg an dem Blumen Garten rechts der nächste am Bogen-Gang.

Der Baum hat ein gutes Gewächs, und trägt starck, indem die Früchte hauffenweiß beyeinander wachsen.

Eyerbirn, *Poire d'Oeuf.* Ist eine mittelmässig groβe Birn, von länglichtrunder Form, wie ein Ey, woher sie auch ihren Namen hat; ihr stiel ist von mittelmäßiger Länge, und das Aug wenig oder nicht tief. Ihre Schale ist glatt, von gelblichtgrüner Farbe, und zart gefleckt, manchmalen auch, an der Sonnenseite etwas blasbraunroth, oder gestreift. Ihr Fleisch ist etwas zartkörnicht, doch aber mild, schmelzend und saftig, von sehr lieblichem, angenehmen und etwas bisamhafften Geschmack, welcher dieser Sorte eigen ist. Sie wird nicht so leicht teig, und verdienet gepflanzt zu werden. Sie kommt ursprünglich aus der Schweiz, und wird sonderlich in *Basel* viel gefunden und hoch geachtet.

Tab. III. [Nro.] 25. Ayerbirn

Der Baum ist von gutem, starken Gewächs, wird gros, und ist sehr tragbar.

Kalmerbirn, *Kalmer Peer.* Ist eine sehr grosse Birn, von länglichter Form, nach dem Stiel lauft sie pyramidenförmig zu, und manchmalen wächst sie etwas schief; ihr Stiel ist kurz und krumm, das Aug nicht tief. Die Schale ist glatt und, wenn sie reif geworden, von Farbe gelb,

Tab. III. [Nro.] 26 Kalmer-Birn.

auch mehr oder weniger bräunlicht gefleckt, und machmalen an der Sonnenseite etwas röthlich. Ihr Fleisch ist ein wenig derb, aber doch mild und saftig genug; von sehr lieblichem und angenehmen Geschmack; sie dauret aber nicht lange, wird bald mehlig, und pfleget auch gerne in schlechten Jahren aufzuplazen.

Der Baum hat ein gutes Gewächs und trägt sehr starck.

Muskat Pomeranzen-Birn Reustra-leben-Birn Tab. III. Nro. 27. Diese Birne hat in hiesigen Gegenden durchgehends schwarze Fleken, und ihr Stiel ist etwas lang. Das Gewächs des Baums und die Blätter sind von der rothen Orange nicht zu unterscheiden. Ein Espalier ist in Fr. Gräffin Gartten und ein Alleé-Baum in der Forstschul.

Orange musque, *Orange Musque.* Ist eine mittelmäßig große Birn, insgemein von runder Form, selten aber etwas, und öffters gar nicht länglicht; das Aug sizt gar nicht tief innen, und der Stiel ist kurz. Ihre Schale ist ein wenig rau, und wenn sie reif geworden, gelblicht grün, auch an der Sonnenseite durchgehends viel bräunlichtroth; öffters hat sie auch hier und dar schwarze, oder braunschwarze Flecklein, ihr Fleisch ist derb, saftig, und von starck bisamhaften, ziemlich angenehmen Geschmack.

Der Baum hat ein gutes Gewächs, und trägt starck, wenn er etwas zu Jahren gekommen.

Tab. III. [Nro.] 28.

Rousselet, *Rousselet.* Ist eine kleine Birn, von etwas länglichter Form, nicht gar bauchicht, und gegen den Stiel, welcher nicht gar lange ist, laufft sie spizig zu. Ihre Schale ist nicht rau, und auch nicht ganz glatt, das ist, sie hat ein grobes Ansehen, ist aber doch dünne. Ihre Farbe ist braungraulicht in einem grünen Grund, an der einen Seite, und an der andern dunckelbraunroth, mit vielen groben weißlichten Tupfen. Ihr Fleisch ist zart, saftig, schmelzend und von sehr angenehmen starck bisamhafften Geschmack, wenn sie in einem guten, trockenen Boden wächst: denn in einem nassen, steifen Boden bekommt sie diesen feinen Geschmack nicht; auch wird sie insgemein an einem hochstämmigen Baum schmackhaffter, als am *Spalier*, sonderlich wenn dieses gegen Süden stehet, auch ist es besser sie auf einen *wilden Stamm* als auf *Quitten* zu pfropfen.

Diese Birn stehet in Franckreich in grosser Achtung, die besten, grösten und schmackhafftesten wachsen um *Rheims* in *Champagne*, wo sie viel gedürret und auch in *Zucker* eingemachet, und sodann weit und breit versendet werden.

Hiervon sind anzutreffen eine Piramide in Ihro Hoheiten Gartten ganz unten bei der Statüe rechter Hand die mittelste. *NB. ist die Beste Pirn.*

Die bey uns sogenannte *Rousselet de Rheims*, ist also nichts anders als eine wohlausgewachsene, grosse und schmackhaffte, mit einem Wort eine vollkommene *Rousselet*, wozu das Pfropfen viel beytragen kan.

Diamantbirn, *Diamad-Peer.* Ist eine ziemlich grosse Birn, von etwas länglichter Form, welche fast oval ist, doch wird sie, nach den kurzen Stiel zu, etwas dünner. Ihr Schale ist glatt und dick, und wenn sie reif geworden, von gelblichtgrüner Farbe, und dabey zart blasbraun gefleckt. Das Fleisch ist etwas derb und körnicht, doch saftig genug, und von lieblichen angenehmen Geschmack; alleine sie dauret nicht lang, und wird insgemein etliche Tage nach dem Pflücken teig, weswegen sie in geringer Achtung stehet.

Tab. III. [Nro.] 29.

Der Baum hat ein gutes Gewächs, und trägt sehr wohl.

Lange Schweizer-Bergamotten. *Bergamot Suisse longue.* Ist eine mittelmäßig grosse Birn, von länglichter Form, und nach dem Stiel zu, der ziemlich lange ist, etwas spizig. Ihre Schale ist glatt, von Farbe hellgrün, gelb und roth, schön gestreift, wie die *runde Schweizer-Bergamotten*, so daß sie ein feines Ansehen macht. Ihr Fleisch ist mild und safftig, von angenehmen lieblichen Geschmack, wenn sie in einem guten, lockern Boden recht reif geworden ist, ausserdem ist sie ungeschmack. Ich weiß nicht woher diese Birn eine Bergamottenbirn genennet worden, weil sie weder der Form nach dem Geschmack nach damit überein kommet. Der Name *Verte longue panachée* ist viel schicklicher für sie, indem dieselbe länglicht ist, und an Farbe und Geschmack mit der ordentlichen *Verte longue* viel übereinkommet, nur ist sie insgemein etwas kleiner.

Tab. III. [Nro.] 30.

Der Baum hat ein gutes Gewächs, und trägt wohl, wird aber leicht vom Krebs angegriffen. Die jungen Schossen sind auch durchgehends wie die Frucht gestreift, und manchmalen auch die Blätter.

Tab. III. [Nro.] 31. Das besondere dieser Birn ist, daß sie voll kleiner Hügelen; daß so wohl der Stern als der Stil tief innen sizen; daß sie beim Reifwerden an der Sonne braunröthlicht mit weislichten Punkten; an der Schatten-Seite aber, weißgelbgrün, mit grünen Punkten; und daß sie endlich keine Tafelbirn sondern nur ganz gemein ist. In der Mitte des Septembers wird sie reif, und nach 8–10. Tagen am Kripß teig. Übrigens verdient sie wohl gepflanzt zu werden weil der Baum sehr fruchtbar ist, besonders, wenn die Birn gebrochen und nicht geschüttelt werden, weil beim Schütteln die kleinen Ästen, an welche die schweren Birn sitzen, mit abbrechen, und dadurch die künfftigen Trag-Knospen zu Grunde gehen.

Ein solcher Baum ist in Gerlingen bei Michl Dreher.

Fondante de Brest. *Fondante de Brest.* Ist eine sehr grosse Birn; die *doppelte* versteht sich; von dicker kurzbäuchiger Form und nach dem Stiel, welcher kurz ist, lauft sie kurz gespizt zu. Ihre Schale ist glatt, etwas dick und, wenn sie reif ist, von gelblichter Farbe mit bräunlichten Punckten und manchmalen auch Flecken; zuweilen, doch selten, ist sie auch rothlicht. Ihr Fleisch ist etwas derb und körnicht, doch mild, safftig, und von sehr angenehmen lieblichen Geschmack.

Der Baum hat ein gutes, starckes Gewächs, und trägt sehr wohl.

Die Sorte so man bey uns die *Einfache Fondante*, oder die *einfache französische Kaneelbirn* nennet, ist von der beschriebenen *Fondante* nur darinnen unterschieden, daß sie etwas kleiner ausfällt.

Tab. III. [Nro.] 32. Grüne Zucker-Birn. Der Spiz von dieser Birne geht mit dem Stiel in einem fort. Die Schale ist zwar glatt, von weißgrüner Farbe mit zimmetfarben Punkten dick besezt, bekommt aber hie und da grosse braune Fleken, die zu weilen schwarz aussehen, auch wird der Stiel braun. Die Schößlinge steigen gerad, mit brauner Rinde, und die Blätter sind steif und spizig.

Zwei Pyramiden stehen in Ihro Hoheiten Garten, sub. Nro. 68.

Je länger je lieber, *Hoe langer hoe liever.* Ist eine mittelmässig grosse Birn, von länglichter, etwas bauchichter Form, nach dem Stiel aber, der ziemlich lange ist, läuft sie dünner zu; ihr Aug ist nicht gar tief, auch wächst sie insgemein etwas schief. Ihre Schale ist glatt, und wenn sie reif geworden, von blaßgrüner oder gelblichtweisser Farbe. Ihr Fleisch ist zart, etwas kornicht, safftig, und von sehr angenehmen lieblichen Geschmack, wenn sie zur rechten Zeit gegessen wird: denn wenn sie noch nicht recht reif, oder überreif geworden, ist sie ungeschmack.

Der Baum hat ein gutes Gewächs, und trägt sehr wohl.

Calbas musque, *Calbas Musqué.* Ist eine sehr grosse Birn, von länglichter und wenig oder gar nicht bauchichter Form, ja sie wächst mehr höckericht oder schief. Sie ist braun Zimmetfarb; wenn sie recht reif geworden, und in einem guten Boden stehet, hat sie ein mildes, schmelzendes und ziemlich saftiges Fleisch, wie auch einen sehr angenehmen lieblichen Geschmack. aber in einem feuchten, zehen Boden fällt sie manchmalen, gleich andern Sorten guter Tafelbirnen, schlecht und ungeschmack aus. **Tab. III. [Nro.] 33.**

Der Baum hat ein schönes starckes Gewächs und ist sehr tragbar; er bekommt auch am Spalier sehr wohl, wie er denn an selbigem bessere Früchte bringt, als wenn er hochstämmig wächst; er kan so wohl auf *Quitten* als *wilde Birnenstämme* gepfropfet werden.

Englische Königin, *Engelse Koningin.* Ist eine ziemlich große Birn, von etwas länglichter, bauchichter Form, und nach dem Stiel zu, wird sie etwas dünner, läuft aber nicht spizig zu. Ihr Aug ist nicht tief, und ihr Stiel mittelmäßig lang; doch fallen die Früchte an dem nämlichen Baum theils kürzer, theils länger aus. Wenn sie reif geworden, hat sie eine glatte, Citronengelbe Schale, welche blaß zimmetfarb getupft und auch wohl, hier und dar, gefleckt ist; Ihr Fleisch ist derb, körnicht, aber mild genug, und voll angenehmen, lieblichen Saftes, so, daß sie zu ihrer Zeit, eine der besten Tafelbirnen ist; doch dauret sie, wie die meisten Sommerbirnen, nicht lange. **Tab. IV. [Nro.] 34.**

Diese Sorte hat auch die Art, daß der Baum manchmalen zweymal im Jahr trägt, in dem er im Monat Julio das zweytemal Blüthen bringet, und da werden die Früchte gegen den October reif, bleiben aber insgemein kleiner und sind ungeschmackter als die ersten.

Der Baum hat ein gutes Gewächs und trägt starck.

Diese Sorte mag wohl an andern Orten, auch anders benennet werden; doch habe ich diese Benennungen noch nicht entdecken können.

Tab. IV. [Nro.] 35. Kleine Casolette, Waldenser-Birn.

Birn ohne Schale, *Poire sans Peau.* Ist eine mittelmäßig grosse Birn, von länglichter nicht gar bäuchichter Form. Ihr Aug steckt wenig oder nicht tief innen, ihr Stiel aber ist dünner und ziemlich lang. Ihre Schale ist schön glatt und sehr dünne, wovon sie ihren Namen bekommen hat. Von Farbe ist sie blaßgrünlichtgelb und vielmals mit kleinen blaßzimmetfarben Flecken besezet, manchmalen fällt sie auch an der Sonnenseite etwas hellröthlicht aus. Ihr Fleisch ist zart, etwas körnicht, und voll sehr angenehmen lieblichen, hochfeinen Geschmackes; weßwegen sie eine von den besten Herbst oder Sommerbirnen ist.

Drei solche Bäume finden sich in der Frau Gräffin Gartten.

Der Baum hat ein gutes Gewächs, und ist nach seiner Art dadurch kenntlich, daß die jungen Schossen, wie an der Brüsslerbirn, krumm und unterwärts gebogen wachsen, aber gelblichter sind. Wenn er etwas zu Jahren gekommen, trägt er sehr starck.

Nota. In einem guten Boden, und fruchtbaren Jahr, kan die Frucht gar wohl grösser werden, als sie auf der Platte vorgestellet worden.

Tab. IV. Nro. 36. Blanquet mousqué Die Beschreibung komt so ziemlich mit der hier bekannten Birne überein, doch ist sie nicht bauchigt, sondern verdünnt sich nur um etwas gegen den Stiel. Von Ansehen und Geruch ist sie vortrefflich. Die Reiser sind braungelb mit viel weissen Punkten, und das Laub ist hellgrün ins gelbe fallend. Ein ziemlich erwachsener Baum ist in Ihro Hoheiten Garten.

Weisse Prinzessen. *Witte Princesse.* Ist eine sehr grosse Birn, von länglichter, bauchichter Form, und gegen den Stiel, welcher mässig lange und insgemein etwas krumm ist, wird sie dünner, ja lauft fast spizig zu. Das Aug ist nicht tief; die Schale ist glatt, grob und, wenn sie reif geworden, gelblicht, oder grünlichtweis, und überall blas braungrün zart getupft, auch öffters hier und dar braun gefleckt. Ihr Fleisch ist mild, körnicht, und von ziemlich lieblichen, aber doch nicht hochfeinem Geschmack.

Der Baum hat ein gutes Gewächs, und ist gar tragbar.

Tab. IV. [Nro.] 37.

Sonder Kern, *Sonder Sieltjes.* Ist eine ziemlich grosse Birn, von sehr länglichter Form; von der Mitte an laufft sie gegen den Stiel hin spizig zu, auch ist sie von Gewächs etwas schief und eckicht. Ihre Schale ist ein wenig rau und in einem grünlichten Grund braun-zimmetfarb getupft und gefleckt, so, daß sie etwas in der Ferne ganz bräunlicht aussiehet. Ihr Fleisch ist etwas körnicht, doch mild genug, voll Saftes, und von sehr lieblichen, angenehmen Geschmack; sie ist aber von kurzer Dauer. Innenher hat sie ein sehr kleines Kernhaus, und insgemein keine Kerne, wovon sie denn auch ihren Namen hat.

Der Baum hat ein gutes Gewächs und trägt, wenn er etwas zu Jahren gekommen, sehr wohl.

Muscat Robert, *Muscat Robert.* Ist keine gar grosse Birn, von runder Form, und gegen den Stiel hin kurz gespizt. Ihre Schale ist glatt, von gelber Farbe, und gleichet sehr viel der kleinen *Mucatbirn, Petit Muscat*, ausser daß sie viel grösser ausfällt, und eine mehr hochgelbe Farbe hat, auch manchmalen etwas röthlicht ist. Ihr Fleisch ist etwas körnicht, aber doch mild und safftig, von lieblichsüssem, starck bisamhafften Geschmack, wenn sie aber reif geworden, dauret sie nur kurze Zeit.

Tab. IV. [Nro.] 38. siehe Nro. 5. Kurzstieligte Zuckerbirn.

Der Baum hat ein gutes Gewächs, und trägt sehr starck. Das junge Holz ist gelb, welches auch zu einem Kennzeichen dieser Sorte dienet.

Grüne Orange, *Orange verde.* Ist eine ziemlich grosse Birn, von rundlichter Form, und um das Aug, welches nicht tief innen sizet, etwas glatt; gegen den nicht gar langen Stiel, ist sie etwas kurz gespizt. Ihre Schale ist glatt, aber von groben Ansehen, und hellgrüner Farbe, welche, wenn sie reif wird, etwas in das Gelbe spielet, und manchmalen ist sie auch an der einen Seite etwas blasröthlicht, auch bisweilen hier und dar schwarz gefleckt. Ihr Fleisch ist brüchig, aber voll Safftes, und von süssem, sehr lieblichen, etwas bisamhafften Geschmack.

Tab. IV. [Nro.] 39a.

Der Baum hat ein gutes Gewächs, und ist sehr tragbar, bekommt aber auch gar gerne den Krebs.

Tab. IV. [Nro.] 39b.

Rothe Orange. *Orange rouge.* Ist von der Vorigen in nichts unterschieden, als daß sie an der einen Seite sehr schön und viel hellröther wie *Corallen* ist, und daher auch ein sehr liebliches Ansehen hat; auch hält man sie für lieblicher und feiner vom Geschmack. Diese Veränderung kommt sonder Zweifel vom Pfropfen her.

Tab. IV. [Nro.] 40. Sommer-Zuckerbirn. Safran-Birn, Sommer Gratiole, Apotheker Birn, Zimmet Birn, Zuckerkand-Birn etc. Diese Beschreibung ist richtig, dabei aber anzumerken, daß solche Bäume gar nicht fruchtbar sind, und man lange warten muß, bis sie Nuzen geben. Übrigens aber sind sie von hohem starkem Gewächs, und können im Alten einbringen, was sie jung versäumt haben, aus welchem Grund, und weilen die Früchte, zwischen Häusern in gutem Erdreich erwachsen, unstrittig die beste ist, die man um diese Zeit haben kan, die Nachzucht dieser Birn-Sorte auch anzurathen und zu empfehlen ist.

Sommer-Bonchretien, *Bon Chretien d'Ete.* Ist eine sehr grosse Birn, von etwas länglichter und höckerichter Form. Ihr Aug ist tief drinnen, und der Stiel ziemlich lang. Ihre Schale ist glatt, und wenn sie reif geworden, von blasgelber Farbe, an der Sonnenseite aber auch öfters etwas röthlicht, und zuweilen hier und dar schwarzgefleckt. Ihr Fleisch ist nicht derb, auch nicht leicht schmelzend, aber mild genug; voll Safftes, und wenn sie recht reift ist, von zuckersüssem, feinen, gewürzhafften Geschmack, eben als ob sie mit Zucker und Gewürz eingemacht wäre, daher sie denn von den Liebhabern, denen sie wohl bekannt ist, für eine der niedlichsten Birnen ihrer Zeit gehalten wird. Sie bekommt aber diesen Geschmack nicht in jedem Boden und Ort, sondern fast nur alleine in einer fruchtbaren, sandigen oder kiesigen Erde, sonderlich aber in einem mit Schutt vermischten Boden; auch wächst sie am besten, hinter den Häusern in Städten.

Der Baum treibt wacker Holz, welches aber krumm und untereinander wächst; er kan sehr groß werden, und wenn er zu Jahren gekommen, trägt er sehr wohl. Man muß ihn aber nicht auf *Quitten*, sondern auf gute *Wildlinge* propfen, und wenig oder gar nicht beschneiden, sonst kan man versichert seyn, daß so wohl aus dem Baum als aus den Früchten wenig taugliches werde; um eben dieser Ursachen willen taugt er auch an kein *Spalier*, als wenn solches sehr hoch ist, und man dem Baum Plaz gibt. S. auch *Herbst-* und *Winter-Bonchretien.*

Parfum d'Ete, *Parfum d'Ete.* Ist keine gar grosse Birn, von plattrunder Form wie die *Bergamotten*, mit einem langen, dünnen Stiel. Ihre Schale ist glatt, und wenn sie reif geworden, von grünlichtgelber Farbe. Ihr Fleisch ist etwas derb, von ziemlich lieblichen etwas bisamhafften Geschmack, so, daß sie also eine sehr gute Sommerbirn ist.

Tab. IV. [Nro.] 41.
Poire der Berry.

Der Baum hat ein gutes Gewächs, und wenn er etwas bejahrt worden, trägt er sehr wohl. An andern Orten kan diese Frucht auch wohl noch andere Namen haben, so uns noch nicht bekannt geworden sind; unter gegenwartigem Namen aber habe ich sie aus *Holland* bekommen.

Gold Pergamotten, *Bergamotte dorée.* Ist eine ziemlich grosse Birn, von plattrunder Form, wie andere *Bergamotten*. Ihr Aug sizt sehr tief innen, wie der lange und dünne Stiel. Ihr Schale ist rau und unansehnlich, von braungraulichter Farbe, auch vielmals mehr oder weniger, schwarzbraun gefleckt. Ihr Fleisch ist sehr derb, safftig und etwas bisamhafft, sonst aber von keinem gar feinen Geschmack.

Tab. IV. [Nro.] 42.
Salviati-Birn.
Ein Espalier hievon in Ihro Hoheiten Garten, nahe am Bergamotte-Crasane Baum.

Der Baum hat ein ziemlich gutes, ordentliches Gewächs, und wird sehr tragbar, wenn er etwas zu Jahren gekommen.

Jargonelle, *Jargonelle.* Ist eine ziemlich grosse Birn, von länglichter Form, worinnen sie der *Brüsslerbirn* etwas gleichet, gegen den Stiel zu aber wird sie etwas dünner, auch ist sie ein wenig bauchichter, und öffters von Gewächs etwas krumm. Ihre Schale ist glatt, und wenn sie reif geworden, blaß, oder weißlicht grün. Ihr Fleisch ist mild genug aber von Geschmack nicht gar fein, auch wird sie bald mehlicht, daher sie denn eine solche Birn ist, so unter den guten Sorten, keinen Plaz verdienet.

Tab. IV. [Nro.] 43.
Jasonds-Birn
Der Baum steht in Frau Gräffin Garten.

Der Baum hat ein gutes Gewachs, und trägt sehr wohl.

Einfache Kayserin. *Keyserin (enkelde)* Ist eine mittelmäßig grosse Birn, von länglichter etwas bauchichter Form, und gegen den Stiel läuft sie spizig zu; sie wächst etwas schief, und ist an der einen Seite all-

Tab. V. [Nro.] 44.
Süsse Kayßer-Birn.
Honig-Birn.

Nach der gegenwärtigen Beschreibung ist diese Birne hier unter dem Nahmen Honigbirn, bekannt; aber das Gewächs des Baums ist sehr mittelmäßig, die Zweige schwach und sizen die Trag-Knospen auch meist am Ende derselben wie bey der weissen Butter-Birn, daher man sich mit dem Beschneiden des Baums in Acht zu nehmen.

Das Fleisch der Birne ist zwar sehr safftig, süsse und angenehm, doch also scharffen Geschmacks, daß man es an den Zähnen fühlet.

Dergl: Bäume finden sich etlich auf der Mail.

zeit ein wenig höher als an der andern; das Aug sizt nicht tief innen, auch stehet der Stiel, der eine mäßige Länge hat, vielmals schief. Ihre Schale ist glatt, von Farbe grünlichtgelb, wenn sie reif ist, auch hat sie blasgrüne und blasbraune Tupfen, und ist insgemein, hier und dar, braungefleckt; an der einen Seite fällt sie ferner mehr oder weniger hellroth aus, und zuweilen ist sie dabey etwas mehr roth gestreift. Sie hat ein derbes, sehr safftiges, lieblich und angenehm schmeckendes Fleisch.

Der Baum hat ein gutes Gewächs, und trägt sehr starck.

Tab. V. [Nro.] 45.

Epargne, *Epargne.* Ist eine grosse länglichte Birn, von etwas ungleicher schiefer Form, mit einem langen Stiel. Wenn sie reif ist, hat sie eine rothe Farbe, an der einen Seite aber ist sie manchmalen grünlicht gelb. Ihr Fleisch ist derb, safftig genug, und manchmalen etwas sauren Geschmackes, so, daß sie nicht gepflanzet zu werden verdienet.

Tab. V. [Nro.] 46.
Grosse Frankforter Birn siehe Nro. 15 Tab. II.

Cuisse Madame, *Cuisse Madame.* Ist eine ziemlich grosse Birn, von etwas länglichter Form, und gegen den Stiel zu, welcher lange ist, wird sie pyramidenförmig spizig, ohne einen Bauch zu machen. Ihre Schale ist dick, von Farbe ziemlich grünlichtgelb, und braungraulicht gefleckt; an der Sonnenseite aber ist sie dunkel braunroth, und dabey mit groben, hellbraunen Tupfen besprenget. Sie kommt an Form und Farbe der *Rousselt* viel gleich, ist aber grösser. Ihr Fleisch ist etwas derb und körnicht, doch aber mild genug, voll Safftes, und von sehr lieblichem, etwas bisamhafften Geschmack, so, daß sie eine von den besten Sommernbirnen, zu ihrer Zeit ist.

Der Baum hat ein feines Gewächs, er trägt nicht frühe, wenn er aber etwas zu Jahren gekommen, bringt er überflüssig Früchte.

Citron de Sirene. *Citron de Sirene.* Ist eine Birn von mittelmässiger Grösse; von etwas länglichter Form, und gegen den Stiel zu wird sie dünner; ihre Schale ist glatt; wenn sie reif geworden, Citronengelb, und mit feinen braunen Tüpfgen besprenget. Ihr Fleisch ist mild, derb und safftig genug; von ziemlich lieblichem, aber nicht hochfeinem Geschmack; überdem so wird sie auch, wenn sie etwas überzeitig geworden, so gleich mehlicht, so, daß sie nicht verdiente gepflanzt zu werden, wenn sie nicht frühe käme, und eine der ersten reife *Sommerbirnen* wäre, indem sie insgemein mit der kleinen *Muscatellerbirn*, zu gleicher Zeit kommet.

Tab. V. Nro. 47.

Der Baum hat ein gutes Gewächs, und trägt starck.

Cassolette, *Cassolette.* Ist eine mittelmässige große Birn, von sehr langer, und gegen den Stiel zu sich verdünnende Form. Ihre Schale ist etwas rau, von Farbe grau oder bräunlicht, auf einem grünen Grund, und wenn sie reif wird, fällt sie gelblichter aus. Ihr Fleisch ist mild, schmelzend, und von sehr lieblichem Geschmack; sie wird aber gerne in der Mitte teig, sobald sie nur reif und eßbar geworden; welches auch ihren Werth sehr vermindert und ihr wenig Achtung erwirbt.

Tab. V. [Nro.] 48. Ist nach dieser Beschreibung hier bekannt. Die Früchte hängen sich gerne zu 2. 3. zusammen.

Der Baum hat ein gutes Gewächs und ist sehr tragbar.

etliche hochstämigte Bäume dieser Art stehen in der Frau Gräffin Garten.

Bourdon, *Bourdon.* Ist eine mittelmäßig große Birn, von rundlichter Form, gegen den Stiel zu aber, der sehr lange ist, wird sie länglicht zugespizt; ihr Aug ist nicht tief. Ihre Schale ist glatt und wenn sie reif geworden, von gelblichter Farbe, ihr Fleisch ist mild, saftig und von sehr lieblichem, starckbisamhafften Geschmack, wie sie denn so wohl dem Geschmack als der Form nach mit der *Muscat Robert* viel übereinkommet, ausser daß der Stiel etwas länger ist, und sie selten eine rothe Schale hat; man muß sie nicht pflücken wenn sie reif ist: denn wenn sie zu lange hangen bleibt, wird sie innenher schwärzlich, oder mehlich und ungeschmack.

Tab. V. [Nro.] 49. Bisam-Birn, ist ebenfalls hier bekannt; wird aber an der Sonne röthlicht.

Der Baum hat ein gutes Gewächs, und trägt wohl.

steht in Ihro Hoheiten Gartten.

Tab. V. [Nro.] 50.
Die Birnen hängen sich mehrentheils in Büscheln zusammen, sind zwar von gutem Geruch und schmackhafft, aber etwas strenge, und werden bald mehligt. Die Reiser sind grob, braunroth und wie mit Puder weiß beduftet.
auf der Mail befindlich.

Admiral, *Admiral.* Ist ein ziemlich grosse Birne, von mehr platter als langer Form. Wenn sie reif geworden ist sie insgemein braunröthlicht, manchmalen aber auch wohl graulicht. Ihr Fleisch ist mild und, wenn sie in einem guten Boden wächst, von angenehmen Geschmack.

Der Baum hat ein gutes Gewächs, und trägt sehr wohl.

Tab. V. [Nro.] 51.
Rothe Muskateller-Birn. ist eine Sommer-Birne die im August reif wird. Ihre Schale ist an der Sonne ganz braunroth, über und über mit grossen Punkten wie Sonnenfleken, durch die sich rothe Streiffen ziehen. Wenn sie reif ist, so erhöhet sich das roth, und was grün gewesen, wird schön gelb, so daß diese Frucht ein sehr prächtiges Ansehen bekommt. Man muß sie aber sogleich geniessen, denn sie wird bald troken und unschmakhafft.
Ein solcher Baum steht auf der Planie.
NB. Diese rothe Muskateller Birn die hier beschrieben, ist nicht die Muscat fleuri, weil jene früh und diese spat ist.
die weisse Muskat fleuri steht in der Frau Gräffin Garten, am Staketten-Zaun links inwendig, weit hinten es ist eine kleine, gar schön runde Frucht, gegen den langen geraden dünnen Stiel zierlich gespizt, der Stern ist groß und nicht tief, die Schale an der Sonne rauh, von bräunlichter Farbe, die sich gegen die Schatten-Seite ins gelbe abändert, wo die Schale mehr glatt, allenthalben aber mit zimmetfarben Punkten reichlich besezt ist. Ich habe eine solche Frucht eben 15t 7br. abgenommen, da sie an der Zeitigung sehr safftig, süß und von sehr angenehmen Geschmack gewesen.

Meuscat-Fleuri, *Muscat-Fleuri.* Ist eine kleine Birn, von rundlichter Form und, nach dem Stiel zu, der nach *proportion* der Frucht sehr lange ist, ein wenig kurz zugespizt; das Aug sizt nicht tief innen. Ihre Schale ist glatt, von Farbe gröstentheils dunckel- oder braunroth, aber an der Seite, so nicht gegen die Sonne gekehret ist, manchmalen etwas gelblicht. Ihr Fleisch ist mild, und von sehr lieblichen durchdringenden Geschmack. Man muß diese Birn nicht mit der *Rousseline*, oder mit der *Rousselet* verwechseln, als welcher sie, dem ersten Ansehen nach, ziemlich gleich kommet; doch ist ihr Stiel viel länger.

Der Baum hat ein gutes starckes Gewächs, und ist sehr tragbar.

Tab. V. Nro. 52.
grüne Gaißhirtlen.

Cher a Dames, *Cher a Dames.* Ist eine Birn von mittelmässiger Größe, von etwas länglichter Form, aber nach dem Stiel zu wird sie sehr dünne; um das Aug, welches nicht tief innen sizet, ist sie etwas platt. Ihre Schale ist glatt, und wenn sie reif geworden, von Farbe gelblicht, an der einen Seite aber schön roth. Sie kommt der Grösse, Form und Farbe nach, viel mit der belobten *Rousselet* überein. Ihr Fleisch ist mild, etwas körnicht, safftig, und von sehr lieblichem angenehmen Geschmack, weswegen sie denn auch, als eine Sommerbirn, gepflanzt zu werden verdienet, und solches um so vielmehr, weil sie nicht leicht, wie sonst die meisten Sommerbirnen, teig wird, und denn auch, weil der Baum starck trägt, und ein feines Gewächs hat.

Ich zweifle fast, ob dieses nicht eben die Birn ist, welche man hier zu Land die *Rothbackichte* nennet, doch muß solches noch genauer untersuchet werden.

Frontignacbirn. *Frontignac-Peer.* Ist eine ziemlich grosse Birn, von etwas länglichter und nach dem Stiel zu dünnerer, nicht bauchichter Form. Ihre Schale ist glatt und von Farbe, blasbraunroth. Ihr Fleisch ist mild und safftig genug, aber nicht von hochfeinem Geschmack. **Tab. V. [Nro.] 53.**

Der Baum hat ein sehr gutes Gewächs, und ist ziemlich tragbar.

Nota. Diese Birn kan gar wohl, anderer Orten, noch andere Namen haben, die ich noch nicht habe ausfindig machen können, ob ich mir gleich viele Mühe deswegen gegeben. Ich habe sie unter obigen Namen erhalten.

Geseegnete Birn. *Gezegende Peer.* Ist eine kleine Birn, von kurzer Form und, nach den mittelmäßig langen Stiel zu, spizig zulauffend, ohne dabey bauchicht zu seyn. Sie hat mit der *Muscat Robert* einige Ähnlichkeit, ist aber die nämliche Sorte nicht, wie einige meynen: denn sie ist nicht so rund und kurz gespizt, hat auch keinen so bisamhafften Geschmack, ferner ist sie, in Ansehung des Holzes, von selbiger sehr unterschieden. *S. Muscat Robert.* Ihr Schale ist glatt und, wenn sie reif geworden, gelblicht, auch insgemein, an der einen Seite roth. Ihr Fleisch ist mild, etwas körnicht, ziemlich saftig, und von lieblichem angenehmen Geschmack, aber sie dauret nicht lange, und wird bald mehlig. **Tab. VI. Nro. 54. Herrenspätling.**

Der Baum hat ein gutes Gewächs, ist aus der Massen tragbar, und daher hat auch diese Sorte ihren Namen bekommen.

Tab. VI. [Nro.] 55. Blut-Birn. Die hier bekannte Blutbirn ist nur mittelmässig gros, von grünlichter Farbe, an der Sonne braunröthlicht. Das Gewächs des Baums ist von all andern darinn unterschieden, daß dessen Laub ganz breit, dunckelgrün, und wie bestäubt ist. Etliche solche Bäume stehen auf dem Orange-Gartten, und auch in der Forstschule.

Granatbirn. *Granaat Peer.* Ist eine gar grosse Birn, von länglichter und gegen den mittelmäßig langen Stiel, kurzgespizter Form, so, daß sie in Ansehung dieser und ihrer Grösse, der *grauen Zuckerbirn* sehr wohl gleichet. Ihre Schale ist glatt, von gelblichter Farbe, und an der einen Seite insgemein Roth. Ihr Fleisch ist mild, etwas körnicht, und hier und dar blutroth, wovon sie denn auch ihren Namen bekommen, anbey hat sie auch einen ziemlich lieblichen und angenehmen, doch nicht hochfeinen Geschmack.

Der Baum hat gutes Holz und trägt starck.

Tab. VI. [Nro.] 56. englische Bergamotten in der Forstschule sind mit Reisern von Cl: Betaling in Stuttgt: schon im Jahr 1778. dergl: auf Wildlinge oculirt – aber fast alle von den Würmern angegriffen worden, welches nach meiner Erfahrung eine eigene Krankheit dieser Gattung zu seyn scheinet.

Englische Butterbirn. *Poire d'Angleterre.* Ist eine ziemlich grosse Birn, von länglichter Form, und gegen den sehr langen Stiel zu pyramidenförmig zugespizt, wobey sie nicht gar bauchicht ist. Sie hat ein kleines und gar nicht tiefes Aug. Ihre Schale ist etwas rau, was aber ihre Farbe betrift, so ist sie in einem grünlichtgelben Grund mit kleinen bräunlichten Tupfen starck besprenget, so, daß sie etwas in der Ferne bräunlicht und nicht gar schön aussiehet. Ihr Fleisch ist etwas körnicht, doch schmelzend, voll Saftes, und von einem sehr angenehmen, lieblichen Geschmack; alleine sie dauret nicht lange und wird bald teig.

Der Baum hat ein gutes Gewächs und ist sehr tragbar.

Tab. VI. [Nro.] 58. Herbst-Bergamotten. Savoyer-Birn.

Herbstbirn ohne Schale. *Poire sans Peau d'Automne.* Ist eine ziemlich grosse Birn, von rundlichter Form, und um das Aug herum, welches groß und nicht tief ist, etwas platt; gegen den Stiel aber, der ziemlich lang ist, wird sie was dünner; zuweilen wächst sie auch etwas schief und eckicht. Ihre Schale ist schön glatt und dünne, und wenn sie reif geworden von blasgrüner, in das Gelbe spielender Farbe, auch hat sie manchmalen, hie und da, einige große blasbraune Flecken. Ihr Fleisch ist mild, schmelzend, Voll Safftes, und von lieblichem, angenehmen Geschmack.

Der Baum hat ein schönes starckes Gewächs, und ist sehr tragbar.

Diese Birn ist hier zu Land wenig bekannt; sie hat ihren Ursprung aus *Savoyen*, oder eigentlich aus dem Lande der *Maldenser.* Ihre Hoheit die verwittibte Fürstin, haben selbige vor einigen Jahren unter dieser Benennung, nebst andern der besten Birnen Sorten von *Dornick* erhalten.

Langstiel, *Lang-Steert.* Ist eine mittelmäßig große Birn, von kugelrunder Form; ihr Aug ist nicht tief und der Stiel sehr lang und dünn, und von diesem hat sie ihren Namen bekommen. Ihre Schale ist glatt, und von grünlichtgelber Farbe, wenn sie reif ist. Ihr Fleisch ist etwas derb und brüchig, wenig saftig, und von schlechtem Geschmack, so, daß sie unter den guten Birnen keinen Plaz verdient.

Tab. VI. [Nro.] 59. Langstieler-Birn. Ein solcher junger Baum steht in Frau Gräffin Gartten.

Der Baum ist von gutem Gewächs und trägt starck.

Rousseline, *Rousseline.* Wird also genennet, weil sie viel Ähnlichkeit mit der *Rousselet* hat. Sie ist mittelmäßig groß, etwas länglicht, bauchicht, und gegen den Stiel, welcher ziemlich lange ist, läuft sie spizig zu, um das Aug aber, das nicht tief innen sizet, ist sie etwas gelblicht. Ihre Schale ist glatt, und wenn sie reif geworden, grünlichtgelb, an der einen Seite aber dunckelroth, und vielmals hier und dar, dunckelbraun oder schwarz gefleckt. Ihr Fleisch ist etwas derb und körnicht, ziemlich saftig, und von lieblichem, zuckersüssen, etwas bisamhafften Geschmack, wenn sie in einem guten Boden wächset.

Tab. VI. [Nro.] 60.

Der Baum hat ein schönes starckes Gewächs und trägt starck.

Man muß sie nicht mit der *Muscat Fleuri* verwechseln, welcher sie, dem ersten Ansehen nach, sonderlich was die Farbe betrifft, ziemlich gleichet.

Tab. VI. [Nro.] 61. Marggrafen-Birn.

Marquise, *Marquise.* Ist eine ziemlich große Birn, von länglichter Form, mit einem etwas dicken Bauch; gegen den ziemlich langen Stiel, laufft sie spizig zu, und um das kleine, nicht gar tiefe Aug ist sie etwas platt, auch überdem insgemein von Gewächs ein wenig schief und uneben. Ihre Schale ist glatt, und wenn sie reif geworden, von gelblichter Farbe, auch zart zimmetfarb getupft; und öffters, hier und dar, gleichfärbig gefleckt, zuweilen auch an der einen Seite etwas roth. Ihr Fleisch ist einigermassen derb und körnicht, doch aber mild und safftig genug, von zuckersüssen, lieblichen und angenehmen Geschmack, wenn sie in einem guten Boden wächst, aber in einem feuchten und zehen, wird dasselbe hart, trocken, etwas steinig und nicht gar wohlgeschmack. Sie wächst als ein hochstämmiger Baum so gut, als am *Spalier*, muß aber auf einen *Wildling* und nicht auf *Quitten*, gepropfet werden.

Ein solcher noch junger Baum steht in Ihro Hoheiten Garten, bei dem grossen Rosen Canapeé, am Zäunlen, rechts gegen das Holz-Canapeé. Forstschul, 20, IV. sub. Nro. 66.

Der Baum hat ein gutes Gewächs und trägt starck.

Tab. VI. [Nro.] 62. Welsche Reichen Äkern-Birn.

Speckbirn. *Speck-Peer.* Ist eine mittelmäßig grosse Birn, von runder Form, und gegen den Stiel, welcher so ziemlich lang ist, lauft sie kurz gespizt zu, ihr Aug ist wenig oder gar nicht tief innen. Ihre Schale ist glatt, und wenn sie reif geworden, von grünlichter Farbe, an der einen Seite aber insgemein braunroth, und manchmalen hier und dar braungefleckt. Ihr Fleisch ist etwas körnicht, mild und saftig genug, aber ihr Geschmack ist nicht gar fein, sondern fast allezeit schlecht, daher sie denn auch nur zu den schlechtesten Birnensorten gehöret.

Der Baum hat ein gutes Gewächs und ist sehr tragbar.

Tab. VI. Nro. 63.

Schmerbirn, *Smeer-Peer.* Ist nicht gar groß, von länglichter Form und gegen den Stiel wird sie pyamidenförmig spizig; ihr aug ist klein und tief. Wenn sie reif geworden, hat sie eine grünliche Farbe, und dabey ist sie insgemein schwarzbraun gefleckt. Ihr Fleisch ist einigermassen körnicht, ziemlich safftig und von etwas gewürzhafften, doch nicht hochfeinem Geschmack, daher ihr denn auch nur unter den gemeinen Birnen ein Plaz anzuweisen ist.

Der Baum hat ein gutes Gewächs und ist sehr tragbar.

Die Lange Grüne, *Verde longe.* Ist eine sehr grosse Birn, von länglichter Form, welche um die Mitte oder nach dem Stiel zu, wie auch um das Aug, so nicht tief ist, etwas dünner wird. Ihre Schale ist glatt, von grüner Farbe, wenn sie auch gleichschon reif und eßbar ist, und davon hat sie auch ihren Namen. Ihr Fleisch ist mild, schmelzend, voll Saftes, und von sehr lieblichem, angenehmen Geschmack, wenn sie in einem guten, trockenen, warmen Boden wächset, aber in einem feuchten, zehen Grund bleibt sie schlecht u: ungeschmack, und ist also von geringem Werth. **Tab. VI. [Nro.] 64.**

Der Baum hat ein schönes starckes Gew: und ist ungemein tragbar.

Winterdorn, *Epire d'Hyver.* Ist eine ziemlich grosse Birn, von etwas länglichter Form, und gegen den Stiel laufft sie, ohne bauchicht zu seyn, spizig zu. Ihre Schale ist glatt, von blaßgrünlichter Farbe, welche, wenn sie reif ist, etwas in das Gelbe spielet, auch ist sie mit blaßbraunen oder grünlichten groben Tupfen überall besprenget. Ihr Fleisch ist mild, schmelzend, safftig und vom Geschmack sehr lieblich und angenehm, wenn sie in einem guten, lockern Boden und in einer guten Lage wächset, aber in einem nassen und schweren, wird sie insgemein ungeschmack. **Tab. VI. [Nro.] 65.**

Der Baum hat ein gutes Gewächs, so mit scharfen Spizen, wie mit Dornen besezet ist, wovon denn die Birn ihren Namen bekommen. Er trägt sehr wohl. Auf einem *Wildling* schlägt er so wohl als auf *Quitten* gepfropfet an, und wächst eben so gut, er mag als ein hochstämmiger Baum, im freyen Feld, oder an einem *Spalier* stehen: doch an diesem bekommet er am besten.

Deutsche Muscatbirn. *Muscat l'Allemand.* Ist eine mittelmässig große Birn, von etwas länglichter Form, und gegen den Stiel laufft sie dünner zu. Ihre Schale ist glatt, von Farbe zimmetbraun, und an der Sonnenseite insgemein roth. Ihr Fleisch ist mild, schmelzend und von **Tab. VI. Nro. 66. Nach Philipp Müllern ist diß eine spate Winter Birn, erst im Merz u. Febr. eßbar, und**

also kan sie nicht Dorf Muskat seyn, welche eine Somerfrucht, u. im August reif ist.

angenehmen lieblichen etwas bisamhafften Geschmack, wenn sie anders in einem guten Boden wächst.

Der Baum hat ein gutes Gewächs und trägt starck.

Tab. VI. Nro. 67.
Diese Birne ist von der Saume Gattung, ob sie schon, wenn sie im Liegen eßbar worden, ein sehr angenehm safftiges süsses Fleisch hat.
Die Zweige werden lang, biegen sich aber bei jedem Laub auswerts.

Graue Butterbirn. *Beuré gris.* Ist eine sehr grosse Birn, von etwas länglichter Form, ohne derb zu seyn, auch ist sie etwas uneben und höckerigt, und manchmalen ein wenig schief. Ihre Schale ist rau von gelblichtgrauer Farbe und sehr dünne. Sie hat ein mildes, sehr saftiges und wie Butter zerschmelzendes Fleisch, wovon sie ihren Namen hat; auch ist sie von sehr lieblichem, feinen Geschmack, so, daß sie von vielen für die lieblichste von allen Birnen gehalten wird; und könnte man selbige allezeit, oder zu jeder Jah[re]szeit haben, würde man keiner andern begehren.

Der Baum treibt starckes, aber manchmalen etwas krummes Holz; auch tragt er starck, ist aber dem Krebs gar sehr unterworffen.

Tab. VI. [Nro.] 68.

Die grüne Butterbirn. *Beuré verde.* welche man in einigen Verzeichnissen findet, ist keine andere, als die oben beschriebene Sorte, nur fällt sie, der Farbe nach, etwas grüner aus, auch ist sie insgemein nicht so wohlgeschmack, welches sonder Zweifel dem Stamm, worauf sie gepropfet worden, zuzuschreiben.

Tab. VII. [Nro.] 69.

Rothe Butterbirn. *Beuré rouge.* Ist von voriger in nichts als in der Farbe unterschieden, welche rothbraun, und so viel sich vermuthen läßt, durch das Propfen entstanden ist; doch halten einige diese Sorte für die schmackhaffteste von allen Butterbirnen. Diese Butterbirnen wachsen wohl auf hochstämmigen Bäumen, an *Spaliren* aber werden sie besser; auch kan man sie so wohl auf *Quitten* als *Wildlinge* pfropfen, und man findet, daß diejenige so auf *Quitten* wachsen, allezeit etwas röthlicher ausfallen.

ein solcher Baum findet sich in Ihro Hoheiten Garten, junge in der Forstschul 20, III. sub. Nro. 67.

Chassery. *Chassery.* Ist eine mittelmässig grosse vollkommen eyförmige Birn; weder das kleine Aug, noch der sehr lange Stiel, sizet tief innen. Ihre Schale ist etwas rauh und dick, und wann sie reif geworden, von grünlichtgelber Farbe, mit braunen groben Tupfen bespren-get und geflecket. Ihr Fleisch ist mild, schmelzend, safftig und von sehr lieblichem, angenehmen Geschmack, wenn sie in einem trockenen guten Boden, und in einer guten Lage wächset, aber in einem feuchten nassen Boden taugt sie selten viel: denn da ist sie insgemein vom Geschmack schlecht, und dabey klein. Auf einem hochstämmigen Baum wird sie so gut als am *Spalier*, doch fällt sie an diesem ungleich besser aus. **Tab. VII. [Nro.] 74. Jägers-Birn**

Der Baum hat ein gutes starckes Gewächs, und trägt sehr starck.

Ambrette, *Ambrette.* Ist eine mittelmäßig große Birn, von grösten-theils runder Form, ihr Aug ist nicht tief, und der Stiel kurz. Ihre Schale ist insgemein etwas dick und rauh, wie an den *Grauen Renetten*, von rothbräunlichter Farbe; in einem leichten, trockenen Boden aber, ist sie etwas weißlichter, oder blasser, als in einem schweren und nassen. Ihr Fleisch ist mild, schmelzend, und von sehr lieblichem zuckersüssen Geschmack, wenn sie recht reif ist, da sie denn, ohne Widerspruch, für eine der besten Birnen ihrer Zeit gelten kan. Wenn sie aber eine solche werden soll, muß sie nothwendiger Weiße einen guten, trockenen, lockern Boden haben, denn in einem feuchten zehen Boden, bleibt sie ungeschmack. Sie wächst auf einem *Wildling*, sowohl als auf einem *Quittenstamm*, und auf einem hohenstamm eben so gut als auf einem niedrigen. Am *Spalier* bekommt sie sehr wohl. **Tab. VII. Nro. 71.**

Der Baum hat ein gutes Gewächs und trägt starck, sein Holz ist etwas dornicht, wie am *Winterdorn*.

Louise bonne, *Louise Bonne.* Ist eine ziemlich grosse Birn, von etwas länglichter, ungleicher Form, und kommt hierinnen viel mit der *St. Germain* überein, doch sie ist insgemein etwas derber. Ihr Aug ist nicht gar tief und der Stiel kurz, dick und krumm. Ihre Schale ist glatt, **Tab. VII. [Nro.] 72.**

von grüner Farbe, und wenn sie reif oder eßbar wird, fället sie etwas in das Weise. Ihr Fleisch ist sehr mild, schmelzend, safftig, und wenn sie in einem trockenen Boden wächßt, süß und angenehm von Geschmack; aber in einem nassen und zehen Boden, wird sie zwar grösser, doch schlecht und ungeschmack. Am *Spalier* wächst sie sehr wohl.

Der Baum hat ein gutes Gewächs und ist ungemein tragbar.

Tab. VII. Nro. 73. **Besy d'Hery.** *Besy d'Hery.* Ist eine mittelmäßig grosse Birn, ziemlich kugelförmig, und das Aug nebst dem Stiel, welcher sehr lange und dünne ist, sizen nicht tief innen. Ihre Schale ist glatt, und wenn sie reif geworden, grünlicht weiß, oder ganz blaßgrün. Ihr Fleisch ist hier zu Lande etwas derb, und trocken, von sehr schlechtem Geschmack, daher sie denn nur, selbst um *Paris*, zum dünsten taugt, und auch in so ferne in guter Achtung stehet.

Der Baum hat ein gutes Gewächs und trägt starck.

Tab. VII. [Nro.] 74. **Louwtjes Birn.** *Louwtjes-Peer.* Ist eine nicht gar grosse, sehr länglichte Birn, gegen den Stiel zu spizig, ohne derb zu seyn. Ihre Schale ist etwas rauh von grauer oder blaßbräunlichter Farbe, wie an der *Rietbirn*, wenn sie aber reif ist, wird sie etwas gelblicht; aus der Hand isset sie sich nicht wohl, hingegen taugt sie am besten zum Kochen, indem sie, gleich der *Kampervenus*, ein gutes Gerichte giebt.

Der Baum hat ein gutes Gewächs, wird groß und trägt ungemein starck, weßwegen er denn auch um so vielmehr verdienet gepflanzet zu werden.

Tab. VII. [Nro.] 75. **Bergamotte Soulers,** *Bergamotte Soulers.* Ist eine ziemlich grosse Birn, von blattrunder Form, doch ist sie nicht so platt als die *Herbst-Bergamotten*. Das Aug und der Stiel, welcher nach *proportion* der Grösse der Frucht, nicht gar lang ist, sizen etwas tief innen. Die Schale ist grünlicht gelb und mit feinen braunen Tupfen und Flecken besprenget. Ihr Fleisch ist mild, schmelzend, safftig, und von lieblichem zuckersüssen Geschmack, wenn sie in einem guten lockern Boden wächst.

Der Baum hat ein gutes Gewächs, und trägt ziemlich wohl.

Angelique, *Angelique.* Kan eine sehr grosse Birn werden, wenn sie in einem guten Boden wächst, ausserdem aber wird sie nur mittelmässig groß. Sie ist von Form rundbauchig, und gegen den Stiel zu, der ziemlich lang ist, etwas kurz gespizt, auch ist ihr Aug nicht gar tief. Wenn sie reif ist, hat sie eine gelblichtgrüne Farbe, auch ist sie zartbraungetupft, und vielmals an der Sonnenseite etwas blasbraunroth. Ihr Fleisch ist ein wenig derb, zuckersüß und lieblich, wenn sie recht reif ist, wozu sie jedoch hier zu Lande selten oder niemalen gelanget, wenn sie auch gleich an einem guten *Spalier* stehet, daher es denn nicht rathsam ist, dieselbe zu pflanzen, als wo sie einen guten Boden und feine Lage hat.

Tab. VII. Nro. 76.

C, Q. Eine schöne grosse Frucht beim Stern der nicht tief ist, platt, ein klein wenig knausigt, und gegen den langen Stiel schnell zu gespizt. Die Schale ist glatt, hellgrün mit dunkelgrünen Punkten und sparsam zimmetbraun gesprengt, an der Sonne aber schön braunröthlicht.

Der Baum hat ein schönes Gewächs und trägt starck.

etliche Espaliere stehen auf dem Bas-terre um die 5. Aichen.

Winter Martin Sec. *Martin Sec d'Hyver.* Ist eine mittelmäsig grosse Birn, von nicht gar länglichter etwas bauchichter Form, und gegen den Stiel zu, welcher nicht lang ist, wird sie ein wenig dünner. Ihre Farbe ist grün- oder graulichtbraun an der einen Seite, und an der andern hochrothbraun, so, daß sie, sowohl der Form als Farbe nach mit der *Rousselet* viel Ähnlichkeit hat, doch ist sie insgemein grösser. Ihr Fleisch ist derb, aber mild genug, und von sehr angenehmen, lieblichen, etwas bisamhafften Geschmack, wenn sie in einem guten Boden und in einer feinen Lage wächst, auch auf einen *Wildling* gepropfet ist, denn auf *Quitten* wird sie manchmalen steinig.

Tab. VII. [Nro.] 77.

Der Baum hat ein schönes Gewächs, und ist sehr tragbar.

Winter-Zuckerbirn. *Suikerey. (Winter)* Ist eine mittelmäßig große Birn, von rundlichter Form, gegen den Stiel kurz zugespitzt, und ihr

Tab. VII [Nro.] 78.

Aug ist nicht tief. Ihre Schale ist etwas rauh, und wenn sie reif geworden, gelblicht grün, auch mit hellbraunen groben Tupfern und Flecken über und über gefleckt, so, daß sie etwas grau und bräunlicht aussiehet, und dem ersten Ansehen nach mit der *Angelique* viel Ähnlichkeit hat, kan aber äußerlich von selbiger dadurch unterschieden werden, daß sie etwas kleiner, das Aug nicht tief, und der Stiel kürzer ist. Ihr Fleisch ist derb, safftig genug, und von zuckersüßem lieblichen Geschmack, wenn sie in einem guten, trockenen Boden wächset, denn sonst ist sie hart und ungeschmack.

Der Baum hat ein gutes Gewächs und trägt sehr starck, sowohl am Spalier als am Stamm.

Tab. VIII. [Nro.] 79. Eine schöne runde Frucht, in der Form und Grösse wie Cuisse-Madame, der Stern nicht tief, bei solchem gewölbt, sodann ohne bauchicht zu werden, gegen den kurzen Stiel, welcher einwarts steht, dünner, die Schale etwas rauh, braungrünlicht, an der Sonne purpur-roth und über und über stark mit zimetfarben Punkten bestreut. Ist den 13.t 7br. 83. noch nicht reif, doch von Geschmack würzhafft gewesen, säuerlich wie Poire grise. Das Gewächs des Baums ist gut, die Reiser gerade und braun, das Laub groß, langsam zugespizt, die Spizen unterwarts gebogen, an Farbe weislicht grün und dunkel, wie an der holländschen Bergamotte. Ein Bas-terre-Bäumgen stehet auf dem 5. Aichen Plaz beim Kineser-Haus, in selbigem Birn-Stük, der Ek-Baum links, wo man hinunter geht.

Besy de Chaumontel. *Besy de Chaumontel.* Ist eine sehr gute Birn, von etwas länglichter Form, doch fällt die eine an dem nämlichen Baum, auch wohl kürzer oder länger, als die andere aus; ferner ist sie insgemein ein wenig uneben, und um das ziemlich tiefe Aug etwas eckicht oder geviert, und der Stiel ist nicht lang. Ihre Schale ist rauh, und in einem gelblichten Grund zimmetbraun zart gefleckt und getupft, auch ist sie manchmalen, an der einen Seite, etwas braunroth oder purpurfarb. Der Form nach hat sie viel Ähnlichkeit mit der *Bon Chretien*, doch ist sie etwas kleiner. Ihr Fleisch ist mild genug, schmelzend, und wenn sie recht reif ist, von lieblichen, angenehmen Geschmack, so, daß sie nebst der *Colmarbirn* für eine der besten Winterbirn, die zur Zeit bekannt sind, gehalten wird, sie ist aber von Güte gar verschieden, nachdem sie nämlich in einem Boden oder in einer Lage wächßt, und das *Spalier* bekommt ihr sehr wohl.

Der Baum hat ein gut gewächs, trägt starck.

St. Germain. *St. Germain.* Ist eine ziemlich grosse Birn von länglichter, nicht bauchichter Form, wobey sie insgemein uneben und schief wächst. Ihr Stiel ist kurz, und das Aug nicht tief, doch fallen diese Früchte an dem nämlichen Baum, in Ansehung der Form, sehr ungleich aus. Ihre Schale ist grob und rau anzusehen, dabey aber nicht dick und von Farbe grün, doch wird sie, wenn sie reifet, etwas gelblicht, auch ist sie bräunlicht getupft. Ihr Fleisch ist mild, schmelzend, voll Safftes, und von sehr lieblichem angenehmen Geschmack, wenn sie in einem guten, trockenen Boden, und in einer feinen Lage wächst; in einem nassen, zehen Boden bleibt sie insgemein Schlecht und ungeschmack. Wenn man diese Früchte gut haben will, müssen sie an einem *Spalier* in einer guten *südostlichen* oder *südlichen* Lage wachsen. **Tab. VIII. Nro. 80.**

Der Baum hat ein gutes Gewächs und trägt sehr wohl.

Die gelbe St. Germain. Ist von der vorigen in nichts unterschieden als daß sie von Farbe etwas gelblichter ausfällt, doch kommt solches sonder Zweifel von dem Pfropfen her.

Vevirbirn. *Hoppen-Peer.* Ist eine etwas grosse Birn, welche nach dem ziemlich langen Stiel, spizig zulaufft. Wenn sie reif ist, hat sie eine gelbe Farbe, und an der einen Seite ist sie vielmals hellroth, von lieblichem Ansehen; sie kan aber nicht aus der Hand gegessen werden, sondern taugt nur zum Kochen, wozu sie eine von den besten Birnen ist, welche ein rothes Gerüchte gibt; und hiezu verdienet sie gepflanzt zu werden. **Tab. VIII. [Nro.] 81. Schillings-Birn.**

Der Baum hat ein gutes Gewächs, und trägt sehr starck, daher denn die Frucht insgemein nicht gros wird.

Die rothe Vevirbirn, ist von der beschriebenen in nichts unterschieden, als daß sie mehr roth ist, und also ein feines Ansehen hat. Daß aber selbige mehr oder weniger roth ausfällt, kommt nur blos von der Verschiedenheit der Stamme, worauf sie gepfropfet wird, wie auch von der Lage her. **[Nro.] 82.**

[Nro.] 83. **Kampervenus.** *Kamper-Venus.* Diese Birn kommt fast in allem mit der Vorhergehenden überein, ist aber kürzer von Form, und insgemein von Farbe nicht so schön roth und gelb. Sie ist ebenfalls nicht aus der Hand zu essen, taugt aber ausnehmend wohl zum Kochen, da sie dann, ohne irgend einen Zusaz, gleich der vorhergehenden roth wird.

Der Baum hat ein gutes Gewächs, trägt starck, und kan gros werden.

Tab. VIII. [Nro.] 84. Franc real, fin d'or d'hyver. eine ganz grosse Birn, beim nicht tief sizenden Stern gewölbt, mehr kurz als lang; gegen den kurzen dünnen Stiel, der einwarts steht, dick zugespizt; die Schale rauh, blaßgrün, braun gesprengt, und an der Sonne ganz braun, oder doch mit braunen Streiffen. Das Fleisch ist etwas streng und trocken, taugt aber sehr wohl zum verkochen, besonders weil die Frucht sich bis in den Merz hällt. Das Gewächß des Baums ist gut, die Blätter breit u. schnell zugespizt, die Schossen gerad.

Ein solch hoch stämigte Baum, steht beim grossen Vogelhaus, wo man vom Rosen Bas-terre hinein kommt, links der erste.

Winter Bergamotten, *Bergamott d'Hyver.* Wird eine sehr grosse Birn, und gleicht, der Form und Farbe nach, einer gemeinen *Sommer-* oder *Herbst-Bergamotten*, sehr viel; ihr Stiel aber ist viel länger; sie selbst wird insgemein grösser, auch sind sie nicht alle so platt. Ihr Fleisch ist mild, safftig und schmelzend genug, aber nicht so lieblich wie an der *Herbst-Bergamotten* oder an der *Crasane*.

Der Baum hat ein gutes Gewächs, und trägt sehr wohl.

Tab. VIII. [Nro.] 85. eine mittelmässige etwas gerippte Frucht; oben beim gedoppelt scheinenden Stern gewölbt und gefaltet, sodann bauchigt und am Stiel warzen mässig zugespizt. Der Stiel ist lang u. dünne; die Schale glatt, gelbgrün mit Streiffen, und an der Sonne zimmetfarb mit vielen weissen Punkten. Wird vom Baum genommen, wenn die Früchten anfangen, von selbst abzufallen, und dann wird sie im Decbr. u. Januar eßbar, von Geschmack süß und kräfftig, das Fleisch aber körnicht, je nachdem der Baum in einem bessern oder schlechten Boden – gelinden oder rauhern Gewächshaus wächst. Das Gewächß des Baums ist gut und tragbar; Reiser und Laub sizt wie bei den grünen Gaishirtl: Ein hochstämigter Baum davon steht auf dem Feigen-Garten, vom hintern Mauer Zaun hinaufwarts der erste. Ein Espalier aber in Ihro Hoheiten Gartten, wo man vom Pfersich Canapeé herunter geht, neben Kalmer-Birn, der lezte, linker Hand, ehe man unter die Kuppel kommt.

Winterrousselet. *Rousselet d'Hyver.* Ist eine mittelmässig grosse etwas länglichte Birn, und hat in Ansehung der Grösse und Form viel Ähnlichkeit mit der *Martin Sec*, wird auch von einigen dafür gehalten, ist aber in verschiedenen Theilen von ihr unterschieden: denn sie hat einen längeren Stiel, eine andere Farbe, wobey sie manchmalen auch roth, doch aber nicht so braunroth als die *Martin Sec*, ist. Ihr Fleisch ist etwas körnicht, doch mild genug, voll Safftes, und von zuckersüssem lieblichen Geschmack, wenn sie in einem guten Boden wächst, sonst aber hat sie einen schlechten unangenehmen Geschmack.

Der Baum hat ein gutes Gewächs, und trägt sehr wohl.

Colmar, *Colmar.* Ist eine ziemlich grosse Birn, von Form etwas länglicht, doch nicht bauchicht, und das grosse und tiefe Aug ist etwas platt; nach dem kurzen und dünnen Stiel zu, wird sie weniger dünner, auch ist sie etwas uneben höckerigt und schief von Gewächs. Alleine sie ist auf dem nämlichen Baum von verschiedener Form, indem die eine kürzer und platter und die andere länglichter ausfällt. Ihre Schale ist glatt und dünn, und wenn sie reif geworden, von Farbe grünlichtgelb und etwas zart getupf[t]. Ihr Fleisch ist mild, schmelzend, safftig und von ausserordentlich lieblichem, hochfeinen Geschmack, wenn sie in einem guten Boden wächst, daher sie denn auch mit recht für eine der besten Winterbirnen gehalten werden kan. Über dem hat diese Sorte auch noch diese Eigenschafft, daß die Früchte nicht zugleich reif werden, sondern es wird eine nach der andern weich und eßbar, so, daß man von selbigen zwey bis drey Monat lang, und vom *December* bis in den *Merzen* essen kan, und wenn sie einmal weich geworden, verderben sie eben nicht bald, sondern halten sich lange, ohne zu faulen oder ungeschmack zu werden. Soll aber die Birn diese Eigenschafft haben, so muß sie in einem guten Boden und in einer guten Lage am *Spalier* wachsen, sonst bleibt sie bey uns manchmalen schlecht und ungeschmack, gleich andern ausländischen, und andern feinen Sorten. **Tab. VIII. [Nro.] 86.**

Der Baum hat ein gutes Gewächs, und trägt ziemlich starck, wenn er etwas zu Jahren gekommen.

Grosser Mogel, *Grand Monarque.* Kan eine sehr grosse Birn, und wohl von allen Sorten die grosseste werden, doch bleibt sie auch manchmalen kleiner. Ihre Form ist dick, rund, und zuweilen höckerig oder uneben, und gegen den Stiel kurz gespizt. Ihre Schale ist glatt, von Ansehen grob und dick, und wenn sie reif geworden, blaßgrün, manchmalen auch, doch selten etwas roth von Farbe. Ihr Fleisch ist grob und körnicht, auch ist sie nicht aus der Hand zu essen, gedünstet aber, oder gebraten, vortrefflich, und eine der besten Birnen, sonderlich da sie groß ist, und ihrer wenige den Topf füllen. **Tab. VIII. Nro. 87.**

Der Baum hat gutes, starckes und grobes Holz, und trägt sehr starck,

Ein solcher Baum steht hinter dem Lorber-saal, bei der venus.

daher er denn auch verdienet gepflanzet zu werden, und zwar um so viel mehr, weil seine Frucht groß und ansehnlich ist, und wenige einen Korb oder Schüssel füllen.

Nota. Man muß diese Birn nicht mit der *Winter-Gratiole* verwechseln, wie einige thun; denn sie sind der Form nach sehr unterschieden, weil die *Winter-Gratiole* länglichter, unebener und nicht so kurz gespizt ist, und Vielmehr einer *Winter-Bonchretien* gleichet, doch ist sie auch eine Kochbirn.

DARSTELLUNG

Auf welche Art eine grosse herrschafftliche Baum-Schule auf der Solitüde entstanden; was solche indessen über Abzug aller darauf verwandten Kosten, Gewinn getragen; was wegen deren Fortsezung, desgleichen auch in Ansehung meiner, des Direktors derselben, bei dem herzogl: Cammer-Collegio in Bewegung gebracht; was hierauf gdgst. verfügt worden, und was ich hiebei noch unterthänigst anzumerken habe.

Im Jahr 1773. befand ich mich mit einer eigenen Compagnie als Hauptmann unter dem damaligen General-Lieutenant vom Steinischen Inf. Regiment zu Ludwigsburg in Garnison. Hinter meinem Quartier in der Carlstatt hatt ich Gelegenheit, einen Versuch mit der Baumzucht zu machen. Ich fand bald, daß solche im Grossen für einen jeden Staat nicht nur sehr dienlich, sondern auch die Unternehmung an sich betrachtet, weit einträglicher, als jede andere landwirthschafftliche Bemühung werden könnte. Im Jahre 1775. schrieb ich einen kleinen Aufsaz hierüber, und sandte solchen an des höchstseel: verstorbenen Herzogs Carl Durchlaucht. Den 20t 9br. dieses Jahrs wurde eine grosse Reduction bei dem Militair vorgenommen, und ich als Vorgesezter bei der Gärtnerei auf der Solitüde gnädigst angestellt, mit dem besondern Auftrag, daß ich daselbst eine Baumschul anlegen solle. Hierzu wurde mir die so genannte Forstschule angewiesen, ein Plaz, welcher Anfangs zur Anpflanzung aller im Land wachsenden Baum- und Strauch-Arten, bestimmt wurde, worauf aber, wegen des steinigten und unfruchtbaren Erdbodens, ohngeachtet aller darauf gewandten Kosten und Mühe, nichts gedeihen wollte. Troz aller Hindernisse und aller Chicanen, die mir von den Gärtnern gemacht wurden, bracht ich nach und nach gegen die Helffte dieses Plazes, welcher nach Abzug der Alleén und RuhePläze ohngefähren 14. Morgen beträgt, dergestalten zu Stande, daß die darauf betriebene Baumzucht in einer Zeit von 17. Jahren, nach Abzug aller darauf gewandten Kosten, laut abschrifftlich anliegender Tabelle, einen Gewinn von 5195. F 23½ Kr: getragen.

Dieser Ertrag würde viel höher gestiegen seyn, wenn ich in der Anlage mehr unterstüzt worden wäre. Denn da vor meiner Ankunfft zum Recroctiren in die hiesigen Gärten und Anlagen, alljährlich für 4–500. F. Obstbäume von Lüferanten verkaufft werden mußten, wobei vermutlich die Gärtner ihren Vortheil gefunden, und diese Baumlüferung schon im zweiten Jahr meines Hierseyns aufgehört; da ferner denen Gärtnern von Rechtswegen der Vorwurf gemacht werden konnte, warum sie in der langen Zeit ihres Dienstes niemal darauf angetragen, zu Ersparung der KaufKosten eine Baumschule anzulegen, deren grossen Nuzen man sehr einsehen konnte: so suchten sie mich auf alle mögliche Weise zu behindern, und durch allerhand Vorspiegelungen, mitunter auch Verleumdungen, bei des höchstseel: Herzogs Carl Durchlaucht, meinen ganzen Plan zu vereiteln, welcher dahin angelegt gewesen, daß, wenn ich jährlich 600. F. Unterhaltungsfond gehabt hätte, meine Baumzucht in 5. Jahren soweit gediehen seyn würde, daß ich neben den grossen Ablüferungen in die herrschafftlichen Gärten, noch alljährlich wenigstens für 1000 F. Bäume an Privat[ie]rs hätte verkauffen können. Da ich mich aber mit jährlichen 250 F. Fond behelffen musste: so konnte ich die Sache unmöglich höher treiben.

Weit entfernt, daß der hiesige Erdboden dem Baumgewächs nicht angemessen seyn solte, hat vielmehr die Erfahrung gezeigt, daß die Bäume, welche in dem hiesigen, meist sandigten Erdboden erzogen sind, sich allenthalben anderswohin mit mehrerem Vortheil versezen lassen, als wenn sie in einem bessern Boden erzogen worden wären, und die meisten Baumkäuffer kommen immer wieder, ihre Bedürfniß von hier abzuholen, welches sie nicht thun würden, wenn sie nicht sehr wohl zufrieden wären. Nechstdem ist die hiesige Baumschule in einer Gegend, aus welcher das ganze Unterland, die Statt Stuttgardt, das Oberamt Leonberg etc. mit wenigen Fracht Kosten bedient werden kan, wie denn auch viele Bestellungen nach der Schweiz, nach Sachsen, Ulm, Augspurg etc. mit Zufriedenheit besorgt worden sind. Aus all diesem läßt sich erwartten, daß, wenn diese Baumschule nach meinen Grundsäzen fortgesezt wird, solche zu einer ansehnlichen Cameral-Revenüe heran wachsen kan, und daß die vorherige Versendung vielen Geldes um Obstbäume ins Ausland, nicht nur eingestellt wird, sondern daß auch nach und nach bessere Obst-Sorten im Land angezogen werden.

Diese gute Hinaussicht mag auch das herzogliche Cameral-Collegium bewogen haben, auf die Fortsezung der hiesigen Baumzucht unterthgst. anzutragen, und da die Forstschule, welche auf der Göhrlinger Marktung liegt, dieser Cammer wieder abgetretten wird, einen andern Plaz von ohngefähr 4. Morgen auf herrschafftl. Boden, welcher innerhalb der Solitüde, unter der neuen Kirche, neben einer andern vor 10 und 3. Jahren angelegten Baumschule von 3. Morgen Innhalt belegen, zur Aufnahme derer aus der Forstschul erhaltenden Bäume anzuweisen. Dieser neue Plaz begreifft den vormalige Treiberei-Garten, geht unter demselben bis zum Wildzaun an die Eißgrube, und von dort, an die erstgedachte neue Anlage. Es ist zwar, ausser dem Treiberei-Garten an sich sehr uneben und bergigt, nunmehro aber durch terrassiren in so guten und ansehnlichen Stand gebracht worden, daß in diesen jezt aneinander liegenden Baumschulen von 7. Morgen Plaz, 70,000 Obstbäume angelegt und nach Verfluß von 2–3. Jahren alljährlich 6 bis 7000. Stüke verkaufft werden können, wenn auch schon einige tausende in herrschafftlichen Gärten erforderlich waren.

Die neue Anlage hat freilich vom Monate Merz 1795 ab bis jezo ungefähr 1200. F gekostet, es sind aber im SpathJahr schon für 900. F. Bäume verkaufft worden, und aufs Frühjahr noch eben soviel Versezbare vorhanden, welche gewiß allesamt verschlossen werden. In Zukunfft mag die jährliche Unterhaltung etwa 500. F betragen, und nach etwa Abzug immer ein reiner Gewinn von wenigstens jährlichen 3000 F. übrig bleiben.

Nun ist offenbar, daß, wenn ich nicht auf die Solitüde gekommen wäre; wenn ich mir nicht durch Nachdenken und Versuche die erforderlichen Einsichten erworben; nicht den möglichsten Fleiß angewandt und nicht selbst eigenhändig vieles gethan hätte: so würde schwerlich ein einziger Baum allhier erzogen worden seyn. Die ganze jezige Anlage ist mein Werk, ist so eingerichtet, daß ein Anderer der nach meinem Abgang folgen wird, sie ohne grosse Anstrengung fortführen kan. Niemand wird mich also verdenken, wenn ich jezt auch auf meine eigene Lage zurück komme.

Als Hauptmann mit einer eigenen Compagnie hab ich nach dem damaligen General-Major von Wimpfen:-Plan, monatlich 60. und mithin jährlich 720. F. Gage gezogen. Hier wurd ich angestellt mit jährlichen 400. F. Besoldung frei Logis, Holz und Licht. Der verstorbene Oberhofgrtr. Scheidle hatte 650. und der noch lebende sich allhier befindende Hofgärtner Böbert jährlich 550. F. Und ob sie schon keinen freien Holz-Genuß zu beziehen gehabt: so kostete sie dennoch dieser Artikel jährlich keine 80. F, denn sie wußten sich zu helffen. Als dienstleistender Officier hatt ich ausser der Wach-Parade und dem sommerlichen Exerziren, alle Monate nur etwa eine Woche zu thun, immer viel müssige Zeit, und hier lag ich beständig in Gaststätten, die mich mehreren Aufwand an Kleidern und Nahrung kosteten. Alle Tage hatt ich nach eingenommenen Rapport

1.) die eingestellten Führer, Garten-Arbeiter, Handwerks-Leute und Taglöhner auf ihren Posten etliche male zu visitiren, und in mein journal einzuschreiben.

2.) In den Baumschulen anzugeben, was heute gethan werden soll.

3.) Des Abends durch den Sergeant Dillmann bestellen lassen, was auf Morgen geschehen soll.

4.) Die Gärten in den Treibhäusern, bei der Orangerie und in den Anlagen visitiren.

5.) Alle Lüferungen der benötig[t]en Requisiten an Schnittwaare, Holz, Gerberlohe, Dung, Stroh, Arbeits-Geschirr, Blumenscherben und dergl. in meiner Gegenwart abzälen, abmessen und besichtigen lassen.

6.) Die meisten dieser Artikel, nebst Fuhrwerken und besondern Arbeiten, im Abstreich Akkordiren, und die darüber geführten Protokolle nebst Beiberichten an die Behörden unthgst. einsenden.

7.) An Seine Herzogliche Durchl: von der Gärtnerei überhaupt, und von besondern Vorfällen fleissige Rapporte und Berichte unthgst. einsenden.

8.) Vergehungen und Klag-Sachen untersuchen, Verhöre anstellen und das Coherente zu berichten.

9.) Über alle Vorfallenheiten ein Journal führen, allen Verbrauch und alle Lüferungen einschreiben, um damit die Zalungs-Listen, Conti, Quittungen und Rechnungen untersuchen und zur Bezalung an die Garten-Casse vidimiren zu können.

10.) Wegen Sträflingen einen starken Briefwechsel mit den herzogl[en]: Beamten unterhalten.

11.) Hat der bei der Gärtnerei angestellt gewesene Sergeant Dillmann bei seiner Taglöhnen und Jahrlohn Ausbezalung im Jahr 1788, einen Rest von 1000 F. gesezt. Es wurde ihm hierauf diese Zalung abgenommen und dem verstorbenen Garten-Cassier Reyscher aufgetragen. da aber derselbe wegen anderen Geschäfften öffters nicht abkommen konnte, so kamen die meisten Zalungen an mich, welches mir nicht allein viele Mühe, sondern auch Schaden verursacht. Über dergleichen Zalungen sind bis Georgii 1794. von mir 27. Rechnungen in die Garten-Casse gestellt worden.

12.) Aller Verkauff von abgängigem Holzwerk, Obst und andern Garten-Producten wurde von mir sub hasta veranstaltet, der Erlös eingezogen und mit der Garten-Casse verRechnet, wobei ich durch die Betrüglichkeit der Bezäler auch öffters Schaden gelitten.

13.) Bei dem in den Jahren 1792 u. 1793. beschehenen Transport der Orangerie nach Hohenheim, hab ich mit Fuhr-Akkoorden, unthgsten. Berichten u. Anfragen, Ausschreiben an die benachbarten Oberländer, Begreiffung der Fuhrhofes-Configurationen für jeden Ort, darüber geführte Rechnung und dergleichen, wenigstens 6. Buch Pappier verschrieben,

13.) [sic!] den Verkauff der übrigen Orangerie und exotischem Gewächß besorgt, Briefwechsel mit auswärtigen Liebhabern unterhalten, den Erlös eingezogen und an die Garten-Casse verRechnet. Bei der Baumzucht ins Besondere

14.) alltäglich die Baumschulen etliche male besucht,

15.) in den Propf und Okulir-Zeiten, alle Reiser selbsten ausgesucht, geschnitten, und an die gehörigen Stellen ausgetheilt,

16.) alle besondern Obst-Sorten, selbst mit Marquen versehen.

17.) den Catalog begriffen und unterhalten.

18.) Bei allen Baum Abgaben von Anfang bis zu End anwesend geblieben, selber die Ladscheine gefertigt und die Abgaben ins Journal eingetragen,

19.) den Erlös von verkaufften Bäumen eingezogen, für jeden Käuffer eine Urkunde gefertigt, solche unterschreiben lassen, und dann an die Garten-Cass hierüber gestellte Rechnungen beigelegt. etc.

All diese mancherlei Geschäffte würde ich mit Vergnügen verrichtet haben, wenn ich nur auch meine Anordnungen zur Ersparnis und zur

Beförderung der höchsten herzoglichen Interessen immer hätte durchsezen können. Wenn ich vormals bei meiner Compagnie etwas befohlen, so war ich gewiß daß es geschah. Hier kam ich zu einem Gärtner Corps, das weder Ordnung, weder Sparsamkeit noch Gehorsam kennen wolte. Meine besten Einsichten wurden mehrentheils bestritten, manchmalen angehört, aber Malreüssiten herbei geführt, und die Verantwortung auf mich geschoben. Wenn ich auch höchsten Orten einen Vorgang nach dem meine Warheit unterthgst. gemeldet: so wußten dennoch die Gärtner sich von allem loszuwenden, und ich blieb ohne Unterstüzung. Drang ich auf eine bessere Sparsamkeit in Ansehung des Holz-Verbrauchs, der Materialien und anderer Garten-Requisiten: so sezten sich die Gärtner hinter ihr Metier, und erklärten mir ins Gesichte, daß, wenn man ihnen nicht alles gebe, was sie fordern: so lassen sie die Sachen zu Grunde gehen. Ohne daß bei der Gärtnerei im Jahr 1783. etwas neues gemacht worden wäre, wurden dennoch für 138. F nur an eisernen Nägeln verbraucht. Da mir dies allzuviel schien, so gab ich im folgenden Jahr dergleichen Nägel selbst an die Handwerks-Leute ab, und hatte nur für 72. F. nötig. Ich meldete diesen Vorgang unterthänigst, mit der Anfrage, ob ich ferner die Nägel selbst abgeben lassen soll, erhielt aber hierauf keine Antwort. An meinem Theil zur Ersparniß und Beförderung des herrschafftl. Nuzens nichts ermangeln zu lassen sezte ich diese Abgabe fort, ohne einen Dank damit zu verdienen, vielmehr wurden die Gärtner auch wegen mehrern andern Einschrenkungen, meine bittersten Feinde. So mußte ich 18. Jahre lang fast immer im Verdruß hinbringen, und ich würde es nicht haben aushalten können, hätte mich nicht die Baumzucht als meine Lieblings-Beschäfftigung wieder aufgeheitert.

Mit meiner Besoldung konnte ich zum Unterhalt einer Famille von Frau und 4. Kindern, nur unter Beobachtung der äußersten Menage auslangen. Etwelcher Zusaz fiel mir dadurch zu, daß ich meine in Ludwigsburg angezogene Baumschule von etwa 4000. Stüken, gegen Überlassung des Gras Genusses auf 3. Jahre, an gnädigste Herrschafft anbrachte. Ich besserte auf eigene Kosten die Gras-Pläze und gewann im Durchschnitt jährlich gegen 80. F. Und da des höchstseel: verstorbenen Herzogs Carl Durchl: aus den nach Hohenheim gemachten Baumlüferungen wohl mögen gdgst. eingesehen haben, daß ich durch meinen Fleiß ein Mehrers als meine Besoldung verdiente: so so ist mir auf diesen Gras-Bestand immer wiederum gnädigst prolongirt worden.

Die viele eigenhändige Extra-Bemühung mit der Baumzucht, und der erwiesene Nuzen, den ich dem Staat damit verschafft habe, und dann, eine andere starke Baumschule, welche von Eglossheim hieher versezt – und dadurch meine Geschäffte und Sorgen vermehrt worden, haben mich veranlasst, bei des höchstseel: verstorbenen Herzogs Carl Durchl: mir die ohnentgeltliche gnädigste Überlassung des Gras Genusses als eine Zulage unterthgst. auszubitten. Ob nun zwar laut Beilage sub lit. B. mir hierin gdgst. nicht willfahrt – so ist mir doch der Erweis einer andern herzogl. Gnade gnädigst zugesagt worden, von dem ich aber bis auf diese Stunde nichts erfahren habe.

Im Jahr 1786. da ich nach gemachten grossen Ablüferungen in herrschafftl. Gärten und Anlagen, noch eine Anzal versezbarer Bäume übrig hatte, wurde mir gdgst. erlaubt, solche urkundlich zu verkauffen und den Erlös der Garten-Casse einzusenden. Sowohl wegen des bisher angewandten Fleisses, als auch wegen der neuen Bemühung beim Verkauff mit Briefwechsel, marquiren der Bäume, Geld-Einzug und VerRechnung, nahm ich Gelegenheit, erst im Jahr 1791. da schon viel Erlös gemacht gewesen, unterthänigst zu bitten, mir pro Remuneratione von jedem verkauffenden Baum 6. Kr. gnädigst angedeihen zu lassen, worinnen mir zwar damals gnädigst willfahrt worden: es wurde aber vermöge Cameral-Decrets vom 20t Octbr. 1794. diese gdgste. Remuneration dahin abgeändert, daß ich nicht von jedem Baum, sondern von jedem Gulden Erlös 6. Kr:, haben solle, eben soviel als ein Einnehmer des Chausseé-Gelds zu gaudiren hat. Hierdurch hab ich mehr als die Helffte verlohren, welches mir bei der gegenwärtigen enormen Theurung aller LebensMittel und anderer Bedürfnisse, äusserst schwer zu ertragen ist.

ANHANG

JOHANN CASPAR SCHILLER
ALS SCHRIFTSTELLER

ZEUGNISSE
ZUR DRUCKGESCHICHTE

EDITORISCHE NOTIZ

JOHANN CASPAR SCHILLER
ALS SCHRIFTSTELLER

Die Nachbemerkungen zum erstmaligen Druck des zweiten Teils der ›Baumzucht‹ von Johann Caspar Schiller wollen zwei Aufgaben erfüllen: Zum einen soll in knappen Strichen das Lebensschicksal von Schillers Vater nachgezeichnet werden, das ihn vom wenig geliebten Soldatenberuf zu einer erfüllten Tätigkeit als Intendant der Baumschule auf der Solitude führt. Zum andern gilt es, die wissenschaftsgeschichtliche Bedeutung Schillers als Baumgärtner und Obstzüchter über das in unserem Band Sichtbare hinaus aufzuzeigen.

Lange Zeit verblieb die Eigenständigkeit seiner Leistung im Schatten des berühmten Sohnes, Gerechtigkeit ist seinen Arbeiten im 19. Jahrhundert kaum widerfahren. Erst der psychologisch und soziologisch geschärfte Blick der neueren Schillerforschung hat den bedeutenden Anteil des Vaters an Friedrich Schillers Entwicklung als Autor ins allgemeine Bewußtsein gehoben und seinen Wirkungen im dramatischen Werk nachgespürt. Gerade in ihrem Wechselverhältnis bietet sich uns in den Lebensgeschichten des jungen und alten Schiller eine Vater-Sohn-Beziehung, die beispielhaft Existenzmöglichkeiten im ausgehenden 18. Jahrhundert demonstriert. Die erstaunliche Tatsache, daß sein Vater schon früh damit begonnen hat, seine Erfahrungen und praktischen Vorschläge, die wir heute dem Bereich der Agrar- und Forstwissenschaft zuordnen, in schriftlicher Form anderen Interessierten zur Kenntnis zu geben, muß auf den Sohn großen Eindruck gemacht haben. Dessen Lebensprogramm, durch Literatur Anerkennung beim Publikum finden zu wollen, hat seine Wurzeln in der Beobachtung des forschenden und schreibenden Vaters. In späteren Jahren wird sich das Verhältnis umkehren: Der nun berühmte, gesellschaftlich anerkannte und von den Verlegern umworbene Schiller ebnet den Publikationen seines Vaters den Weg in eine größere Öffentlichkeit. Die im Anhang gesammelten Zeugnisse zur Druckgeschichte geben einen Einblick in die Aktivitäten, mit denen Schiller dem Vater Dank abstattet, indem er ihn als Autor zu etablieren sucht.

Betrachten wir den Lebensroman des Johann Caspar Schiller genauer, so fällt auf, daß sein Leben in vielem äußerlich bewegter, in manchem abenteuerlicher war als dasjenige seines Sohnes. Nicht nur die Lebensdaten weisen Schillers Vater als einen Mann der vorrevolutionären Zeit aus. Seine Welt bleibt im engen Raum des Ancien Régime befangen. Die festgefügte soziale Ordnung des Absolutismus hält die Chancen zur Selbstverwirklichung klein. In seiner ersten Lebenshälfte hin- und hergeworfen als Soldat in wechselnden Kriegen, findet Schiller erst ein Refugium als Gärtner auf der Solitude. Jetzt kann er – geachtet vom Herzog, in der Familie geliebt – autodidaktisch seine Wißbegierde entwickeln, ohne die als selbstverständlich vorausgesetzte Loyalität zur Obrigkeit zu verletzen.

Im Alter von 66 Jahren hat Johann Caspar Schiller in einem summarisch verfaßten Rückblick ›Meine Lebens-Geschichte‹ seine wichtigsten Lebensstationen aufgeführt:

Geboren wurde er am 27. Oktober 1723 in Bittenfeld bei Waiblingen. Der frühe Tod des Vaters macht dem durchaus begabten jungen Mann eine geregelte Ausbildung unmöglich; von nun an muß er auf günstige Gelegenheiten warten, selbsttätig seine Bildung zu vervollkommnen. Kenntnisse in Latein und Französisch nimmt er auf, wenn sie ihm in seiner Lehre als Wundarzt angeboten werden. 1745 entschließt er sich, sein Glück beim Militär zu suchen. Als Feldscher kommt er mit einem bayrischen Husarenregiment, das im österreichischen Erbfolgekrieg die Niederlande im Kampf gegen die Franzosen unterstützen will, bis nach Holland und Belgien, jede Möglichkeit nutzend, seine anfänglich schwache Position zu festigen. Kontinuität kann sich in diesem Leben zwischen Kriegsfurcht und Reiselust nicht bilden. Immerhin kommt Schiller herum, erweitert seinen Horizont in den großen Städten, in Amsterdam und London. Die »Sehnsucht nach meinem Vaterlande« bringt ihn – sein Regiment wird wieder einmal reduziert – 1749 nach Marbach. Dreifach bekräftigt er seinen Willen, endlich eine Heimat zu finden: Nachdem er sich in Ludwigsburg in der Wundarzneikunst hat examinieren lassen, heiratet er am 22. Juli Elisabetha Dorothea Kodweiß, danach wird er in Marbach als Bürger aufgenommen. Dem Soldatenlos entronnen, muß er sich wenige Jahre später den Zwängen von Privatangelegenheiten unterwerfen: Die hohen Schulden seines Schwiegervaters, deren Begleichung auf ihn hinterrücks übertragen wurde, zwingen ihn, Marbach zu verlassen. Der Versuch einer bürgerlichen Existenzgründung endet in einem erneuten Dienstverhältnis. 1757 geht er mit einem württem-

bergischen Kontingent gegen die Preußen in den Siebenjährigen Krieg. Der »Schutz Gottes« und »seine sehr mäßige Lebensart« lassen ihn die ersten Kriegsjahre überstehen. Während seine Tochter Christophine und der erhoffte Sohn Friedrich in Marbach geboren werden, folgt er den Wegen des Krieges, die ihn durch halb Europa führen. Der Krieg wird ihm zum schwierigen Terrain, auf dem sich eine bescheidene Offizierskarriere machen läßt, wo kaum ein würdiges Leben, wohl aber der Zwang zum Überleben seine Kräfte fordert. Der Krieg bringt aber auch notwendig eine Weltläufigkeit mit sich, die ihn den Grund zu seiner weiteren Lebensbeschäftigung legen läßt:

Im Hessischen studiert er den Baumbesatz der Alleen, während eines Winterquartiers im Würzburgischen erwirbt er sich genaue Kenntnisse im Weinbau; Techniken der Torfzubereitung lernt er in Bergen op Zoom und Breda, Marmorschneidemühlen in Delft kennen. So bildet die Topographie seines Lebens im Krieg den Leitfaden seiner Kenntnisse. Seit einigen Jahren schon beschäftigt er sich in den Winterquartieren mit Mathematik und Ökonomie. In seiner schmalen Hinterlassenschaft an Büchern wird sich nach seinem Tod auch ein Buch Christian Wolffs über ›Vernünftige Gedanken von Gott, der Welt und der Seele‹ finden.

1762 zum Hauptmann befördert, 1763 als Werbeoffizier vom Herzog ins Remstal geschickt, entschließt er sich in Lorch, mit der Niederschrift seiner Erfahrungen und Ratschläge zu beginnen. Der Titel seiner Beiträge, die 1769 bei Cotta in Stuttgart gesammelt erscheinen, ist beredt genug, alle seine Absichten zusammenzufassen: ›Ökonomische Beiträge zur Verbesserung des bürgerlichen Wohlstands – Betrachtungen über landwirtschaftliche Dinge in dem Herzogtum Württemberg, aufgesetzt von einem herzoglichen Offizier‹.

Auf der Suche nach Anstößen, die den bedächtigen, nur auf sich allein gestellten Mann dazu bringen, seine Zurückhaltung aufzugeben und sich mitzuteilen, wird man den Einfluß seines Vetters Johann Friedrich Schiller nennen müssen, einer Person, die in der Schillerliteratur nicht gut weggekommen ist. Johann Caspar Schiller hat von dieser »merkwürdigen Randfigur« (Lahnstein) immer anerkennend gesprochen. Bildet doch dessen zusammengelesene Gelehrsamkeit für ihn den einzigen Zugang zur Welt der Universität. Philosophie, Geschichte und Kameralwissenschaft, davon versteht der Vetter zu wenig, um in den Wissenschaften bestehen zu können, genug aber, um die Wißbegierde Schillers anzustacheln. Der Bildungsprozeß Johann Caspar Schillers verläuft auch hier gänzlich unpädagogisch: Da sein Leben als Soldat eine systematische

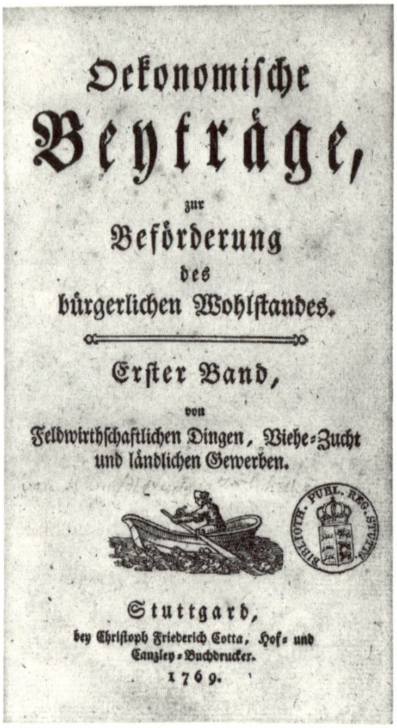
Oekonomische
Beyträge,
zur
Beförderung
des
bürgerlichen Wohlstandes.
Erster Band,
von
Feldwirthschaftlichen Dingen, Viehe-Zucht
und ländlichen Gewerben.
BIBLIOTH. PUBL. REG. STUTT.
Stuttgard,
bey Christoph Friederich Cotta, Hof- und
Canzley-Buchdrucker.
1769.

Titelblatt des Ersten Bandes (1769)

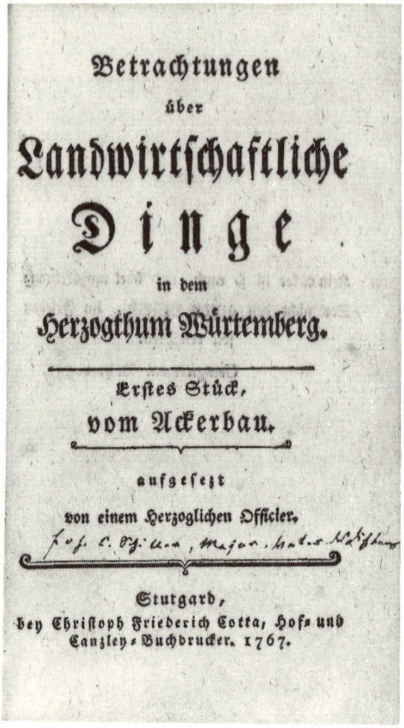
Betrachtungen
über
Landwirtschaftliche
Dinge
in dem
Herzogthum Würtemberg.
Erstes Stück,
vom Ackerbau.
aufgesezt
von einem Herzoglichen Officier.
Stutgard,
bey Christoph Friederich Cotta, Hof- und
Canzley-Buchdrucker. 1767.

Titelblatt: Vom Ackerbau (1767)

Wissensaneignung nicht erlaubt, entscheiden eher Gelegenheiten und praktische Erfahrungen über seine Erkenntnisfortschritte.

So romantisierend die Lorcher Episode in den Lebensdarstellungen seines Sohnes ausgemalt wird, so kurz angebunden sind des Vaters Aussagen über die drei Jahre in der Provinz. Kaum eine Tatsache wäre geeigneter, das vollkommene Abhängigkeitsverhältnis von Offizier und Herzog zu zeigen als die Feststellung Schillers, in dieser Zeit keinerlei Geld oder Diäten erhalten zu haben. Man kann annehmen, daß mehr noch als die Absicht, sein Büchlein in den Handel zu bringen, die Suche nach Anerkennung und Ehre seine Feder geführt hat. In seiner Schrift stellt er zum ersten Mal seine Kenntnisse und Fähigkeiten unter Beweis. In den Vorreden und Vorberichten zu den

Betrachtungen

über

Landwirtschaftliche

Dinge

in dem

Herzogthum Würtemberg.

Zweytes Stück,

vom Weinbau.

aufgesezt

von einem Herzoglichen Officier.

Stutgard,

bey Christoph Friederich Cotta, Hof- und Canzley-Buchdrucker. 1767.

Titelblatt: Vom Weinbau (1767)

Betrachtungen

über

Landwirtschaftliche

Dinge

in dem

Herzogthum Würtemberg.

Drittes Stück,

von der Viehezucht.

aufgesezt

von einem Herzoglichen Officier.

Stutgard,

bey Christoph Friederich Cotta, Hof- und Canzley-Buchdrucker. 1767.

Titelblatt: Von der Viehzucht (1767)

einzelnen Teilen findet sich eine sein Wesen bezeichnende Mischung von Bescheidenheit und Selbstbewußtsein, so schreibt er in der Einleitung zum Teilstück Ackerbau:

»Zwey Dinge sind es, die mich veranlassen denen gegenwärtiger Betrachtungen über die Land- und Feldwirthschaft einen kleinen Vorbericht vorzusezen. Erstlich wird man sich wundern, daß ein Soldat sich Mühe gegeben habe, über bürgerliche Dinge Betrachtungen anzustellen, indem fast jedermann glaubet, daß Soldaten sich um das, was im Bürgerstande zu wissen nothwendig ist, wenig bekümmerten; Und zweytens wird man fragen, wie ein Soldat, wenn er zwanzig Jahre im Militairstand gelebet, ein Geschicke haben könne, von bürgerlichen Dingen nur etwas erträgliches, ich will nicht sa-

Betrachtungen
über
Landwirtschaftliche
Dinge
in dem
Herzogthum Würtemberg.

Viertes Stück,
von der Baumzucht.

aufgesezt
von einem Herzoglichen Officier,
Mit darzu gehörigen Plans.

Stutgard,
bey Christoph Friederich Cotta, Hof- und
Canzley-Buchdrucker. 1767.

Titelblatt: Von der Baumzucht (1767)

Betrachtungen
über
Landwirtschaftliche
Dinge
in dem
Herzogthum Würtemberg.

Fünftes Stück,
von Ländlichen Gewerben.

aufgesezt
von einem Herzoglichen Officier.

Stutgard,
bey Christoph Friederich Cotta, Hof- und
Canzley-Buchdrucker. 1768.

Titelblatt: Von Ländlichen Gewerben (1768)

gen etwas gründliches zu schreiben? Ich will nicht untersuchen, in wie ferne das erstere wahr seie, sondern vielmehr gestehen, daß die blose lange Weile die gegenwärtigen Betrachtungen bey mir ausgehekt, und daß ich langsam oder gar nie hirrüber gedacht haben würde, wenn andere Geschäfte meine übrige Zeit erfordert hätten; Was aber die Fähigkeit betrift, die zu Betrachtungen von der Art nöthig ist, so lasse ich andere urtheilen, ob ich derselben genugsam gehabt habe. Finden sie etwas hieran auszusezen, so kan ich wohlgemeinte Erinnerungen wohl; hingegen aber gar nicht leiden, wenn solche nur nach einer eitlen Tadelsucht schmecken solten, als in welchem Fall ich deren Urheber gleichbalden die Fehde ankündigen müßte.«

Verlegenheitsarbeiten wollen seine Versuche als Schriftsteller nicht sein, geistige Kraft, gründliche Fachbildung und gediegenes Wissen, aber auch Sensibilität gegenüber der Masse der bäuerlichen Bevölkerung, die das glanzvolle Regiment des Herzogs stützen muß, zeichnen seine Hinweise aus. Die einzelnen Kapitel behandeln den Ackerbau, den Weinbau, die Viehzucht, die Baumschule und die ländlichen Gewerbe.

Ausführlich entwirft Schiller ein Kaleidoskop von Erwerbstätigkeiten, die allesamt noch der Tradition der Hauswirtschaft folgen. Aussagen über Verkehr und Straßenbau stehen neben Beschreibungen des Handels mit Früchten, Wein, Vieh und Holz. Überraschend ist die Genauigkeit in der Beschreibung der handwerklichen Techniken, ob sie die Eisenverhüttung, die Gewinnung von Salpeter, Schwefel und Kochsalz, die Branntweinherstellung oder den Anbau und die Verarbeitung von Flachs und Hanf betreffen. Schließlich werden sogar Vorschläge für die »Zirkulation des Geldes« gemacht und die Einrichtung von offiziellen und privilegierten Leihhäusern in allen größeren Städten empfohlen, um dem damals weitverbreiteten Wucher zu entgegnen. Seiner Genauigkeit des Beobachtens und Beschreibens – sei es der Ertragsfähigkeit des Bodens bei Lorch oder der Funktionsprinzipien einer Baumwollmanufaktur in Schwäbisch Gmünd – folgt in der Regel ein moralisches Urteil, das die Leser zur Überprüfung ihrer eigenen Haltung auffordert. »Das Gute nachahmen und vor den Fehlern und dem Unmöglichen hüten«, so lautet seine treffendste Maxime, der er sich aus dem Gedankenvorrat des Pietismus bedient. Seinen ersten Schriften fügt er ein umfangreiches Verzeichnis von Pränumeranten bei, Bekanntschaften und Briefwechsel sollen angeregt und ein allgemeiner Erfahrungsaustausch gefördert werden. Sein Vorschlag, ähnlich den Zünften in den Städten auch auf den Dörfern Vereinigungen zu gründen, geht in die gleiche Richtung.

Das vierte Stück der Betrachtungen über landwirtschaftliche Dinge behandelt die Baumzucht. Wenn der Autodidakt unter die Schriftsteller geht, haftet seinen Ausführungen etwas Vorläufiges an, die spürbare Liebe zum Gegenstand muß nicht immer Klarheit in der Darstellung nach sich ziehen. Man merkt Schillers Versuchen über die Baumzucht in diesem frühen Stadium an, daß seine gesammelten Beobachtungen durch gezielte Erprobung in der Praxis erst noch bestätigt werden müssen. Schnelle Erfolge sind in seinem Metier nicht zu verzeichnen. Das natürliche Wachstum gibt die Zeit vor. Acht Jahre kann es dauern, bis der Baumschuler den Baum soweit hat, daß er an Ort und Stelle gepflanzt werden konnte. Die Ziele, die Schiller mit der Baumzucht in dieser Zeit zu erreichen versucht, sind eher allgemein und weitgesteckt. Von ihm angezogene Bäume sollen als Nahrungsquelle für die Menschen dienen, ihnen Schutz und Schatten spenden, das Land zieren und für die Reinigung der Luft sorgen – Forderungen, deren Berechtigung in heutiger Sicht noch zugenommen hat.

Mit der Rückkehr der Familie Schiller in die Ludwigsburger Residenz zum Jahresende 1766 finden die Ideenentwürfe des Vaters ein Realitätsprinzip. Die räumliche Nähe zu Herzog Carl Eugen rückt Schillers private Vorlieben ins Licht der Öffentlichkeit. Die Aufmerksamkeit, die der Herzog den land- und forstwirtschaftlichen Experimenten Johann Caspar Schillers widmen wird, rührt aus dem Willen, die höfische Kultur auf allen Gebieten dem großen Vorbild der Franzosen anzugleichen. Die Vervollkommnung des Obst- und Gartenbaus nimmt in diesem Konzept einen hohen Rang ein.

Die Lebensschicksale des Vaters werden durch Carl Eugen so eingreifend verändert wie die des Sohnes: Der Befehl, den jungen Schiller auf die Carlsschule zu schicken, um ihn der höfischen Etikette zu unterwerfen, und der Zuspruch für den als Baumschulgärtner dilettierenden Hauptmann Schiller bilden in der Perspektive des Herzogs eine Einheit. Ihm gefällt es zu sehen, wie der wenig beanspruchte Offizier seiner Neigung nachgeht und nahe der eigenen Wohnung selbständig einen Obstgarten anlegt, wo er eine Vielzahl von Apfel- und Birnensorten heranzieht und seine Beobachtungen schriftlich niederlegt. Die Schule, auf die der junge Schiller befohlen wird, trägt einen Namen, der das Wohlgefallen des Herzogs an der Arbeit Johann Caspar Schillers verstehbar macht: »Militärische-Pflanzschule«. Nicht zufällig öffnen die Häuser auf der Solitude ihre Pforten zuerst für die Ausbildung von Gärtnern, um dann zur Militärakademie erweitert zu werden. Die Vergleichbarkeit der Baumzucht mit der Erziehung bildet ein bevorzugtes Thema der pädagogischen Traktatliteratur der Zeit. Aus der politisch kalkulierten Gleichsetzung von Natur- und Menschenbeherrschung wird sich der Sohn nach seiner Ausbildung an der Carlsschule losreißen können, der Vater verbleibt im Umkreis des Herzogs, sorgsam bedacht, alle Gehorsamspflichten zu erfüllen.

»1775, den 5t Decbre. kam ich aus dem Nexu militari als Vorgesezter bei der herzogln Hofgärtnerei auf der Solitüde.«

In dieser Bemerkung hat die Lebensbeschreibung Johann Caspar Schillers ihr Zentrum, Schiller ist endlich angekommen, bis zu seinem Tod 1796 wird er alles daran setzen, die Möglichkeiten und Freiheiten zu nutzen, die ihm die Position als Leiter der

Gärtnerei und in der eigenverwalteten Baumschule bietet. Die Lebensbahnen von Vater und Sohn kreuzen sich zu dieser Zeit in einem sehr wörtlichen Sinn. Wenige Wochen vor der Übernahme der Intendantentätigkeit geht die Militärakademie von der Solitude nach Stuttgart in ihr Quartier am Neuen Schloß. Sinnfälliger kann die vom Herzog beabsichtigte Trennung der Eltern von dem in seine Regie genommenen Sohn nicht demonstriert werden.

Die Solitude war von 1763 an zusammen mit anderen Renommierobjekten, so dem Opernhaus in Ludwigsburg, vom Herzog als Sommersitz erbaut worden. Der Glanz der Gartenanlagen und der Schloßgebäude war verblaßt, als Schiller seinen Dienst antrat; Schillers Tätigkeiten hatten allerdings nicht nur den Status von Erhaltungsmaßnahmen. Sein Dienst als herzoglicher Garteninspektor bestand neben der Regelung von Personalfragen hauptsächlich in der Aufgabe, trotz andauernder Appelle zum sparsamen Wirtschaften den Ruf der mit 900 Morgen bedeutenden Gartenanlagen zu wahren. Die von Schiller unter schwierigen Bedingungen fortgesetzte Aufzucht von Bäumen und Obstsorten bringt den Herzog dazu, Schiller zwanzig Morgen Land für eine Baumschule »in freier Behandlung« zu überlassen. Das sieben Hektar entsprechende Gelände erstreckt sich, heute besichtigt, nordöstlich der Klinik ›Schillerhöhe‹ über die Sportplätze hinweg zur Einmündung der Panoramastraße in die Wildparkstraße. Dieses Gelände konnte Schiller weitgehend nach eigenem Ermessen bewirtschaften. Er strebte an, alle in Württemberg wachsenden Hölzer, Bäume und Gesträuche anzuziehen. Obwohl der Boden zum großen Teil wenig fruchtbar, steinig und vernäßt war, konnte Schiller nach einem elfjährigen Kultivierungsprogramm 22 400 Obstbäume, Kastanien, Pappeln und Sträucher für die Gartenanlage in Hohenheim und einige Gärtnereien am Ort bereitstellen. 1789 stehen mehr als 30 000 Gehölze in seiner Baumschule, und es wird Schiller möglich, über die Zulieferung an die herzoglichen Gärten hinaus auch private Interessenten zu bedienen, so daß der Familie eine zusätzliche Einnahmequelle offensteht. In einem Verzeichnis vom Anfang der neunziger Jahre werden 90 Apfel-, 102 Birnen-, 15 Pflaumen- und Mirabellensorten, 11 Kirsch-, 3 Aprikosen- und einige Pfirsichsorten genannt. Auch die exotischen Gewächse, in der Hauptsache Orangen, Pomeranzen und Zitronen, werden in 29 Sorten angeboten. Im Mai 1792 und Januar 1793 übernimmt Schiller die Gewächse von zwei aufgelösten Gärtnereien, einmal 20 000, dann 40 000 Pflanzen, deren Einordnung in die Forstschule äußerste Anstrengungen verlangt.

»So fatigant mein Posten ist, so wohl bekömt mir solches, obschon mein Alter dem guten Willen nicht mehr entsprechen will«. *[SNA 34/I, 160] Diese Bemerkung in einem Brief an seinen Sohn faßt das Arbeitsethos des nahezu 70jährigen Schiller zusammen: rastlose Tätigkeit, keine Schonung der Kräfte und eine nicht befragte Verbindung von Neigung und Pflichtgefühl prägen die Vollendung seines Lebenswerkes. In dieser Zeit nimmt die Dichte des überkommenen Briefwechsels mit Friedrich Schiller zu, der Vater berichtet bis in die Einzelzeiten von seiner Arbeit. Man hat zu Recht bemerkt, daß in den ersten Jahren des Briefwechsels nach Schillers Flucht das Thema des Geldes, also der Begleichung seiner Schulden, sehr im Vordergrund stand. In einer eigentümlichen Verschiebung der Lebensphasen müssen sich sowohl Sohn wie Vater in diesen Jahren in dem ihnen eigenen Wirkungskreis bewähren. Schillers schwieriger Weg zum autonomen Theaterautor korrespondiert mit der Aufbauarbeit des Vaters auf der Solitude.*

Am Ende seines Arbeitslebens wächst der Wunsch des Vaters, seine Erfahrungen allgemein zugänglich zu machen; er setzt dabei auf die Hilfe des Sohnes. Schillers zusammenfassende Darstellung der Baumzucht wird durch die kleine Flugschrift ›Gedanken über die Baumzucht im Großen zur Besetzung der Haupt- und Landstraßen mit Bäumen‹ vorbereitet, die 1793 bei Göschen durch die Vermittlung des Sohnes erscheint. Sie wirkt in ihrem appellativen Gestus wie eine Vorankündigung des bald folgenden Hauptwerks. Die Adressaten, die Schiller mit seinem anonym erschienenen Büchlein ansprechen will, sind die Fürsten und Herzöge, denen er die Bepflanzung der Straßen mit Bäumen zur Mehrung des Wohlstands auch der nachkommenden Generationen empfiehlt. Sie handelten damit in ihrem eigenen Interesse, da für die einfache Bevölkerung der Anblick einer Baumallee eine dauerhafte Symbolisierung ihrer Machtfülle darstelle. Mit Nachdruck legt Schiller Wert auf die Formulierung ›Baumzucht im Großen‹. In seinen Aufzeichnungen liefert er den Beweis, daß die Anzucht von Bäumen im Großen zu einer Halbierung der Kosten für den einzelnen Baum führt. Eine große Zahl von Laubgehölzarten, Maronen, und Walnußbäumen wird zur Anpflanzung empfohlen.

Der erste Teil der ›Baumzucht‹, der 1795 bei dem Verleger Michaelis in Neustrelitz im Mecklenburgischen erscheinen wird, trägt unter der Vorrede eine bezeichnende Zeitangabe: »Solitude, den letzten May 1794«. *Der Entschluß, mit einem ausführlicheren Werk an die Öffentlichkeit zu treten, wird bei Johann Caspar Schiller durch den Zuspruch seines Sohnes bestärkt. Friedrich Schiller hatte seinen Vater nach elf Jahren endlich wiedergesehen. Sein dreivierteljähriger Besuch im Schwäbischen, der ihn bereits von Heilbronn aus Anfang August für einen Tag auf die Solitude führt und die Berichte des Vaters aus eigener Anschauung überprüfen läßt, wird den Vater endgültig bewogen haben, die Summe seiner praktischen Arbeit zu ziehen. In einer Zuschrift zum vorgesehenen Druck der Baumzucht faßt Johann Caspar Schiller in einem Akt der Selbstvergewisserung die Motive seines Lebens zusammen. Ihr bekenntnishafter Ton, die ungelenke Sprache, aber wohl vor allem der Hinweis auf die Verknüpfung beider Lebensschicksale haben dem kritischen Urteil Friedrich Schillers nicht standhalten können. Er hat den folgenden Text nicht drucken wollen:*

»An die Manen meines verstorbnen Vaters

Theure Manen! Irgend einem Dinge, dessen Existenz in der Welt mathematisch nicht zu erweisen ist, Achtung bezeugen, hiesse Unsinn, wenn ich ein Geistes Läugner wäre. Nein! so, wie ich hoffe, daß von der Krafft, mit der ich jezo denke, nicht mit der ich schreibe, nach meinem Tod noch etwas übrig bleiben müsse: eben so glaub ich, daß auch ihr nicht werdet vernichtet worden seyn.

Laßt uns nun einen Blik über die Vergangenheit werffen! Damals, als ihr mir verschwandet, war ich im neunten Jahr meines Lebens. Ich konnte schon artig schreiben, rechnen, dekliniren, konjugiren und den Donat brauchen. Meine Seelenkräfte fingen an sich zu entwikeln. Aber welch ein Stillestand folgte jezt auf den so hoffnungsvoll angefangnen Lauff meines Lebens? Wie stürzte auf einmal der ganze Bau meiner kindischen Planen, dereinst weiser Mann zu werden, zusammen? Vaterlos, dürfftig, ohne Freunde, sank ich tief – mir wurde endlich verboten, meine Grammatik auszulernen, mein Ungehorsam mit Strafe geahndet, und meine liebe Grammatik mir abgenommen.

Zwanzig folgende Jahre verstrichen, in welchen ich vom Schiksal wie ein Ball umher getrieben wurde. Hang und Begierde, meine SeelenKräfte mehr auszubauen, die ich zu Allem aufgelegt fühlte, regten sich unaufhörlich mächtig, aber Unmöglichkeit stand der Ausführung eben so mächtig entgegen.

Im Frieden und im Kriege, im Ost und Westen, wo der Zufall mich hinführte, hintrieb; immer Mangel an Gelegenheit; Mangel an Freunden und an guter Gesellschafft. Ungefähr im zwei und dreißigsten Jahre meines Lebens fieng ich an, nachholen zu wollen, was ich bisher versäumt hatte, aber beinahe war es zu späte. Mir fehlten die ersten Gründe zum richtigen Denken – Ich lies mich nicht abschreken – die mir bisher noch unbekannt gebliebenen Warheiten, in den Zusammenhang der Dinge der Welt, wolt ich jezt durch Vernunftschlüsse selbst erfinden. Dies war mein größister Wunsch, meine Lieblings-Beschäfftigung der ich mit Anstrengung oblag. Ich bekam Wolfens Logik zu lesen, und Lust zur Matthematik. Es wurde mir schwer, ohne Anweisung einen Schritt vorwarts zu thun, aber mein Genius rief mir immer entgegen: Wie hat es der erste angefangen, vernünfftiger als seine Brüder zu werden?

Die Geometrie begrif ich leicht. Ich fand, daß auch unregelmässige Flächen, die ich mir mit Pappier selbst machte, in lauter rechtwinklichte DreiEke zerschnitten werden könnten. Es war mir leicht, diese in VierEke zu verwandeln, und zu berechnen. Wolfs Matthematik brachte mich weiter. Mir gefielen die urtheile der Algebra am Meisten, und mit ihr hab ich mehr als hundert Nächte durchgewacht –

Auf diese Art theure Manen! mußt ich allerlei Kenntnisse mit Gewalt an mich reissen, wolt ich bei so grosser Vernachlässigung meiner Jugend mich nur einiger massen hervor thun. Hiervon mag denn auch das gegenwärtige Buch zeugen, das ich hiermit eurem Andenken zueigne. Und du Wesen aller Wesen! Dich hab ich nach der Geburt meines einzigen Sohnes gebeten, daß Du denselben an Geistes Stärke zulegen möchtest, was ich aus Mangel an Unterricht nicht erreichen konnte, und Du hast mich erhöret.

Dank Dir gütigstes Wesen, daß Du auf die Bitten der Sterblichen achtest.«

Tatsächlich ist in den Briefen zwischen der Solitude und Jena eine eigentümliche Asymmetrie zu beobachten. So ausführlich und informierend der Vater von seiner Arbeit auf der Solitude seit Anfang der neunziger Jahre erzählt, so knapp, kaum auf die Sache selbst eingehend, wirken die Kommentare des Sohnes. Zu weit hatte sich Friedrich Schiller bereits von der Ansicht der Natur als zu bearbeitendem Rohstoff entfernt, Nützlichkeitserwägungen nahmen in seinen philosophischen Überlegungen zur Kulturwerdung der Menschheit nur noch eine Randstellung ein. Demgegenüber besteht die

Arbeitswelt des Vaters im ersten »physischen Anfang des Gartens«, eine Formulierung Schillers, die ihm in einer Rezension des Cotta'schen ›Taschenkalenders für Garten- und Naturfreunde‹ von 1795 dazu dient, die Schloßanlage Hohenheims von der Gartenbautätigkeit seines Vaters auf der Solitude abzugrenzen. Vermutlich liegt in diesen verschiedenartigen Interessen an der Natur auch Schillers zögerliche Haltung begründet, die Buchprojekte des Vaters nach dessen Tod weiterzuverfolgen.

Der erste Teil der ›Baumzucht‹ überzeugt bis heute durch das empirische Material, welches Schiller vor seinen Lesern ausbreitet. Seine Schrift hätte in der praktischen Ausrichtung auch unter dem Titel ›Das Jahr des Baumschulers‹ oder als ›Lehrbuch für Baumschulgehilfen und -meister‹ erscheinen können. Umfassend werden pflanzenbauliche und arbeitswirtschaftliche Fragen angesprochen und Praktiken wie das »Okkulieren auf dem treibenden Aug« erwähnt, die wir erst heute wieder schätzen lernen. Nicht nur die Aufzucht von Pflanzen und Gehölzen, sondern auch die Organisation des Verkaufs an Privatleute werden wiederholt beschrieben.

Vorbild für Schiller waren die Kartäusermönche, die in Paris einen großen Baumhandel betrieben, auch die Handelsgärtner in Holland lieferten zu dieser Zeit bereits Gehölze und Blumenzwiebeln. In Schillers ›Baumzucht‹ werden etwa 50 Gehölzarten mit ihren besonderen Eigenschaften aufgeführt, neben ihrem dekorativen Wert wird auch an die Nutzung des Holzes für Tischler und Drechsler gedacht. Es ist sicher, daß Schiller die binäre Nomenklatur von Carl von Linné gekannt hat, zumindest bemüht er sich um eine wissenschaftliche Bezeichnung der Pflanzen, ohne allerdings Gattung, Art und Sorte konsequent zu scheiden. Die aufgeführten Obstsorten dürften dem Obstartenverhältnis im damaligen Württemberg entsprochen haben. Schiller bezeichnet 30 Apfel- und 30 Birnensorten, sowie 17 Pflaumen-, 10 Kirsch- und sieben Pfirsichsorten, daneben finden drei Aprikosensorten und sogar der Mandelbaum Erwähnung. Die Einrichtung einer Obstbaumschule, wie sie von Schiller jahrzehntelang erprobt wird, folgt einem Konzept, das nicht eine Vielzahl von oft technischen Einzelheiten aufreiht, sondern das Ganze der Wirkung im Blick behält. Die Anlagen sollten mehr als bloße Produktionsflächen sein; eine sinnvolle Untergliederung der Pflanzreihen mit ausgewiesenen Ruheplätzen für Besucher sollte ein ästhetisches Gesamtbild ergeben.

Großes Gewicht legt Schiller auf eine Erscheinung, die heute als Bodenmüdigkeit bezeichnet wird. Ein Wechsel der Arten, so seine Forderung, könne ein schlechtes

Wachstum beim Nachbau auf der gleichen Fläche verhindern. Er empfiehlt nach einer sieben- bis achtjährigen Nutzung einer Baumschulfläche die Ruhezeit von zwei bis drei Jahren. Diese Frist sollte genutzt werden, um den Boden zu düngen und mit Sommerung oder Gemüse zu bestellen. Auch im ersten Teil seiner ›Baumzucht‹ fehlen nicht Hinweise auf den organisatorischen Ablauf einer rationellen Bewirtschaftung der Baumschulflächen. Die zuverlässige Kontrolle und tägliche Bilanzierung der Wachstumsfortschritte, der Einsatz der Arbeitskräfte nach ihrer jeweiligen Eignung sind unternehmerische Prinzipien, ohne deren Geltung geregelte Erwerbschancen auch in der vorindustrialisierten Zeit kaum denkbar sind. Die Veredelungsarbeiten wurden von Frauen und jungen Leuten verrichtet, die solange die Pflanzen pflegen, bis das Veredelungsergebnis feststeht. Diese Praxis hatte zur Folge, daß die Qualität der Arbeit beurteilt und Lob und Tadel ausgesprochen werden können. Einfache Arbeiten wurden im Akkord vergeben, anspruchsvolle im Tagelohn. Qualifizierte Arbeitskräfte hatten die Gewähr, auch im Winter in Lohn und Brot bleiben zu können.

Die Einheit von theoretischer Beschreibung und praktischer Durchführung sichern dem Werk Schillers seinen Rang als Grundbuch der Agrar- und Forstwissenschaft, das die Erkenntnisse seiner Zeit zusammenfaßt. Eine wissenschaftliche Haltung im engen Sinn ist Schiller fremd, dazu befinden sich alle seine Überlegungen zu nahe an der Praxis, vor einem Abgleiten in Pragmatismus bewahrt ihn seine Ehrfurcht vor der Natur. So finden sich in seiner ›Baumzucht‹ immer wieder Ansätze, die sich nicht in der Oberflächenbeobachtung erschöpfen, sondern das Wesen des Lebendigen zu erfassen suchen. Die Existenz von Keimblättern und Embryonen, das Wachstum der Keimwurzeln wird verzeichnet, seine Untersuchung des inneren Aufbaus der Gehölze weist auf die für die Veredelung entscheidende Schicht zwischen Rinde und Holz, das Kambium, hin. Die mit Brenngläsern sichtbar gemachten kleinen hohlen Zylinder, in heutiger Terminologie die Gefäße oder Kapillaren, führen Schiller zu der modernen Einsicht, »das Tier als bewegliche Pflanze und die Pflanze als unbewegliches Tier« *verstehen zu wollen.*

Die Vielzahl der Gesichtspunkte, die Schiller aus langer Erfahrung heranzieht, lassen leicht den Eindruck einer Erfolgsbilanz aufkommen. In Wahrheit muß die Veröffentlichung seines Lebenswerks für Johann Caspar Schiller eine große Genugtuung bedeutet haben, weil seine Forschungsergebnisse mit großer physischer Anspannung widrigen Verhältnissen abgetrotzt worden sind. Bereits bei Beginn seiner Tätigkeit hatte das Interesse des Herzogs an der Solitude als Repräsentationsort abgenommen. Die Eigenständigkeit Schillers beim Aufbau einer Obstbaumschule darf auf diesem Hintergrund als ein begrenzter Widerspruch gegen die Hofhaltung Carl Eugens gesehen werden. Sein Beharren auf dem Wert einheimischer Obstsorten, sein Vorhaben, außerhalb der Schloßanlagen Neuland für seine Obstzüchtungen herzurichten, sind Zeichen für seine Bestrebungen, sich neben den vom Hof verlangten Zulieferungen eine eigene Erwerbsbasis zu schaffen. Das Kalkulieren, »Rechenhafte« (Theodor Heuß) durchsetzt Schillers gesamte Äußerungen; fortwährend beklagt er sich über eine seiner Leistung kaum angemessene Bezahlung. »Ich bin mir bewußt, daß ich jährlich tausend Gulden verdiene, und ich bekomme nur vier hundert.« *[SNA 34/I, 222]. Um Sicherheiten für die Familie zu schaffen, bittet der alte Schiller mehrfach um Zulagen, ein Unterfangen, das bei dem Herzog auf taube Ohren stößt und nicht zuletzt dadurch Schiller zwingt, durch Publikationen jene Aufmerksamkeit zu erreichen, die seinen Eingaben an den Herzog versagt bleibt.*

Trotz seiner unbestreitbaren Erfolge bleibt seine Position auf der Solitude stets unsicher. Die Ungewißheit nimmt zu, als wenige Tage vor Schillers 70. Geburtstag Carl Eugen in Hohenheim am 24. Oktober 1793 stirbt. Mit seinem Tod war die Gewähr für seine Arbeit gänzlich weggenommen; dazu werden die letzten Lebensjahre des alten Schiller durch schwere Schicksalsschläge in der Familie und politische Wirren überschattet. Mit seiner Leistung als Autor, die zum größeren Teil in diese letzte Lebensphase reicht, will sich Schiller jene Anerkennung verschaffen, die ihm in seiner jetzt neunzehn Jahre währenden Arbeit auf der Solitude versagt blieb. In einem Brief an seinen Sohn zitiert Schiller eine Eingabe an den ihm schon früh bekannten, jetzt zu Staatswürden gekommenen Präsidenten von Taubenheim:

»Meine Wünsche sind nicht groß, meine Besorgnisse grösser. Jene gehen blos dahin, den keinen Rest meines Lebens vollends so zu enden, wie ich ihn gegenwärtig geniesse; von hier nicht weg, nicht aus meiner bisherigen Thätigkeit gesezt zu werden. Meine Besorgnisse sind das Gegentheil.« *[SNA 34/I, 348]*

Seine Beförderung zum Major im März 1794, die diesem Schreiben folgt, ist weniger Achtungsbezeigung als die Kompensation für eine erneute militärische Funktion des jetzt Einundsiebzigjährigen. Schiller hat als Obristwachtmeister die Einrichtung eines Feldspitals auf der Solitude zu beaufsichtigen. Gleichzeitig muß er mitansehen, wie sein Lebenswerk zerstört wird: »… gestern kamen des Prinzen Wilhelms herzog*liche* Durchl*aucht* hierher, und nachdem, was ich von Höchstdenselben Äusserungen haben erfahren können, soll das Meiste allhier abgehen.« *[SNA 34/I, 348]. Am 7. März klagt Schiller dem* »liebsten Sohn«*:* »Ausser Gott, der mich aus so vielen Zudringlichkeiten auf die wunderbare Weise gerissen hat, ist weder Herzog noch sonst jemand vermögend mich über die Besorgnisse der Zukunft zu beruhigen… Die künftige ganze Woche dauert der Orangerie Transport nach Ludwigsburg…« *[SNA 34/I, 350] Die Baumschule auf der Solitude wird unter den Augen ihres Intendanten aufgelöst.*

Die große Politik mischt sich in Schillers letzte Jahre: Ein Lazarett für österreichische Soldaten, die gegen die französischen Revolutionstruppen den Status quo in Europa bewahren sollen, wird auf der Solitude eingerichtet. Ludwig Eugen, der Nachfolger Carl Eugens, unterstützt im eigenen Interesse die Veränderungen auf der Solitude. Schiller berichtet immer wieder von der schnell steigenden Zahl der Kranken und Verletzten, bis zu 2000 Menschen werden einquartiert, das soziale Gefüge empfindlich gestört, die Familie muß Teuerungen aller Gebrauchswaren hinnehmen und der Obstdiebstahl in den Anlagen steigt derart an, daß Schiller Wachen aufstellen lassen muß. Die Familie Schiller muß umziehen aus dem geräumigen Orangeriehaus am Monumentplatz in eine der heute noch stehenden Pavillonwohnungen, die im Halbkreis um das Schloß als »Kavaliershäuschen« postiert sind. Über zwei Jahre leben die Eltern Schillers mit ihren beiden erwachsenen Töchtern Louise und Nanette in dem kleinen Haus, und es ist bewundernswert, mit welcher Kraft der jetzt immer öfter krank darnieder liegende Vater seine Arbeit an der Baumzucht in beengten Verhältnissen fortsetzt. In den Briefen, die zwischen den Familien auf der Solitude und dem Sohn in Jena in dieser Zeit hin- und hergehen, nehmen Krankengeschichten einen großen Raum ein. Schon vor einigen Jahren beschwerte den Vater Rheumatismus, die applizierten Heilverfahren, die der kundige Mann an sich selbst prüft, bringen keine Linderung. In seinem letzten Lebensjahr ist der alte Schiller mit »hefftigsten Schmerzen im Kreuz, den Hüften und Schenkeln« *[SNA 36/I, 139], so die Diagnose in einem Brief an seinen Sohn, bisweilen wochenlang zur Bettruhe gezwungen.*

Unter solchen Bedingungen führt er seine Aufzeichnungen zur Baumzucht fort. Sicherlich hätte sich der Greis von den bereits im Druck vorliegenden Schriften eine größe-

re Resonanz versprochen, und daß seine Arbeiten in der sich nun auch in Deutschland bildenden Gemeinde der Obstbaukundigen keine hervorragende Rolle spielten, hat Schillers schnelles Ende gewiß befördert. Sein Wirken auf der Solitude liegt zu weit ab von den großen Obstbaumgebieten in Mittel- und Norddeutschland, wo parallel zu Schillers Bemühungen grundlegende Handbücher über die Obstbaumzucht und Obstlehre erscheinen. Die überkommenen Techniken des Obstbaus, die von alters her der Eigenversorgung dienten, werden nun von Versuchen abgelöst, das weite Feld der Obstbaumsorten und deren auseinanderstrebende Nomenklatur in ein geordnetes System zu bringen. Besonders Geistliche und Privatleute aus der bürgerlichen Schicht organisieren sich in »pomologischen Gesellschaften«, die die verwirrende Vielfalt der Obstbenennungen zu vereinheitlichen suchen. Eine klare Sortenansprache wird dringend gebraucht, um die regionalen Unterschiede in der Sortenbezeichnung zu beseitigen und damit den Handel mit Obstbäumen in ganz Europa möglich zu machen. Johann Volkmar Sicklers Magazin ›Der teutsche Obstgärtner‹, in dem Schillers erster Teil der Baumzucht angezeigt wird, beginnt 1794 bezeichnenderweise mit einem »Beitrag zur Entwicklung der Verwirrung in der Nomenklatur der Obstsorten«.

Schillers Versuche einer Qualifizierung der Obstsorten erreichen den Stand der zeitgenössischen Wissenschaft einer »Naturgeschichte der Bäume« nicht. Aber in ihrer mühevollen Unfertigkeit und suchenden Vorläufigkeit wirken Schillers Obstbeschreibungen aufrichtiger und authentischer als viele vergleichbare Darstellungen, die die Schwierigkeiten in der Sache durch einen hochgestellten gebildeten Ton überspielen wollen. Alle heute noch wichtigen Merkmale von Frucht und Baum werden beachtet: Größe, Form, Farbe, Fleisch und Schalenbeschaffenheit, Geschmack, Reifezeit, Lagerungsmöglichkeit und Verwertungseigenschaften der Früchte. In der ›Baumzucht im Großen Zweiter Teil‹ finden sich die Beschreibungen von 111 Apfel- und 86 Birnensorten. Sie sind das Ergebnis einer lang dauernden Beobachtungstätigkeit, und es ist zu vermuten, daß Schiller in einer Art Privatarchiv die Sortenvielfalt der Bäume und Früchte über Jahre aufgezeichnet hat. Eine auch noch so sorgfältige, in Sprache gefaßte Charakterisierung vermag die Darstellung der Früchte im Bild nicht zu ersetzen. Schon längst war in den Obstbauzentren neben den gebräuchlichen aquarellierten Zeichnungen die Einrichtung von »Obstgartenkabinetten« üblich geworden, in denen zum vergleichenden Studium Obstsorten der Natur angenähert in Wachs oder gar in Marmor ausgestellt wurden.

Eine anziehende, ästhetische Qualität verdankt Schillers Baumzucht in ihrem zweiten Teil nicht zuletzt den beigefügten Aquarellen seiner ältesten Tochter Christophine, und kein schönerer Beschluß unserer Anmerkungen ist denkbar, als ihren Anteil an dem Buchmanuskript des Vaters zu würdigen. Christophine, in Meiningen mit dem Bibliotheker Reinwald unglücklich verheiratet – er hatte nach mehrmaligen Besuchen auf der Solitude um ihre Hand angehalten –, kommt am 10. Mai 1796 auf Bitten der Mutter, vom Bruder finanziell unterstützt, zur Pflege des Vaters ins elterliche Haus. Sie trifft auf eine Situation, die mißlicher kaum vorstellbar ist: Ende März war Schillers Schwester Nanette, »die liebe selige Nane«, an Faulfieber, welches im nahen Lazarett wütete, gestorben, und die Schwäche und Schmerzanfälle des Vaters hatten sich intensiviert. Im Juli 1796 überfallen französische Freischärler das Haus Schillers und bedrängen die Familie und den todkranken Vater. Zwischen Krankenpflege und Kriegslärm muß Christophine in diesen Monaten die Tafeln mit den Obstsorten gezeichnet haben. Ihre Darstellungen hat sie nach der Natur verfertigt, der dem Tod nahe Vater wird noch einmal in Gedanken seine Tochter durch das Baumschulareal geführt haben, das nun fast zwanzig Jahre seinen Lebensraum gebildet hatte. Christophines Darstellungen erreichen nicht die Perfektion der Handbücher und Magazine der Zeit, dennoch überzeugen sie durch Geschicklichkeit und große Kenntnisse, es ist wahrscheinlich, daß die Tochter auch dem Vater bei der Beschreibung der Obstsorten zur Hand ging.

Am 7. September 1796 endet der Lebensweg Johann Caspar Schillers. Über seine letzten Tage und Stunden berichtet Christophine, besonders an ihren berühmten Bruder, mit aufrichtiger Teilnahme, die Arbeit an dem schriftlichen Vermächtnis ihres Vaters gerät zum Dokument der Verehrung und Liebe. In Gerlingen wird Johann Caspar Schiller neben seiner Tochter Nanette, wie es sein Wunsch war, begraben, der Eintrag im Totenbuch bezeichnet die Todesursache als »Nachlaß der Natur«.

»Kein Major Schiller werd nimmer auf die Solitude komen« *[SNA 36/I, 359], mit diesem unbeholfenen Schmerzensruf Elisabetha Dorotheas schließt sich der Lebenskreis eines Mannes, dessen Name fortan nicht nur als Vater eines berühmten Sohnes genannt werden wird. Sein Leben bestand wahrhaftig aus Mühe und Arbeit, die auf uns gekommenen Schriften und Bücher von seiner Hand bieten die Gelegenheit, nicht nur über seine Kenntnisse und seine Arbeitskraft zu staunen, sondern Johann Caspar Schiller jenen Respekt zu bezeugen, den er verdient.*

ZEUGNISSE ZUR DRUCKGESCHICHTE VON JOHANN CASPAR SCHILLERS ›BAUMZUCHT IM GROSSEN‹

Die Geschichte der Veröffentlichungen J. C. Schillers zur Baumzucht, die der im Umgang mit Verlegern vielbewanderte Sohn wesentlich mitbestimmte, läßt sich aus den überlieferten Korrespondenzen zwischen Vater und Sohn mit einigen Seitenblicken auf Wilhelm von Humboldt und Christian Gottfried Körner in vielen Einzelheiten nachzeichnen. Friedrich Schiller veranlaßte den Druck der auf das Jahr 1793 datierten Flugschrift ›Gedanken über die Baumzucht im Großen‹, und er gewann seinen damaligen Verleger Georg Joachim Göschen für den Buchhandelsvertrieb der Broschüre. Auch das eigentliche opus, den ersten Teil der auf zwei Bände berechneten Darstellung ›Die Baumzucht im Großen‹ von 1795, übernahm ein dem Sohn verpflichteter Verleger, der im mecklenburgischen Neustrelitz niedergelassene Hofbuchhändler Salomo Michaelis, zum Druck.

Erste Spuren für das Vorhaben finden sich in einem Brief Johann Caspar Schillers an seinen Sohn vom 26. Januar 1793. Der bald 70jährige Intendant der herzoglichen Hofgärten auf der Solitude bestellte sein Haus, indem er – dem Beispiel seines Sohnes folgend – einen Zusammenhang zwischen schriftstellerischer Tätigkeit und ökonomischer Sicherheit im Alter konstatierte. Die dem Herzog Carl Eugen gewidmete Flugschrift soll unter Zuhilfenahme der forstwirtschaftlichen Verzeichnisse Johann Jakob Büchtings (1729–1799) vertrieben werden:

»Ich bin in einem Alter, da es hohe Zeit ist, den Meiningen noch etwas zu ersparen, welches bisher nicht seyn konnte. Da ich nun hier nirgends hinaus sehe: so bin ich auf den Einfall gerathen, einen Versuch zu machen, ob ich nicht anderwerts einen bessern, dem Nuzen den ich schaffen kan, verhältnismässigen Gehalt, oder doch wenigstens einen Ruf bekommen könnte, der gewißlich Wirkung haben würde, da ich weiß, daß man mich ungern würde gehen lassen. In dieser Absicht hab ich beiliegenden Aufsaz geschrieben, und nun komt es darauf an, ob es räthlich ist, Gebrauch davon zu machen, oder wie man allenfalls es angreiffen müße, den Herzog damit nicht aufzubringen. Ob es nicht thunlich wäre die brochirten Abdrüke gerade zu an LandesRegenten und Obrigkeiten (nur nicht hieher) zu schiken oder durch Männer die es unterstüzen können, insinuiren zu lassen. Vordersamst aber muß ich Ihn bester Friz ersuchen, den Aufsaz durchzusehen. Der Sinn muß zwar beibehalten werden, allein es könnten Fehler gegen die Schlußart, überflüssige Declamationen oder Wiederholungen darinn seyn, oder eine Sache besser gesagt werden. Ist es sodann nach Seiner Art verbessert, und hällt Er für thunlich, es bekannt werden zu lassen: so kan man im Büsching finden, wohin es allenfalls zu schiken wäre, zum Beweis dessen, was ich in der BaumZucht leisten kan, denn ich hab es hierinn weit gebracht, mußt ich eine kleine Geschichte von der Forstschul, von der Übergabe einer andern Baumschul, einbringen. Der angenommene Maasstaab zu einer halben Million Bäume, läßt sich immer auff das Bedürfniß eines Staats reduciren, doch je kleiner eine Anlage ist, desto mehr kostet ein Baum bis er versezbar ist.« *[SNA 34, 191]*

Mit dem im Schwäbischen üblichen Sprachgebrauch, das adverbiale »wirklich« für »gegenwärtig« oder »jetzt« zu setzen, kündigte Johann Caspar Schiller an, nun die Anleitung für eine »Baumzucht im Großen« auszuarbeiten; offensichtlich ging es dabei um mehr als die Niederlegung lebenslanger Erfahrungen, seine Erfolge sollen sich auszahlen. Er deutet sogar an, als Greis noch einmal einen Ortswechsel vorzunehmen:

»Wie eine Baumschule im Grossen angelegt und nach meiner Art behandelt werden soll, daran arbeite ich wirklich, und da werd ich durch richtige Rechnung die Kosten zeigen. Dem Director sez ich jährlich nicht weniger als 1000. Thaler Besoldung an, und unter solchen geh ich auch nicht von hier ab. Ich weiß aber, daß ich sie verdienen würde. Auch solt es mir saur geschehen, in meinen alten Tagen, und da ich anjezo über 40. Jahr gedient habe, mein Vaterland zu verlassen.« *[SNA 34, 191]*

Eine Reaktion auf die Übersendung des Manuskripts durch den »besten Friz« ist nicht überliefert, aber er dürfte seine guten Dienste zum Verlag der Schrift angeboten haben, denn in einem Brief vom 25. Februar 1793 ermunterte der Vater seinen Sohn, die Drucklegung zu veranlassen. Von den Erwartungen eines Honorars ist dabei bemerkenswerterweise nicht die Rede.

»Inzwischen find ich nach nochmaliger Durchlesung meines Aufsazes doch Nichts, was mir schaden oder Verdruß machen könnte, und also denk ich, er könne ohne weitres bekannt gemacht werden. Wolte der liebe Friz dieses besorgen, so erbitte ich mir nur ein paar Exemplare.« *[SNA 34, 197]*

Dann kam Johann Caspar Schiller auf das »unter Handen habende grössere Werk« zu sprechen:

»Von dem unter Handen habenden grössern Werk, folgt hier der Innhalt, von 33. Bogen, welche nun mehr fertig sind, und es könnte eben soviel noch dazu kommen, aber vor dem August wird es nicht fertig, denn ich muß diesen Sommer noch ein und anders berichtigen. Mit der Schreibart befleiß ich mich, mehr faßlich und deutlich, als hochfein zu erscheinen, denn dieser Gegenstand ist mehrers für Ungelehrte. Solt es endlich dahin kommen, gedrukt werden zu können, so möcht ich doch auch vorher wissen, was man etwa für den gedrukten Bogen bezalen würde, denn wenn der Unterschied bei den hiesigen Verlegern nicht groß wäre, lies ich es hier druken.«*[SNA 34, 197]*

Friedrich Schiller wandte sich offenbar gleich nach Eintreffen des Manuskripts an dem ihn freundschaftlich verbundenen Verleger Georg Joachim Göschen in Leipzig, unter dessen Impressum die Flugschrift zur Ostermesse 1793 im Kommissionsverlag herauskam. Eine Bemerkung Schillers in einem Brief an Göschen vom 6. Juni 1793 legt die Vermutung nahe, daß der Sohn die Druckkosten selbst übernommen hatte. »Mit Gelegenheit erhalten Sie meines Vaters kleine Broschüre«, *hieß es da,* »von der ich einige 100 Exemplare noch vorräthig hatte. Sie verbinden mich, wenn Sie für die möglichste Verbreitung derselben Sorge tragen.« *[SNA 26, 245 f]*

Schillers Vater quittierte den Eingang von Belegen auf der Solitude unter dem 20. Mai 1793. Setzfehler verleideten dem Autor freilich den Druck seines Erstlings:

»Vorderst danke ich herzlich für die Besorgung und übersendung der Exemplare von meinen Aufsäzlen, es ist aber durch den Sezer ziemlich verunstaltet worden, wovon das hier anliegend corrigirte zeugt. Wenn auf Seite 19. etwa im Original ein Fehler eingeschlichen wäre, so hätte ja dem Sezer oder Corrector der Verstand geben sollen, daß 100. mal 90. Thaler nicht 90,000 sondern nur 9000. ist. ich hoffe auch, daß meine Herren Leser aus dem context mir diesen Fehler nicht beimessen.« *[SNA 34, 261]*

Christian Gottfried Körner, Schillers »Urfreund«, war Ende Mai 1793 der Emp-

fänger einiger Exemplare der ›Gedancken über die Baumzucht‹, die ihm mit der Bitte übersandt worden waren, die Broschüre in die Hand interessierter Personen zu bringen. Das »Pendant« zu Körners »Predigt« spielte auf Johann Gottfried Körners Sammlung ›Einige Predigten‹ (1785) an, die Christian Gottfried Körner nach dem Tod seines Vaters gesammelt und mit einem Vorwort herausgegeben hatte; Körner versprach schon am 31. Mai, »die Schrift Deines Vaters... möglichst bekannt zu machen...«. Ein Exemplar habe er »schon dem alten Wagner gegeben«. Vorausgegangen war der Brief von Schiller an Körner vom 27. 5. 1793:

»Beyliegende Broschüre ist der Pendant zu Deiner Predigt; aber ich habe ein Interesse mehr als Du, sie Deiner Bestellung zu empfehlen. Sie ist von meinem Vater, und warum sie gedruckt ist, wirst Du aus dem Innhalt ersehen. Ich wünschte gar angelegentlich, daß Du die beyliegenden 3 Exemplare in diejenigen Hände brächtest, wo sie am beßten angelegt sind – um Aufmerksamkeit auf den Verfaßer zu erregen. Du thust mir einen großen Gefallen, wenn Du machen kannst, daß der Innhalt derselben in Dresden zur Sprache kommt.« *[SNA 26, 243]*

Über Monate schweigen nun die überlieferten Quellen. Zwischen August 1793 und Mai 1794 weilten Schiller und seine Frau Charlotte in Schwaben: Heilbronn, Ludwigsburg und Stuttgart, die Solitude mit der Wohnung der Eltern und Tübingen boten Aufenthalt und Austausch im Kreis der Familie, alter Freunde und junger Verehrer. Vom »Aufsäzlein« ist in den Briefen nun nicht mehr die Rede, und erst 1796 wird in der ›Allgemeinen Literaturzeitung‹ Nr. 43 vom 6. Februar eine Rezension erscheinen.

Nachdem Schiller im Mai 1794 wieder in Jena ist, wird in den Briefen sogleich wieder von der ›Baumzucht‹ gesprochen. Es ist der ganz einverständlich als das »Manuscript« bezeichnete Teilband, in dem die Vorteile systematischen Obstbaus bewiesen und vorgerechnet werden. Für den andern Teil aber, den Katalog der im Württembergischen anbaufähigen Obstsorten, werden hier erstmals Termine genannt:

»Was anjezo mein *Manuscr*ipt anbetrifft, da ersuch ich den lieben Sohn, es irgendwo gut anzubringen. Will Er die Zuschrift an die Manen meines Vaters, in welcher ich die wichtigsten meiner Lebens-Umstände deswegen berührt, damit Niemand von einem so vernachlässigten Talent mehr fordern möge als ich habe leisten können, weg lassen, so bin ichs auch zufrieden. Die

Plane können meinetwegen in Kupfer gestochen, oder in Holz geschnitten werden – wie es der H*err* Verleger seinem Vortheil gemäs findet. Aber eins fällt mir bei, ob nicht das M*anuscri*pt vor dem Druk recensirt werden könnte? Das Honorarium zu bestimmen, will ich ganz dem lieben Frizen überlassen. Es ist zu Erkauffung eines Pferd gewidmet, auf dem ich zu Euch kommen werde. Zu dem folgenden Theil, als der Beschreibung aller mir bekannten Obst-Gattungen und Sorten, muß ich diesen Sommer noch mehrere Materialien sammeln, und auf den Winter, so Gott Leben und Gesundheit fristet, bring ichs in Reine, daß es auf die Ostermesse 95. fertig werden kan.« *[SNA 34, 304]*

Schiller bot nun die ›Baumzucht‹ am 16. Juni 1794 wiederum Georg Joachim Göschen zum Verlag an. Es sei »zuverläßig in dem Fache wovon es handelt, etwas vorzügliches« *[SNA 27, 15], versicherte er treuherzig, und nachdem Göschen den Kommissionsvertrieb der ›Gedanken über die Baumzucht‹ in den Verlag genommen hatte, lag es nahe, den dort vertretenen Thesen nun den Beweis folgen zu lassen. Wieviel Geduld der Verleger für die Broschüre brauchen würde, um sie unter die Leute zu bringen, war noch nicht abzusehen: 1829 war das Bändchen jedenfalls noch für 2 Gulden lieferbar.*

Im Sommer 1794 hatte sich jedoch der sich als »Imerdar der Ihrige« *unterschreibende Autor Friedrich Schiller auf seiner Schwabenreise in Stuttgart mit dem Verleger Johann Friedrich Cotta in ein weit ausgreifendes Gedankenspiel gemeinsamer Verlagspläne eingelassen, das dem Leipziger Konkurrenten Göschen nicht lange verborgen geblieben sein dürfte. Cottas Vorschlag, eine politische Tageszeitung zu redigieren – die ›Allgemeine Europäische StaatenZeitung‹ –, entzog sich Schiller bald wieder unter einsichtigen Begründungen, obwohl er noch am 24. Mai 1794 in Jena seinen Namen unter einen von Cotta formulierten Vertrag gesetzt hatte. Kant und Goethe erhielten am gleichen Tag, am 13. Juni 1794, die erste Ankündigung der »litterarischen Monathsschrift Die Horen«, die Schiller endgültig zum Autor des Tübinger Verlegers machte. Die ›Horen‹ und ihre von Schiller gewonnenen Mitarbeiter bestimmten mit ihrem Programm das neue Gesicht des Cotta Verlags – und Göschen hatte das Nachsehen.*

Göschen wird ›Die Baumzucht im Großen‹ abgelehnt haben. Das ist zu vermuten. Unter den beiden neugesponnenen Verlagsbeziehungen – dem Wechsel zu Cotta folgte wenig später ein Vertrag mit dem Neustrelitzer Hofbuchhändler Salomo Michaelis für den ›Musenalmanach‹ – war eine Verbindung mit Cotta gar nicht in Erwägung gezogen worden. Galt es hier Rücksicht zu nehmen auf eigene Pläne? Friedrich Schiller wandte sich jedenfalls an den Verleger und Redakteur Michaelis, einen gerade 26jährigen Anfänger, mit dem er am 15. August 1794 einen Vertrag über einen »vom Jahre 1795 an jährlich« *erscheinenden* »MusenAlmanach oder poetische Blumenlese« *gegen* »Dreyhundert Reichsthaler sächsisch« *abgeschlossen hatte. Er habe sich auf* »einen Contract… eingelaßen«, *kommentierte er abfällig Tage später sein Vorhaben gegenüber dem Schwager Reinwald. Auch sonst gibt es bald Klagen über den im Verlagshandel unerfahrenen »Hofbuchhändler«, der ihm von Wilhelm von Humboldt ins Haus geschickt worden war.*

Schillers Mitteilung an seinen Vater, nun einen Verleger für seine ›Baumzucht‹ gefunden zu haben, lösten auf der Solitude Skrupel aus. Der in dem folgenden Brief erwähnte Heinrich Ludwig Manger, Bauinspektor Friedrichs II. in Potsdam, war der Verfasser einer ›Systematischen Pomologie‹ (1780–1783), dessen »Recension«, d. h. Gutachtertätigkeit, der Vater Schiller fürchten zu müssen glaubte:

»Der erwähnte Buchhändler wird wohl mein Buch dem H[n] Oberbau-Inspector Manger in Potsdam, mittheilen, und da könnt es geschehen, daß eine Recension nicht zum Besten ausfiel, denn ich habe dessen systematische Pomologie in meinem Vorbericht berührt, das gute darinn nach Verdienst gelobt, aber auch das Mangelhafte mit Bescheidenheit angezeigt. Es sei nun wie es wolte, ich wünsche nur, daß dieser erste Theil auf Ostern heraus komme, weil auch hier viele darauf warten. Solte der Recensent seine Gedanken schriftlich mittheilen, so müsste ich das Mspt wieder haben, um davon Gebrauch machen zu können, denn es ist mir sehr daran gelegen, den Beifall des Publikums zu erhalten. Geschähe dies, so könnte alsdann der l*iebe* Friz ein Exempl*ar* an Herrn Coadjutor von Dalberg schiken, und auf die Aufnahme zu einem Mitglied der Erfurter Gesellschaft anspielen. Es würde mich doch in meinem Alter sehr freuen.« *[SNA 35, 55]*

Mit dem »Herrn Coadjutor von Dalberg« *war der Statthalter von Erfurt, Karl Theodor von Dalberg, gemeint; er hatte großen Einfluß durch seine Mitgliedschaft in der Mainzischen Akademie, der auch Schiller seit Januar 1791 angehörte.*

Ende 1794 ging der erste Teil der ›Baumzucht‹ bei Michaelis in Produktion. »Seyen Sie doch so gut, lieber Freund«, *wurde Göschen am 10. November aufgefordert,*

»und laßen Sie nachsehen, ob nicht eine Handzeichnung, den Abriß einer Baumschule betreffend, bey Ihnen ligt. Ich schickte Ihnen solche voriges Frühjahr mit dem Mscrpt meines Vaters und bekam sie nicht wieder zurük. Weil das Mscrpt seit der Zeit nicht gebraucht wurde, so wurde auch daran nicht mehr gedacht, und jetzt, da es gedruckt werden soll, bin ich derselben benöthigt.« *[SNA 27, 81f]*

Schiller suchte mit Göschen seinen Frieden zu machen, versicherte ihm, er »höre alles Gute« *von seiner Verlagsunternehmung und bot ihm – vergeblich – Friedrich Wilhelm Hovens ›Geschichte eines epidemischen Fiebers, welches 1792 und 1793 im württembergischen Marktflecken Asperg geherrscht hat‹ für seinen Verlag an. Das Manuskript des Freundes von der Stuttgarter Carlsschule, das auch Michaelis ablehnte, erschien schließlich bei Göpferdt in Jena (1795).*

Michaelis errechnete ein Honorar, das offenbar nicht die ganze Zustimmung des Verfassers fand. Johann Caspar Schiller gab am 15. November 1794 gegenüber seinem Sohn zu überlegen:

»Was mir der l*iebe* Friz von meinem Buch geschrieben, das hat mir viel Freude gemacht. Wenn freilich das Honorarium auf 3. Ducaten gesezt werden könnte, so wärs gut, denn ich weiß ja nicht, ob der H: Verleger kleine oder mittlere Schrift darzu nimmt, es könnte ja im ersten Fall auf 16. Bogen nur gedrukt werden. Es wär meines Erachtens für den Verfasser immer besser, wenn das Honorar nach den Bögen der Handschrift behandelt würde. Doch, ich will alles dem lieben Frizen überlassen, und diesen Winter nach Zeit und Vermögen daran arbeiten, daß der folgende Theil auch fertig werde.« *[SNA 35, 91]*

Der Verleger hatte kein Bogenhonorar angesetzt, sondern, wie Schiller seinem Vater am 21. November 1794 erklärte, »24 Carolins… accordiert« *bei einem auf 20 bzw. 21 Druckbogen in Kleinoktav berechneten Umfang. Der erste Bogen sei* »schon gedruckt«, *wußte Schiller zu berichten [SNA 27, 89], dem von Michaelis nun eine Titeländerung vorgeschlagen wurde, deren Ausführung nicht mehr rekonstruierbar ist. Am 11. Dezember 1794 schrieb der Verleger:*

»Beiliegend empfangen Sie den Inhalt und Titel Ihres Vaters Schrift. Würde ich wohl seine Einwilligung erhalten den Titel so abändern zu dürfen wie er hier beiliegt? Da nur durch vieljährige Erfahrung der Werth solcher Werke bestimmt wird, so dünkt mich dieser Zusatz nothwendig zu sein. – Der Druck wird wohl schon ziemlich fortgerückt sein; ich hoffe daß die Correctur nicht vernachläßiget wird. Die Plane zu dem Werke, erbitte ich mir nun recht bald. –« *[SNA 35, 107]*

Die »vieljährige Erfahrung«, *auf die Michaelis pochte, mochte Schiller damals wirklich überzeugt haben, denn als er seinem Ludwigsburger Freund Hoven das Angebot schmackhaft zu machen suchte, das Manuskript Michaelis einzureichen, schilderte er den Neustrelitzer Buchhändler als* »jungen unternehmenden Mann« *von* »Kenntnißen« *und* »Verbindungen« *(an Hoven, 22. 11. 1794):*

»Weniger als 1 Carolin pro Bogen sollst Du nicht erhalten, aber soviel drüber, als dem BuchhändlerVolke sich nur abzwacken lassen. Dafür, daß es elegant gedruckt wird, will ich sorgen. Du mußt Dich nicht daran stoßen, wenn ich Dir vielleicht einen Juden (einen solchen nehmlich, der wirklich beschnitten ist) zum Verleger aussuche. Es ist wirklich in Strelitz ein solcher, als Buchhändler, aufgestanden, und er hat von mir einen MusenAlmanach im Verlag. Die Sächsischen Juden haben viel Cultur, und bedeuten etwas. Dieser, der sich Michaelis nennt, ist ein junger unternehmender Mann, der Kenntniße besitzt, in guten Verbindungen steht, und bey dem Herzog von Mecklenburg viel Credit hat. Er hat auch eine Schrift meines Vaters über die Baumzucht im Verlag, welche hier gedruckt wird. Dies würde auch mit Deinem Opus der Fall seyn, und ich könnte Dir den Druck selbst dirigieren.« *[SNA 27, 91]*

Ende Februar 1795 war die ›Baumzucht‹ ausgedruckt. Johann Caspar Schiller ging die Aushängebogen durch und übersandte seinem Sohn eine Liste »der wichtigsten Fehler«*:*

»Es sind zwar noch einige, besonders die Distinctionen betrefend, darinne, die aber den Sinn nicht verunstalten. Ausser diesem muß ich sagen, daß der Druk ziemlich correct ist. Die beeden Plane die ich mit geschikt, werden doch auch darzu kommen; sie haben mich selbst 4 f. gekostet.« *[SNA 35, 156]*

Die nächsten zehn Monate gehen ins Land, ohne daß der Autor seine Belege bekäme, geschweige denn das vereinbarte Honorar. Johann Caspar Schiller hatte die ›Gedanken über die Baumzucht im Großen‹ noch Carl Eugen gewidmet, der am 24. Oktober 1793 in Hohenheim gestorben war. Nun hatte Friedrich Schiller für seinen Vater eine Widmung an dessen Nachfolger, den Herzog Ludwig Eugen, aufgesetzt. Ludwig Eugen starb am 19. Mai 1795, bevor Johann Caspar Schiller ihm sein Werk übergeben konnte. Auch von derlei Sorgen berichten die Briefe:

»Der Ankunft von etwa 6. Exemplaren meines Buchs seh ich mit Verlangen entgegen, und danke Ihm sehr für die beigefügte Dedication, die mir recht willkommen ist, denn ich habe schon lang eine kleine Geschichte von der hiesigen Entstehung der Baumzucht aufgesezt, und darein auch meine bisherige und gegenwärtige Lage verflochten, mit der ich den Herzog bekannt machen möchte, und dann gibt mir auch mein Buch eine schöne Gelegenheit darzu. In der Rennt-Kammer fängt man auf ein Neues an, meine Bemühungen und Kenntnisse zu schäzen, und ich bin wirklich im Begriff, zur Fortsezung der vor 2. jahren gemachten Erweiterung der Baumschule bei meinem ehemaligen Logie, eine 3. mal so grosse Fortsezung dieser Anlage zu Stand zu bringen…« *[SNA 35, 186]*

Am 23. Mai 1795 klagte Johann Caspar Schiller gegenüber seinem Sohn:

»Leztern Dienstag ist unser Herzog auf einem Spazier-Ritt, da er eben beim Bären in Ludwigsburg vorbei reutten wolte, vom Schlag getroffen worden, herunter gestürzt und in einer halben Stunde verschieden. Was soll ich nun mit der Zuschrift meines Buchs machen?«

Und weiter:

»Die Exemplarien sind noch nicht da, und was das Geld anbetrift, da hätte ja der liebe Sohn es zur Hand nehmen – und mir bei Cotta anweisen können. Daß dieser mit dem Debit des journals so wohl zufrieden ist, das freut auch mich recht sehr, weil es für die Zukunft mit andern Verlagsartikeln Muth macht.« *[SNA 35, 212]*

Schiller hatte sein persönliches Schicksal mit der positiven Aufnahme seines Buches verknüpft; nun war die Widmung ohne Adressat. Der Erfolg der ›Horen‹ läßt Schillers Vater erwarten, Cotta könne mit dem von Michaelis geschuldeten Honorar in Vorlage treten.

War die ›Baumzucht‹ inzwischen schon an den Buchhandel ausgeliefert worden? Johann Caspar Schiller jedenfalls erhielt von Cotta das erste ›Taschenbuch für Natur- und Gartenfreunde‹, die er mit der Übersendung einer kleinen Arbeit über den Cactus grandiflorus beantwortete; sie blieb ungedruckt.

»Empfangen Sie hier, hochzuverErnster Herr Cotta, einen kleinen Aufsaz, in ihren Garten-Calender. Meine Sache ist sonst einzig die Baumzucht, von der ich, ehe ich die Ehre hatte mit Euer HochEdelgebohren bekannt zu seyn, den ersten Theil meiner – von der Natur aufgenommenen Kenntnisse und Erfahrungen in Sachsen drucken lassen, da ich in solchem das meiste gesagt, was mir bekannt zu werden geschienen: so wolte ich vors erste mal mit dem Weitern noch zurük halten.

Es dependirt anjezo lediglich von Ihnen ob Sie diesen Aufsaz einzurüken belieben. Inzwischen mach ich meine ergebenste Danksagung für das Taschenbuch; für die gütige Zusendung der Horen und hauptsächlich auch dafür, daß Sie damit zufrieden sind, wie mein Sohn mir selbst geschrieben hat. Ich habe von meinem Buch noch das Honorar mit 23. Louisd'ors zu erheben, und meinem Sohn geschrieben, er könne es für mich einnehmen, und zur Ersparung des Porto etwa an Euer HochEdelgebohren anweisen. Da ich aber hierauf noch keine Antwort bekommen: so weiß ich nicht, wes derselbe hiebei gesonnen ist.« *[Germanisch-Romanische Monatsschrift VI, 1914, S. 61]*

Ende Juni 1795 waren noch immer keine Belegexemplare auf der Solitude eingetroffen. In Württemberg regierte noch Herzog Friedrich Eugen:

»Da mein Buch schon in hiesigen Buchläden und zwar um – 2f. verkauft wird: so bin ich sehr in Verlegenheit, daß ich die Frei-Exemplarien nicht erhalte, um sie gehöriger Orten austheilen zu können. Bei unserm neuen Herzog würde ein Exemplar nicht übel angebracht seyn, denn er hat mir aufgegeben, die Baumschule immer im besten Stand zu erhalten. Ich habe ganz sicher gehoft, die Exemplarien würden mit H: Cotta oder H: Mezlers Meßbüchern ankommen. Ersterer hat ohnlängst mir sein Taschen-Buch von der Gärtnerei geschikt, und ersucht, ihm auch einige Beiträge zu liefern. ich hab ihm hierauf eine Beschreibung geschikt von der schönen Blume Cactus grandiflorus, welche abens anfängt sich aufzuthun, gegen Mitternacht ganz offen- und mit dem Aufgang der Sonne verwelkt ist. Diese Beschreibung hab ich a*nno* 1785. nach der Natur auf das genaueste aufgenommen.« *[SNA 35, 223]*

So beginnt der Brief, und er endet mit der Bitte: »Wenn etwa der l*iebe* Fritz Frei-Exemplarien bei der Hand hätte, so ersuche, eins davon an Reinwalden zu schiken.« *[SNA 35, 224]. Der mit Schillers Schwester Christophine verheiratete Bibliothekar Reinwald in Meiningen gehörte zu den regelmäßigen Beziehern von Gehölzen aus der Baumschule der Solitude.*

Alle Anfragen an Michaelis blieben ohne Echo; am 28. Juli 1795 endlich verlangte Johann Caspar Schiller Klarheit:

»Liebste Kinder! Als mich der liebe Friz in seinem leztern Brief fragte, ob ich mein Honorarium nebst den Frei-Exemplarien bekommen hätte, hatte ich blos etliche Tage zuvor deshalb an Ihn geschrieben und gemeldet, daß ich noch nichts bekommen. Auch hab ich den Vorschlag gemacht, Er könnte um das Porto zu ersparen, das Geld behalten und mir bei Cotta in Tübingen soviel dargegen anweisen. Da ich nun indessen von Hrn Michaelis weder das eine noch andere erhalten: so wird mir eben doch die Zeit lang, ich habe einigen Freunden Exemplare versprochen, und da schon seit geraumer Zeit das Buch in den Läden zu haben ist, so werden sie denken, ich werde mein Versprechen nicht halten. Dahero ersuch ich den lieben Sohn, mir auf dieses Nachricht zu geben, was ich von der langen Verzögerung zu denken habe.« *[SNA 30, 265f]*

Nun bat Schiller seinen Verleger Cotta um jene Zwischenfinanzierung, die ihm sein Vater schon seit einiger Zeit empfohlen hatte. Doch die Bitte um die Vorauszahlung eröffnete zugleich die Aussicht auf die Ablösung des Musenalmanachs bei Michaelis: »Wenn ich etwa (welches aber nicht sehr wahrscheinlich ist) dem Buchhändler Michaelis den Almanach für dieses Jahr zu nehmen genöthigt wäre, wollten Sie ihn noch nehmen?« *fragte Schiller Cotta am Ende seines Briefes vom 2. August 1795. Die Antwort kam* »sogleich« »in sichtlicher Eile«. *Am 12. August ließ Cotta wissen, daß er* »mit Vergnügen und Dank« *den Almanach in seinen Verlag nehme,* »für künftiges Jahr... und auch für dises..., wenn Michaelis so unklug seyn solte, Sie zu nötigen, ihn ihm zu entziehen«. *Auch der erbetene Vorschuß war gewährt worden. [SNA 35, 279). Schiller hatte zuvor geschrieben:*

»Wenn es Sie nicht incommodiert lieber Freund, so würden Sie mir eine große Gefälligkeit erzeugen, wenn Sie an meinen Vater die Summe von 25 *Louis*dors a 5 rth. *Sächsisch* in Golde oder mit Agio ausbezahlen wollten. Stellen Sie sich vor, daß der elende Mensch, der Michaelis der das Buch meines Vaters verlegte, ihm noch nicht einmal ein Exemplar und noch weniger

Geld geschickt hat. Auch hat er, außer mir, noch keine Seele bezahlt, und ist hier wenigstens 800 rth. schuldig. So debütiert dieser Mensch in dem Buchhandel. Leider hat er mich für den Almanach bezahlt, denn gerne nähme ich ihm den Verlag deßelben ab. Doch ist dieser Jahrgang auch der letzte und ich werde nun nichts mehr mit ihm zu thun haben. Wie beklage ich, daß mein Almanach nicht in Ihren Händen ist: aber künftig haben Sie darüber zu disponieren. Weil ich nun meinen Vater nicht länger warten laßen will so geschieht mir ein großer Gefalle, wenn Sie diese Zahlung leisten wollen. Wir können es dann mit einander abthun, wie es Ihnen gefällig ist.« *[SNA 28, 16]*

Damit waren die Weichen gestellt, und Michaelis' Verlegerschicksal erreichte eine ihm unbekömmliche Öffentlichkeit. Schiller unterrichtete Wilhelm von Humboldt, der am 4. August »nur zwei Wege« *für gangbar hielt:* »1. man sucht Händel, oder 2.) man macht ihm Angst. Zum Ersteren könnte die Bezahlung Ihres Vaters dienen, im Fall diese noch nicht geleistet wäre.« *[SNA 35,. 272]*

Sie war natürlich »nicht geleistet«, und zwischen August und Oktober versuchten beide, Humboldt und Schiller, Michaelis brieflich zu einer Stellungnahme zu bewegen. Was Schiller dem zitierten Brief an Cotta als Frage mitgegeben hatte – nämlich den Verlagswechsel mit dem Almanach –, schlug Wilhelm von Humboldt nun am 15. August von sich aus vor. Der Verlegerstern begann zu sinken; der Drucker Unger sollte gehalten werden: »Im Fall Mich*aelis* abgienge, so wäre es die Frage, ob Sie nicht den Almanach danach gleich auf Cottas Rechnung bei Unger drucken ließen.« *[SNA 35, 280] Und weiter:*

»Mit Michaelis muß gebrochen werden, davon gehe ich aus, und man muß ihn daher aufs äußerste treiben. Das ist bei seiner Nachlässigkeit nicht ungerecht, und das sind Sie Sich selbst schuldig. Das Mscrpt. erhält er sicherlich nicht eher von mir, als bis er mir 55 baare Fr*iedrichs*d'or und 12 Ex*emplarien* des Buchs Ihres Vaters einhändigt, und außerdem habe ich ihm einen Brief geschrieben, der auch hoffentlich nicht ohne Wirkung bleibt. Ich habe ihm sehr ernst alle seine Vergehungen noch einmal vorgehalten, ihm gesagt, daß ich den Inhalt Ihres Briefes wisse und gänzlich billige, und am Ende in einem gelindern Ton einen wohlmeinenden Rath hinzugefügt. Ich habe ihm nemlich vorgestellt, daß Sie, wie er aus Ihrem Briefe sehn werde, schon jetzt unzufrieden wären, daß wenn der Almanach durch seine Schuld leide, Sie ihm gewiß den Handel auf das folgende Jahr aufsagen würden, und er alsdann bloß Schaden von der Entreprise haben werde, und daß er daher wohl überlegen möge, ob er sie nicht lieber jetzt fahren lassen wolle?« *[SNA 35, 280]*

Endlich, am 28. August 1795, konnte Johann Caspar Schiller seinem Sohn bestätigen, daß ihm Cotta nicht nur sein Honorar ausbezahlt habe; er schoß ihm aus seinem Sortiment wohl auch »4. Exemplarien« *vor, die ihn nun in den Stand setzten,* »für den Herzog und den Erbprinzen... wirklich 2. Exemplare binden« *zu lassen. [SNA 35, 308] Die eigentlichen Verlagsbelege, von Michaelis am 18. Oktober auf den Weg gebracht, trafen dann wohl Anfang Dezember auf der Solitude ein. Der Verleger hatte sich wortreich bei Friedrich Schiller entschuldigt:*

»Schreiben Sie an Ihren Vater, so lassen Sie ihn doch so viel von meinem gehabten Ungemach wissen, als nöthig ist, das Nachtheilige in seinem Urtheile über mich aufzuheben. Es kann mir unmöglich *gleichgültig* sein, wie ein Mann/: wäre es auch nicht Ihr Vater :/ dem ich durch Ihre Güte zugeführt worden bin, über mich denkt. Es ist vielleicht die letzte Bitte, die Sie verehrungswürdigster Mann! von mir hören. Schlagen Sie mir diese nicht ab, ich kann mich warlich nicht ehender beruhigen. – « *[SNA 357, 389]*

Dankbar bekannte der inzwischen 75jährige Johann Caspar Schiller seinem Sohn:

»Nun dank ich Ihm herzlich, bester Sohn, für Seine Verwendung, indem ich wohl einsehe, daß ich ausser diesem nicht so viel bekommen haben würde.« *[SNA 35, 308]*

Bereits um die Jahresmitte 1795 hatte Schillers Werk eine Resonanz. In dem seit 1794 von Johann Volkmar Sickler herausgegebenen Magazin ›Der Teutsche Obstgärtner‹ war eine achtseitige Anzeige der ›Baumzucht‹ erschienen. Ob Schiller davon Notiz nahm, ist zweifelhaft. Sicklers Interesse richtete sich vor allem auf die Charakterisierung der Obstsorten und die Typisierung der für Straßenbesatz geeigneten Bäume. Die Berechnungen und Beschreibungen des »Herrn Major« *verrieten* »durchaus den praktischen Baumpfleger und Pomologen«.

Ist die Publikationsgeschichte der ›Baumzucht im Großen‹ damit abgeschlossen? Einige Nachträge sind zu liefern:

Friedrich Schiller wollte mit dem »elendsten Tropf von Buchhändler«, *mit Salomo Michaelis, auch dann nicht mehr zusammenarbeiten, als dieser mit einer druckrei-*

fen und druckenswerten Schauergeschichte seine Versäumnisse aufklärte. Wilhelm von Humboldt machte am 8. September 1795 den Colporteur:

»Michaelis ist hier, und alles hat sich nun aufgeklärt. Er ist in der That, wie ich genau auch durch andere weiß, ganz unschuldig, und nur selbst betrogen. Er mußte nemlich auf einige Monate verreisen. Indeß übertrug er seine Geschäfte einem Menschen in Strelitz, der Antheil an seiner Handlung haben sollte, den ich selbst recht gut kenne, und dem ich in Geld- und andern Geschäften vollkommen getraut haben würde. Den Abend vor seiner Abreise gab er 1000 rth. unter der adresse des David Friedlaenders (meines genauen Bekannten) hieher auf die Post, und reiste am folgenden Tag ab. Diese 1000 rth. sollte Friedlaender hier weiter und unter anderm auch nach Jena vertheilen. Als er eben fort, und die Post noch nicht abgegangen ist, nimmt dieser Mensch gegen den Postschein, der in seiner Hand war, die 1000 rth. zurück, und verschwendet sie. Allein dieß ist nicht genug. Alle Briefe, die an Michaelis einlaufen, hält er zurück und schreibt Mich*aelis* immer, daß nichts angekommen sey. Mich*aelis* hat mir selbst Briefe von Niethammer und Göpfert vom Junius gezeigt, die noch unerbrochen sind. Ebenso behält er auch alle Briefe zurück, die Mich*aelis* ihm zur weitern Besorgung übermacht. So hat Mich*aelis* namentlich indeß an Sie und Unger geschrieben. Solange nun Mich*aelis* abwesend war, wußte er von diesem allen kein Wort, glaubte, daß das Geld abgegangen sey, daß Sie alle seine Briefe hätten, und daß Sie ihm Antwort schuldig wären. Dieß Letztere will er auch gegen Schlegel in Braunschweig geäußert haben. Wie er zurückkommt sieht und erfährt er nun alles, und ist jetzt in der größesten Verlegenheit, ob er gleich seinen Geldschaden ziemlich gedeckt hat. Daß alles sich buchstäblich so verhält, weiß ich auf eine Art, die in mir den kleinsten Zweifel entfernte. Ihnen die Gründe meines Glaubens anzugeben, würde mich zu weit führen. Er selbst wird Ihnen heute schreiben.« *[SNA 35, 327f]*

Schiller, der nun gleichfalls mit einem Entschuldigungsbrief von Michaelis ins Bild gesetzt wurde, mochte unter diesen Umständen keine harsche Trennung mehr vollziehen. »Jetzt kann ich freylich dem Michaelis den Almanach für dieses Jahr nicht entziehen«, *argumentierte er gegenüber Cotta am 18. September:* »Aber für das nächste Jahr und alle künftigen bleibt er bei Ihnen.« *[SNA 28, 57]. Obwohl sich nach Michaelis' leidlicher Pflichterfüllung bei Schiller auch versöhnlichere Töne finden lassen (– an Goethe am 18. Januar 1796:* »Wir haben dem armen Thiere, dem Michaelis, doch unrecht gethan...« *[SNA 28, 168]), kündigte Schiller die Zusammenarbeit auf und ließ Michaelis' Briefe vom 11. März und 16. Juli 1796 unbeantwortet.*

Michaelis gab den Verlagshandel noch in der Mitte der neunziger Jahre auf und wurde, nach einem längeren Aufenthalt in Paris, zunächst in Heidelberg, später in Tübingen Professor für Romanistik. (Dort kreuzte sich sein Weg mit dem des damals knapp zwanzigjährigen Wilhelm Waiblinger, dem Dichter und Studenten der Theologie, der sich in die in Michaelis' Hause lebende Nichte Julie verliebt hatte und ihr verschiedene Gedichte widmete. Zwei Brandstiftungen eines Konkurrenten bei Julie Michaelis führten zu einem öffentlichen Skandal, in den Wilhelm Waiblinger verwickelt wurde.) Als Gustav Schwab intensiv Quellen für seine 1840 erschienene Schiller-Biographie sammelte, befragte er auch den im württembergischen Staatsdienst zu Ehren gekommenen Salomo Michaelis, der ihm seine Erinnerungen an Schiller diktierte, ohne auf die konfliktgeladenen Beziehungen zu sprechen zu kommen.

Zweiter Nachtrag: Johann Caspar Schiller starb am 7. September 1796 auf der Solitude. Zu seiner Hinterlassenschaft gehörte der zweite Teil seiner ›Baumzucht im Großen‹, die zum Druck zu besorgen unter den Mitgliedern der Familie eine ausgemachte Sache zu sein scheint. Schon im ersten Brief Christophine Reinwalds von der Solitude, der Schiller die Todesnachricht brachte, steht in einem Nachtrag:

»Der liebe Vater hat auch noch hinter laßen – daß wir Dich in seinem Nahmen bitten sollen den 2ten Theil seines Buchs noch zu besorgen; es dürfte auch noch durchgesehen werden. Nun wirst Du uns schon schreiben wenn wir Dirs schicken dürfen, und Du Zeit hast, es zu besorgen.« *[SNA 36/I, 321]*

Der Kondolenzbrief an die »Liebste Mutter« *vom 19. September 1796 enthielt die Aufforderung und das Versprechen:*

»Alles was unser theurer Vater an Briefschaften und Mscrpten hinterlassen, kann mir durch Christophinen mitgebracht werden. Ich will suchen, seinen letzten Wunsch zu erfüllen, der auch für Sie, liebste Mutter, Nutzen bringen soll.« *[SNA 28, 298]*

Schillers Schwester Louise, später verheiratete Frankh, die der Mutter auf der Solitude beistand, gratulierte ihrem Bruder am 11. November 1796 zum Geburtstag und kündigte die Übersendung jenes Exemplars der ›Baumzucht‹ an, »wo die illuminierten Obstblatter dazu gehören«. *Es ist die Vorlage für den ersten Druck:*

»Hier schicken wir Dir auch des l*ieben* Seel*igen* Papas Manuscript von dem zweiten Theil seines Buchs auch noch eins wo die illuminierten Obstblatter dazu gehören vielleicht kanst Du sie auch noch zusamen ordnen, auch die Beschreibung der Druckmachine und was ich noch gefunden habe, weil Du geschrieben wir sollen die schrifftliche Sachen schicken.« *[SNA 36/I, 378]*

Die Bestätigung für das Eintreffen des Pakets in Jena findet sich in einem Brief von Elisabetha Dorothea Schiller an ihren Sohn von Mitte Januar 1797:

»Schon ettliche BottenTäge erwarde ich Brife von jhm und ben sehr in sorgen warum sie so lange aus bleibn, Er und die l*ieben* seinign werden doch wohl seind, nun ben ich aber doch viel beruhiger daß dass Küstle glücklich angekomen, hauptsächlich wegen den schrifften des Seelichen Vatters, vieleicht kente mir doch noch eine Nuzen davon werden, wann es zum Truck komen kente.« *[SNA 36/I, 421]*

Erst im Juli 1802, nach dem Umzug der Familie Schiller von Jena nach Weimar und dem Einzug in das eigene Haus an der Esplanade, finden sich noch einmal Spuren der Bemühungen Schillers, den Auftrag seines Vaters zu erfüllen. Er hoffte den Jenenser Druckerverleger Johann Christian Goepfert gewinnen zu können, und dieser scheint sich auch mit Ferdinand Albanus, dem Nachfolger Michaelis', in Verbindung gesetzt zu haben. Überliefert ist dessen Antwort an Goepfert vom Juli 1802:

»Ich danke Ihnen ergebenst für das Anerbieten der Fortsetzung der Schillerschen Baumzucht. Ich gebe Ihnen selbiges gern für einen andern zurück. Leider habe ich von der lieben Baumzucht mehr noch als 600 Ex. vorräthig, und noch lange bin ich nicht auf meine Kosten. Dieses Buch hat von Anfang an kein Glück gemacht, und sind nach seiner Erscheinung viele gekommen, die es bald vergessen machten. Außerdem aber bin ich auch auf die nächsten 18 Monate hinlänglich mit neuem Verlag besetzt, und ich es mir zur besondern Pflicht mache, nie mehr zu übernehmen als ich auch auszuführen vermag« *[Geschäftsbriefe Schiller's, herausgegeben von Karl Goedecke, 1875, S. 296f]*

Als Georg Friedrich Heyer in Gießen 1806 die Rohbogen von Michaelis/Albanus in seinen Verlag nimmt, kommt es zu einer als »zweite Auflage« bezeichneten Titelauflage. In der von Friedrich Jakob Dochnahl zusammengestellten ›Vollständigen Garten-Bibliothek‹ wurden noch 1861 alle Werke Schillers mit Preisangabe aufgeführt. Der zweite Teil aber des Hauptwerks von Johann Caspar Schiller ist bis 1993 ungedruckt geblieben. Damit erfüllt sich heute ein Testament von Schillers Vater.

Johann Caspar Schiller. Bleistiftzeichnung von Christophine Reinwald, »aus dem Gedächtnis gezeichnet, … 19. Oktober 1834«

EDITORISCHE NOTIZ

Die vorliegende Ausgabe von Johann Caspar Schillers Schriften zur ›Baumzucht im Großen‹ beruht auf gedruckten Zeugnissen und Manuskripten, die im Deutschen Literaturarchiv/Schiller-Nationalmuseum in Marbach verwahrt werden.

Den Text seiner ersten Flugschrift von 1793, ›Gedanken über die Baumzucht im Großen, zur Besetzung der Haupt- und Landstraßen mit Bäumen‹, verwendet Schiller wiederum als Einleitung für die 1795 erscheinende Buchausgabe ›Die Baumzucht im Großen‹. Diese Einleitung folgt weitgehend dem Wortlaut von 1793, ist nur in einigen Zahlenangaben verbessert und betont den Anspruch, für das »sehr bevölkerte und gut angebaute Deutschland« *gelten zu wollen. Die eigentliche ›Anleitung zur Baumzucht im Großen‹ umfaßt im Druck 276 Seiten; das Inhaltsverzeichnis führt 178 untergliedernde Paragraphen auf. Am Ende des Bandes sind der ›Plan einer Mittel-Abtheilung der großen Baumschule‹ und ein ›Plan zur Anlegung einer großen Baumschule‹ in Faltplänen eingeheftet (s. die Vorsatzblätter dieser Ausgabe).*

Die bisher ungedruckten Materialien zu einem weiteren Teil der ›Baumzucht‹, der ausführlich die Obstsorten beschreiben sollte, sind 1876 aus Schillers Familie als Stiftung in die Sammlungen von Schillers Geburtshaus nach Marbach gelangt. Das Konvolut besteht aus zwei Manuskriptbänden, die, vermutlich im späten 19. Jahrhundert, in Leder gebunden wurden und die geprägte Rückenbeschriftung tragen: ›Obstbaumzucht von Mayor J.C.Schiller‹. Zusätzlich wird das (falsche) Entstehungsjahr 1773 angegeben. Die Bände sind mit arabischen Zahlen (1 und 2) bezeichnet.

Das erste Manuskript aus der Hinterlassenschaft von Schillers Vater im Format 18 × 22 cm bietet auf 330 Seiten die eigenhändigen Aufzeichnungen zur »Beschreibung aller mir bekannt gewordenen Obstarten«.

Der zweite, größerformatige Manuskriptband mit den Maßen 26 × 31 cm und den Christophine Reinwald, geb. Schiller, zugeschriebenen Aquarellen, die hier vollständig, aber verkleinert wiedergegeben werden, enthält die Sortenbeschreibungen für Apfel- und

Birnbäume. Die 272 Seiten sind durchgehend zweispaltig beschrieben (siehe Seite 212). Links stehen – von Schreiberhand – die Sortenbeschreibungen, rechts Zusätze von Johann Caspar Schillers Hand mit Angaben über Standorte sowie Numerierungen, die auf die Abbildungstafeln verweisen. Im Anhang findet sich ein Register, auf das hier verzichtet wurde, und, beigeheftet in abweichendem Format, zwölf Seiten der ›Darstellung‹ seiner beruflichen Tätigkeit, die in der vorliegenden Ausgabe abgedruckt ist. (Seite 309–316)

Die Reinschrift und die Bildbeigaben deuten darauf hin, daß Schiller diese Zusammenstellung als Druckvorlage ansah; möglicherweise sollte dieses Manuskript auch dem Herzog oder einer anderen vorgesetzten Person übergeben werden. Doch das Manuskript hat in vielem etwas Unfertiges: Von den Obstarten sind nur Äpfel (111 Sorten) und Birnen (86 Sorten) aufgeführt. Unbeschriebene Blätter ließen Raum für Nachträge. Bei den Apfelsorten stehen 69 beschriebene Seiten 70 unbeschriebenen gegenüber; die Birnen werden auf 74 Seiten erläutert, 58 Seiten bleiben Nachträgen vorbehalten. Man mag daraus schließen, daß die Sortenbestimmung im klassischen Fach der Pomologie Schiller die meisten Schwierigkeiten bereitet haben muß.

Der erste Manuskriptband kann mit seinen Notizen als Vorstufe zur ausgeführten Druckvorlage gelten. Schiller geht darin von einer weiter gefaßten Sortenlehre aus und diskutiert in der Einleitung offener die problematische Zuordnung der Obstnamen. 67 Apfelsorten, 4 Aprikosensorten, 90 Birnensorten, 18 Kirschsorten, 13 Pfirsich- und 20 Pflaumensorten werden benannt und erläutert. Den Abschluß bilden Überlegungen zur Verwandtschaft der Obstsorten untereinander, Pflanzanweisungen und pflanzenkundliche Hinweise auf Kastanien, Mandeln, Quitten, die Johannis-, Stachel- und Himbeere sowie Schmuckpflanzen wie den Jasmin, die Syringen, Rosen und den Buchsbaum.

Die Ausarbeitungen brechen unvermittelt ab. Gingen Teile eines umfangreicheren Manuskriptes verloren? Oder konnte schon Friedrich Schiller deshalb keinen Verleger für das Bruchstück der ›Baumzucht‹ gewinnen?

Für die Erstveröffentlichung wurde das ausgearbeitete zweite Manuskript als Grundlage benutzt, das – trotz äußerer Zeichen des Ergänzungsbedürftigen – in der Beschreibung der Apfel- und Birnensorten geschlossener erscheint.

Die ›Schiller-Nationalausgabe‹ (Weimar: Böhlau 1943ff) wurde für die Darlegungen im Anhang herangezogen. Zitiert wird die SNA jeweils mit Bandnummer und Seitenzahl.

INHALT

Jahresgabe 1993
der Württembergischen Bibliotheksgesellschaft e. V.

Der Druck dieser Jahresgabe erfolgte in
Zusammenarbeit mit der
Deutschen Schillergesellschaft in
Marbach am Neckar und wurde ermöglicht
durch Spenden der Firmen Robert
Bosch GmbH und Daimler-Benz AG,
beide in Stuttgart.

Die Deutsche Bibliothek – CIP-Einheitsaufnahme

Schiller, Johann Caspar:
Die Baumzucht im Großen : aus Zwanzigjährigen Erfahrungen im Kleinen in Rücksicht auf ihre Behandlung, Kosten, Nutzen und Ertrag beurtheilt / Johann Caspar Schiller. – [Nachdr. der Ausg.] Neustrelitz, Neu-Privilegirte Hofbuchh., 1795 / hrsg. von Gottfried Stolle. – Stuttgart : Ulmer, 1993
ISBN 3-8001-6514-7